普通高等教育"十二五"规划教材

数字电子技术基础

主　编　宋婀娜

副主编　王国新　刘　睿

参　编　訾　鸿　艾延宝　李　娜

主　审　赵金宪

机械工业出版社

全书共分为 8 章，内容包括数字逻辑基础、逻辑代数、组合逻辑电路、时序逻辑电路、脉冲产生与变换电路、大规模集成电路、数字信号与模拟信号的转换、数字系统设计基础。每章后附有小结和习题。在附录中，介绍了常用集成门电路、VHDL 硬件设计语言、Quartus II 软件等实用内容。

本书内容精炼，强调知识的基础性、结构的系统性，注重实用性。

本书可以作为高等院校自动化、电子信息工程、电气工程、通信工程、测控技术与仪器、计算机等专业的教材，也可供从事电子技术工作的工程技术人员参考。

图书在版编目（CIP）数据

数字电子技术基础/宋婀娜主编 . —北京：机械工业出版社，2012. 7
普通高等教育"十二五"规划教材
ISBN 978-7-111-37998-0

Ⅰ.①数… Ⅱ.①宋… Ⅲ.①数字电路－电子技术－高等学校－教材
Ⅳ.①TN79

中国版本图书馆 CIP 数据核字（2012）第 163179 号

机械工业出版社（北京市百万庄大街 22 号 邮政编码 100037）
策划编辑：徐 凡 责任编辑：徐 凡
版式设计：霍永明 责任校对：张 媛
封面设计：张 静 责任印制：乔 宇
北京机工印刷厂印刷（三河市南杨庄国丰装订厂装订）
2012 年 8 月第 1 版第 1 次印刷
184mm×260mm · 16.25 印张 · 396 千字
标准书号：ISBN 978-7-111-37998-0
定价：30.00 元

凡购本书，如有缺页、倒页、脱页，由本社发行部调换
电话服务　　　　　　　　　　网络服务
社 服 务 中 心：(010) 88361066　教 材 网：http://www.cmpedu.com
销 售 一 部：(010) 68326294　机工官网：http://www.cmpbook.com
销 售 二 部：(010) 88379649　机工官博：http://weibo.com/cmp1952
读者购书热线：(010) 88379203　**封面无防伪标均为盗版**

前　言

本书是依据教育部教学指导委员会颁布的课程教学基本要求编写的。全书分为 8 章。第 1 章介绍数字逻辑基础，第 2 章介绍分析数字电路的数学工具——逻辑代数，第 3 章介绍组合逻辑电路及常用的组合逻辑器件，第 4 章介绍触发器和时序逻辑电路，第 5 章介绍脉冲产生与变换电路，第 6 章介绍半导体存储器等大规模集成电路，第 7 章介绍 A/D 与 D/A 转换器，第 8 章介绍数字系统设计基础。除此之外，在附录中介绍了集成门电路的内部结构，常用数字集成电路的逻辑符号、命名方法，以及 VHDL 硬件描述语言和 Quartus II 开发软件。

本书的编写在注重基础知识讲述的同时，还融入了许多相关教材中最新的思想、理论和技术，既有实用性又有先进性，可满足应用型本科学生的培养需求。具有以下特点：

1. 内容精炼，注重实用。删减了对集成门电路内部电路的分析，侧重数字集成电路的逻辑功能和应用，重点介绍数字电路的分析和设计方法，注重读者对实用性的要求。

2. 理论与实际紧密结合。在数字电路的介绍中，采用当前的主流芯片，引入工程实例，解决实际问题，提高学生学习兴趣。

3. 基础与系统并重。强调对基本知识点的覆盖，降低知识点的难度与深度，有利于学生的学习和掌握；同时又强调"数字电子技术"知识的系统性，在书中除对组合逻辑电路和时序逻辑电路的分析和设计等内容进行讲解外，还介绍了数字系统设计的先进方法和手段。

4. 对于数字电子技术中常用的专用名词和专业术语给出了对应的英文解释，为学生学习专业英语打下了一定的基础，同时有助于学生对全英文教材阅读和理解。

宋婀娜任本书的主编，负责全书的整体规划与统稿工作。王国新、刘睿为副主编。参加本书编写工作的还有訾鸿、艾延宝、李娜。其中，第 1、4 章由宋婀娜、李娜编写，第 2、3 章由王国新、艾延宝编写，第 5、8 章由訾鸿编写，第 6、7 章由刘睿编写，附录部分由王国新、刘睿编写。赵金宪教授任本书的主审，并对本书的编写提出了许多宝贵的意见，在此表示衷心的感谢。

由于水平有限，书中难免会有疏漏和不足之处，如果您在阅读本书时发现不足之处或对内容有修改的意见和建议，请与我们联系。在此，诚恳欢迎广大读者批评指正。

编　者

目　　录

第1章　数字逻辑基础

1.1　数字信号与数字电路

1.1.1　数字信号

数字信号(Digital Signal)是指离散的、不连续的信号形式，如电子秒表的秒信号、生产流水线上的计数信号。数字信号以一定的最小量值为量化单位。

可用一系列断续变化的电压脉冲表示电路中的数字信号，如用恒定的正电压(5V)表示二进制数1，用恒定的负电压(或0V)表示二进制数0，这两个电压值可称为逻辑电平。当用1表示高电平、0表示低电平时，称为正逻辑；当用0表示高电平、1表示低电平时，称为负逻辑。在数字电路与系统的分析与设计中，一般采用的是正逻辑体制。

用0和1表示两种相反对立的状态，如晶体管的导通和截止、机械开关的开启或闭合、磁性材料的两种不同剩磁状态等，通常称为二值数字逻辑。在数字系统中，这两种状态可用来表示数、字母、符号以及其他类型的信息。

数字信号具有传输可靠、易于存储、抗干扰能力强、稳定性好等优点。

1.1.2　脉冲信号

脉冲信号(Pulse Signal)，通常指在短暂的时间间隔内作用于电路的电压或电流信号。将脉冲信号赋以特定的数字含义后，就称为数字信号。常用的脉冲信号波形有矩形波、锥形波、锯齿波等，如图 1-1 所示。脉冲信号一般是周期性变化的，最常见的是矩形波脉冲信号。

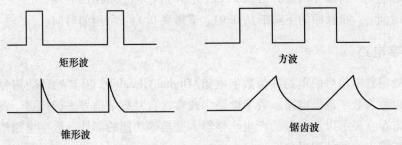

矩形波　　　　　　　　　　方波

锥形波　　　　　　　　　　锯齿波

图 1-1　各种脉冲信号波形

1. 描述脉冲的几个名词

1) 上升沿与下降沿：脉冲波形由低电位跳变到高电位称为脉冲的上升沿(正边沿)；脉冲波形由高电位跳变到低电位称为脉冲的下降沿(负边沿)。

2) 脉冲的前沿与后沿：脉冲出现的过程称为脉冲的前沿；脉冲消失的过程称为脉冲的后沿。

3）正跳变与负跳变：脉冲波形由低电位跳变到高电位的过程称为脉冲的正跳变；脉冲波形由高电位跳变到低电位的过程称为脉冲的负跳变。

4）正脉冲与负脉冲：如果脉冲出现时的电位比出现前的电位高，这样的脉冲称为正脉冲。如果脉冲出现时的电位比出现前的电位低，这样的脉冲称为负脉冲。

2. 矩形脉冲的主要参数

在图 1-2 所示的波形中，脉冲的上升沿与下降沿都是陡直的，这样的脉冲称为理想的矩形脉冲。

理想的矩形脉冲可以用以下参数来描述：

1）幅度：脉冲的底部到顶部之间的变化量称为脉冲的幅度，用 V_m 表示。

2）宽度：从脉冲出现到脉冲消失所用的时间称为脉冲的宽度，用 t_w 表示。

3）周期：两个相邻脉冲对应点之间的时间间隔称为脉冲的周期，用 T 表示。

4）占空比：脉冲宽度占整个周期的百分比，用 q 表示，$q = \dfrac{t_w}{T} \times 100\%$。

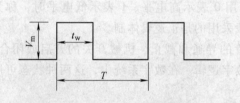

图 1-2　理想的矩形脉冲信号波形及主要参数

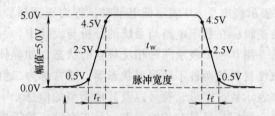

图 1-3　实际矩形脉冲波形及主要参数

实际的矩形脉冲往往与理想的矩形脉冲不同，即脉冲的前沿与脉冲的后沿都不是陡直的，如图 1-3 所示。描述实际的矩形脉冲除以上理想脉冲波形的参数外还有以下参数：

1）宽度 t_w：从脉冲前沿的 $0.5V_m$ 到脉冲后沿的 $0.5V_m$ 两点之间的时间间隔称为脉冲的宽度，又称为脉冲的持续时间。

2）上升时间 t_r：指脉冲的上升沿从 $0.1V_m$ 上升到 $0.9V_m$ 所用的时间。

3）下降时间 t_f：指脉冲的下降沿从 $0.9V_m$ 下降到 $0.1V_m$ 所用的时间。

1.1.3　数字电路

传递和处理数字信号的电路称为数字电路（Digital Circuit），因其处理的信号为逻辑电平信号，所以也称为数字逻辑电路。数字电路中通常含有对数字信号进行传送、逻辑运算、控制、计数、寄存、显示以及信号的产生、整形、变换等功能的部件。数字电路的分析重点是电路的输入与输出之间的逻辑关系。

数字电路是组成数字逻辑系统的硬件基础，其具有严格的时序性和逻辑性，与模拟电路相比，数字电路有许多显著的优点：

1）数字电路具有高速、高稳定性与高可靠性。

2）可方便地长期存储和无限制地复制数字信息。

3）易于设计，具有可编程性。同时，数字电路设计技术具有可扩展性。

4）数字集成电路易于标准化大规模生产，经济性好。

1.1.4 数字电路的发展与分类

数字电路的发展经历了电子管、晶体管、集成电路等发展阶段。1961 年集成电路的出现，大大促进了电子技术的发展，尤其是促进了数字电路和微型计算机的飞速发展。

数字集成电路按集成度可分为小规模、中规模、大规模、超大规模和特大规模，见表 1-1。集成度是指单个芯片上含有的晶体管数量或等效门的数量。

表 1-1   不同规模的数字集成电路

分　类	集成度（等效门的数量）	典型数字集成电路
小规模（SSI）	≤12	门电路、触发器
中规模（MSI）	12 ~ 99	译码器、编码器、计数器
大规模（LSI）	100 ~ 9999	小容量存储器、门阵列
超大规模（VLSI）	9999 ~ 99999	单片微处理器
特大规模（ULSI）	≥100000	高密度可编程逻辑器件

图 1-4 为常见的中小规模数字集成电路实物图，图 1-5 为常见的大规模、超大规模数字集成电路实物图。

图 1-4　常见的中小规模数字集成电路实物图　　　图 1-5　超大规模数字集成电路实物图

按照逻辑特性的不同，数字电路可分为两大类：组合逻辑电路和时序逻辑电路。

数字电路广泛应用于计算机、通信、自动控制、消费类电子产品等领域。现代计算机就是最典型的数字电路系统。除此之外，如单片机、DSP、数码产品、移动电话等，无不采用数字电路实现。随着数字电路技术的发展，会有更多的数字电子产品问世，使人们的生活更加丰富多彩。

1.2　数制与码制

1.2.1　数制

数制（Numeral System）也称计数制，是多位数码的中每一位的构成方法以及从高位到低位的进位规则。人们通常采用的数制有十进制、二进制、八进制和十六进制。

学习数制，必须首先掌握数码、基数和位权这三个概念。

数码（Digits）：数制中表示基本数值大小的不同数字符号。例如，十进制有十个数码：0、1、2、3、4、5、6、7、8、9；二进制有两个数码：0、1。

基数（Base 或 Radix）：数制所使用数码的个数。例如，二进制的基数为 2；十进制的基数为 10。

位权（Weight）：数码在不同位置的倍率值。例如，十进制数 123，其中，数码 1 的位权是 100，2 的位权是 10，3 的位权是 1。

数制的特点如下：

1）采用基数，r 进制的基数就是 r。

2）基数确定数码的个数。如十进制的数码个数为 10，即 0、1、2、3、4、5、6、7、8、9；二进制的数码个数为 2，即 0 和 1。

3）进位规则，如十进制为逢 10 进 1，二进制为逢 2 进 1，即"逢 r 进 1"。

以任何数字 0，1，2，$\cdots$，$r-1$ 为基数的 r 进制的数 R 可写成下式：

$$R = a_{n-1}r^{n-1} + a_{n-2}r^{n-2} + \cdots + a_1 r^1 + a_0 r^0 + a_{-1}r^{-1} + \cdots + a_{-m}r^{-m} = \sum_{i=-m}^{n-1} a_i r^i \qquad (1\text{-}1)$$

式中，n 为整数部分的位数；m 为小数部分的位数；a_i 为系数；r^i 为数码具有的权重。

1. 十进制（Decimal Number System）

一个形式如 $d_{n-1}d_{n-2}\cdots d_1 d_0 d_{-1}\cdots d_{-m}$ 的十进制数 $(N)_D$ 可表示为

$$
\begin{aligned}
(N)_D &= (d_{n-1}d_{n-2}\cdots d_1 d_0 d_{-1}\cdots d_{-m})_D \\
&= d_{n-1} \times 10^{n-1} + d_{n-2} \times 10^{n-2} + \cdots + d_1 \times 10^1 + d_0 \times 10^0 + d_{-1} \times 10^{-1} + \cdots + d_{-m} \times 10^{-m} \\
&= \sum_{i=-m}^{n-1} d_i \times 10^i \qquad\qquad (1\text{-}2)
\end{aligned}
$$

式中，n 为整数部分的位数；m 为小数部分的位数，d_i 为系数，可以在 0 ~ 9 中取值。

例如，$(123.45)_D = 1 \times 10^2 + 2 \times 10^1 + 3 \times 10^0 + 4 \times 10^{-1} + 5 \times 10^{-2}$。

由以上讨论可以归纳出：

1）十进制基数为 10，即有 0 ~ 9 十个数码。

2）进位规则为"逢 10 进 1"。

3）不同位置数码具有不同的位权，即 10^i。

十进制数表示方法有多种，如 $(123.45)_D$、$(123.45)_{10}$、123.45D 等。

要使一个电子元器件或电路具有严格区分的十个状态来与十进制的十个不同的数码相对应是非常困难的，因此人们日常习惯使用的十进制难于用电路实现，因此数字电路中一般不直接使用十进制。

2. 二进制（Binary Number System）

一个形式如 $b_{n-1}b_{n-2}\cdots b_1 b_0 b_{-1}\cdots b_{-m}$ 的二进制数 $(N)_B$ 可表示为

$$
\begin{aligned}
(N)_B &= (b_{n-1}b_{n-2}\cdots b_1 b_0 b_{-1}\cdots b_{-m})_B \\
&= b_{n-1} \times 2^{n-1} + b_{n-2} \times 2^{n-2} + \cdots + b_1 \times 2^1 + b_0 \times 2^0 + b_{-1} \times 2^{-1} + \cdots + b_{-m} \times 2^{-m}
\end{aligned}
$$

$$= \sum_{i=-m}^{n-1} b_i \times 2^i \tag{1-3}$$

式中，n 为整数部分的位数；m 为小数部分的位数，b_i 为系数，可以在 0、1 中取值。

例如，$(1011.01)_B = 1 \times 2^3 + 0 \times 2^2 + 1 \times 2^1 + 1 \times 2^0 + 0 \times 2^{-1} + 1 \times 2^{-1}$。

与十进制类似，二进制有如下规律：

1）基数为 2，即 0、1 两个数码。

2）进位规则为"逢 2 进 1"。

3）不同位置数码具有不同的位权，即 2^i。

二进制数可用 1011.01B，$(1011.01)_B$，$(1011.01)_2$ 等形式表示。可用具有两种稳定状态电子元器件来模拟 0 和 1，表示二进制数。这种方法简单方便，信号的处理、存储和传输都十分可靠，因此数字信号是用二进制表示的。

除利用二进制数进行算术运算外，还可进行逻辑运算。

3. 八进制和十六进制

数字电路中直接处理的是二进制数，当位数增多时，用二进制表示的数比较难读难记，于是引入了八进制和十六进制两种数制。

八进制或十六进制用 8 或 16 作为基数，可用 $(N)_O$ 表示八进制，用 $(N)_H$ 表示十六进制。八进制的数码是由 0、1、2、$\cdots$、7 表示；十六进制的数码是由 0、1、2、$\cdots$、9、A、B、C、D、E、F 表示。

4. 常用数制的转换

（1）其他进制转换为十进制

将其他进制按权位展开，然后各项相加，就得到相应的十进制数。

例 1-1 将其他进制的数转换为等值的十进制数。

$$(1011.011)_B = 1 \times 2^3 + 0 \times 2^2 + 1 \times 2^1 + 1 \times 2^0 + 0 \times 2^{-1} + 1 \times 2^{-2} + 1 \times 2^{-3} = (11.375)_D$$

$$(273.65)_O = 2 \times 8^2 + 7 \times 8^1 + 3 \times 8^0 + 6 \times 8^{-1} + 2 \times 8^{-2} = (187.828125)_D$$

$$(2FA.6C)_H = 2 \times 16^2 + 15 \times 16^1 + 10 \times 16^0 + 6 \times 16^{-1} + 12 \times 16^{-2} = (762.421785)_D$$

（2）将十进制转换成其他进制

应将十进制数的整数部分和小数部分分开转换。

整数部分的转换步骤如下（基数除法）：

1）把要转换的数除以新的进制的基数，把余数作为新进制的最低位（LSB）。

2）把上一次得到的商再除以新的进制基数，把余数作为新进制的次低位。

3）继续上一步，直到最后的商为零，这时的余数就是新进制的最高位（MSB）。

小数部分的转换步骤如下（基数乘法）：

1）把要转换数的小数部分乘以新进制的基数，把得到的整数部分作为新进制小数部分的最高位（MSB）。

2）把上一步得到的小数部分再乘以新进制的基数，把整数部分作为新进制小数部分的次高位。

3）继续上一步，直到小数部分变成零或者达到预定的要求。

例 1-2 将 $(13.123)_D$ 转换为等值的二进制数。

整数部分为 13，转换过程如下：

对应的二进制数整数为(1101)$_B$，有

$$\begin{array}{r|ll}
 & & \text{余数} \\
 & 13 & 1 \quad \text{MSB} \\
2 & 6 & 0 \\
2 & 3 & 1 \\
2 & 1 & 1 \quad \text{LSB} \\
 & 0 &
\end{array}$$

小数部分为 0.125，转换过程如下：

对应的二进制数小数为(0.001)$_B$，有

$$\begin{array}{lll}
 & & \text{积的整数} \\
0.125 \times 2 = 0.25 & \quad 0 \quad & \text{LSB} \\
0.25 \times 2 = 0.5 & \quad 0 & \\
0.5 \times 2 = 1.00 & \quad 1 \quad & \text{MSB}
\end{array}$$

$$(13.123)_D = (1101.001)_B$$

例 1-3 将(1735.1875)$_D$转换为等值的八进制数。

整数部分为 1735，转换过程如下：

对应的八进制数整数为(3307)$_O$，有

$$\begin{array}{r|ll}
 & & \text{余数} \\
 & 1735 & 7 \\
8 & 216 & 0 \\
8 & 27 & 3 \\
8 & 3 & 3 \\
 & 0 &
\end{array}$$

整数部分为 0.1875，转换过程如下：

对应的八进制数整数为(0.14)$_O$，有

$$\begin{array}{lll}
 & & \text{积的整数} \\
0.1875 \times 8 = 1.50 & \quad 0 & \\
0.5 \times 8 = 4.00 & \quad 4 &
\end{array}$$

$$(1735.1875)_D = (3307.04)_O$$

(3)二进制数与八进制数、十六进制数的相互转换

二进制数转换为八进制数、十六进制数：它们之间满足 $2^3 = 8$ 和 $2^4 = 16$ 的关系，因此把要转换的二进制数从低位到高位每 3 位或 4 位一组，整数部分高位不足时在前面添"0"，小数部分不足时在后面添"0"，然后把每组二进制数转换成八进制数或十六进制数即可。

八进制数、十六进制数转换为二进制数：把上面的过程逆过来即可。

例 1-4 将下列二进制数转换为等值的八进制数。

$(1101101011.0111101)_B = (001,101,101,011.011,110,100)_B = (1553.364)_O$

$(1101101011.0111101)_B = (0011,0110,1011,0111.1010)_B = (36B.7A)_H$

例 1-5 将下列数转换为等值的二进制数。

$$(274.356)_O = (100111100.011101110)_B$$

$$(5A.3C6)_H = (1011010.00111100011)_B$$

1.2.2　码制

数码除了可以单纯地表示数以外，还可表示不同事物和状态。用数码表示符号、文字、逻辑关系等信息的过程叫做编码，在编码过程中遵循的规则称为码制（Code System），这些组合的数码称为代码。在日常生活中人们用得最多的是十进制代码，如邮政编码、电话号码等，此时代码已经没有数值大小的概念。代码可分为数字型和字符型，数字型用来表示数字的大小，字符型用来表示不同的符号或事物。

在数字电路中是用 0 和 1 二进制数的组合来表示不同的符号、状态的，即二进制代码。n 位二进制代码可表示 2^n 个信号，如果需要编码的信号有 N 项，则所需的二进制代码位数 n 应满足

$$2^{n-1} < N \leqslant 2^n$$

下面介绍几种常用的代码。

1. 二—十进制码

用 4 位二进制码表示 1 位十进制数，称为二—十进制码（Binary Coded Decimal），或 BCD 码。根据编码规则的不同，BCD 码还可分为有权码和无权码，常见的几种 BCD 码见表 1-2。

表 1-2　常见的几种 BCD 码

码制 / 十进制	8421BCD 码	2421BCD 码	5421BCD 码	4221BCD 码	余三码
0	0000	0000	0000	0000	0011
1	0001	0001	0001	0001	0100
2	0010	0010	0010	0010	0101
3	0011	0011	0011	0011	0110
4	0100	0100	0100	0110	0111
5	0101	1011	1000	0111	1000
6	0110	1100	1001	1010	1001
7	0111	1101	1010	1011	1010
8	1000	1110	1011	1110	1011
9	1001	1111	1100	1111	1100
位权	8421	2421	5421	4221	无权码

（1）有权码

每个代码中的 1 都代表一个固定的十进制数值，称为这一位的权值，把每位的代表的十进制数值加起来，得到的结果就是它所代表的十进制数。例如在 8421BCD 码中，从左到右的每一位的权值分别为 8、4、2、1，因此称为 8421BCD 码，其他 2421 码、4221 码、5421 码等都是如此得到的。它们都是有权码（Weighted Code）。

（2）无权码

在无权码的编码方式中，每个代码中的 1 不代表固定的数值，但也有一定的编码规则。例如余三码是由 8421BCD 码加 3 得到的。余三码（Excess-3 Code）中的 0 和 9、1 和 8、2 和 7、3 和 6、4 和 5 的码组之间互为反码，可简化 BCD 码的减法运算。

2. 格雷码

多位二进制数在形成和传输的过程中，由于各位的变化速度不同而可能产生错误，为此出现了多种可靠性编码，格雷码（Gray Code）就是其中的一种。4 位的格雷码见表 1-3。格雷码有如下特点：

1）任意相邻代码中的数码只有一位不同，其余各位均相同，属于无权码。

2）不同位数的格雷码首尾循环，因此也称为循环码。

3）任何一个十进制数都有与其对应的格雷码，而不是由低位格雷码拼凑而来的。例如，$(17)_D$ 的格雷码是 $(11001)_G$ 而不是 (00010100)，这样在数码变化时可大大减少错码的可能性。

自然二进制码与格雷码之间的转换规则如下：

已知自然二进制码为

$$B_{n-1}B_{n-2}\cdots B_2 B_1 B_0$$

对应格雷码为

$$G_{n-1}G_{n-2}\cdots G_2 G_1 G_0$$

则保留最高位 $G_{n-1} = B_{n-1}$，其余各位为

$$G_i = B_{i+1} \oplus B_i, \qquad i = 0,1,2,\cdots,n-2。$$

反之，将格雷码转换为自然二进制码的转换规则与之类似：

保留最高位 $B_{n-1} = G_{n-1}$，其余各位为

$$B_{i-1} = G_{i-1} \oplus B_i, \qquad i = 0,1,2,\cdots,n-1$$

其中，"$\oplus$"为异或逻辑运算，参与运算的两数相同结果为 0，不同结果为 1。

表 1-3　4 位格雷码

十进制数	二进制数	格雷码	十进制数	二进制数	格雷码
0	0000	0000	8	1000	1100
1	0001	0001	9	1001	1101
2	0010	0011	10	1010	1111
3	0011	0010	11	1011	1110
4	0100	0110	12	1100	1010
5	0101	0111	13	1101	1011
6	0110	0101	14	1110	1001
7	0111	0100	15	1111	1000

3. ASCII 码

ASCII（American Standard Code for Information Interchange）码，美国信息交换标准码，是目前国际上广泛采用的一种字符码。ASCII 码用 7 位二进制代码表示 128 个不同的字符和符号，其中包括 96 个图形字符（大小写英文字母 52 个，数字符 10 个，专用图形符号 34 个），32 个控制字符。

ASCII 码是目前大部分计算机与外部设备交换信息所采用的字符编码。例如，键盘将按键的字符用 ASCII 码送入计算机，计算机将处理好的数据用 ASCII 码传送到显示器或打印机等外部设备等。

1.2.3　二进制数的原码、反码和补码及其运算

1. 原码、反码和补码

1）原码：二进制数可分为有符号数和无符号数，原码、反码和补码都是针对有符号数定义的。有符号数用最高位表示符号，"0"表示正，"1"表示负。

原码就是这个数的二进制本身形式。

2）反码：正数的反码为原码，负数的反码为除了符号位外各位取反（将 0 变为 1，1 变为 0）。

3）补码：补码是原码按指定规则经过变换后构成的一种二进制码。补码的最高位为符号位，正数为"0"，负数为"1"。

正数的补码与原码相同；负数的补码是将原码（除符号位外）逐位求反，然后在最低位加 1 得到。

补码也称为二进制数的基数的补码或称为 2 的补码；反码也称为二进制数的降基数的补码或 1 的补码。无论是补码还是反码，按定义再求补或求反一次，将还原为原码。

2. 算术运算

1）反码运算：两数反码之和等于两数之和的反码，即

$$[N_1]_\text{反} + [N_2]_\text{反} = [N_1 + N_2]_\text{反}$$

二进制数的符号位参加运算，当符号位有进位时，需循环进位，即把符号位进位加到和的最低位。

2）补码运算：补码的运算与反码的运算相似，两数补码之和等于两数之和的补码，即

$$[N_1]_\text{补} + [N_2]_\text{补} = [N_1 + N_2]_\text{补}$$

符号位参加运算，但不需要循环进位，如有进位，自动丢弃。由于补码运算无循环进位，比反码运算简单，因而应用更广泛。但补码的运算应在其相应位数表示的数值范围内进行，否则将可能产生错误的计算结果。

本 章 小 结

本章介绍了数字信号的定义和特征，数字电路的分类与优点，以及在数字电路和数字系统中使用二进制数来表示数据、符号、信息等；讲解了数制与码制，常用的二进制、八进制、十六进制及它们之间的转换，以及常用的 BCD 码、格雷码、ASCII 码等。

习　题

1-1　完成下列转换：

(1)（1010110.01101）$_\text{B}$ = （　　　　　）$_\text{O}$ = （　　　　　）$_\text{H}$

(2)（36.125）$_\text{D}$ = （　　　　　）$_\text{B}$ = （　　　　　）$_\text{H}$

(3)（465.43）$_\text{O}$ = （　　　　）$_\text{B}$ = （　　　　）$_\text{H}$ = （　　　　　）$_\text{D}$

(4)（8F.FF）$_\text{H}$ = （　　　　）$_\text{B}$ = （　　　　）$_\text{O}$ = （　　　　　）$_\text{D}$

(5)（459）$_\text{D}$ = （　　　　　）$_\text{8421BCD码}$ = （　　　　　）$_\text{余三码}$

(6)（36.09）$_\text{D}$ = （　　　　　）$_\text{8421BCD码}$ = （　　　　　）$_\text{余三码}$

1-2　写出下列二进制数的原码、反码和补码：

（1）（+1011）$_B$ 的原码为（　　），反码为（　　），补码为（　　）

（2）（+00110）$_B$ 的原码为（　　），反码为（　　），补码为（　　）

（3）（-1101）$_B$ 的原码为（　　），反码为（　　），补码为（　　）

（4）（-00110）$_B$ 的原码为（　　），反码为（　　），补码为（　　）

1-3　选择题

（1）下列各组数中，是六进制数的是（　　）。

A. 14752　　　　　　B. 62593　　　　　　C. 53452　　　　　　D. 37418

（2）十进制数 62 对应的十六进制数是（　　）。

A. 3EH　　　　　　B. 36H　　　　　　C. 38H　　　　　　D. 3DH

（3）下列数中与十进制数 163D 不相等的是（　　）。

A. A3H　　　　B. 10100011B　　　　C. （000101100011）$_{8421BCD码}$　　D. 1001000110

（4）已知二进制数 11001010，其对应的十进制数为（　　）。

A. 202　　　　　　B. 192　　　　　　C. 106　　　　　　D. 92

（5）十进制数 78 所对应的二进制数和十六进制数分别为（　　）。

A. 1100001B，61H　　B. 1001110B，4EH　　C. 1100001B，C2H　　D. 1001110B，9CH

（6）与八进制数（166）$_O$ 等值的十六进制数和十进制数分别为（　　）。

A. 76H，118D　　　B. 76H，142D　　　C. E6H，230D　　　D. 74H，116D

（7）与二进制数（1100110111. 001）$_B$ 等值的十六进制数为（　　）。

A. 337. 2H　　　　B. 637. 1H　　　　C. 1467. 1H　　　　D. C37. 4H

（8）下列数中最大的是（　　）。

A. 100101110B　　B. 12FH　　　　C. 301D　　　　D. （10010111）$_{8421BCD码}$

（9）用 0、1 两个符号对 100 个信息进行编码，则至少需要（　　）。

A. 8 位　　　　　　B. 7 位　　　　　　C. 9 位　　　　　　D. 6 位

（10）相邻两组编码只有 1 位不同的编码是（　　）。

A. 2421BCD 码　　　B. 8421BCD 码　　　C. 余三码　　　　D. 格雷码

第 2 章 逻 辑 代 数

2.1 逻辑代数概述

在数字逻辑电路中，用 1 位二进制数码的 0 和 1 表示一个事物的两种不同逻辑状态。这种只有两种对立逻辑状态的逻辑关系称为二值逻辑。所谓"逻辑"，在这里是指事物间的因果关系。当两个二进制数码表示不同的逻辑状态时，它们之间按照指定的某种因果关系进行的运算称为逻辑运算（Boolean Operation）。逻辑运算实现的是输出与输入之间的逻辑关系，即结果与条件（或原因）的关系。描述这种关系的函数称为逻辑函数。

1849 年，英国数学家乔治·布尔（George Boole）首先提出了描述客观事物逻辑关系的数学方法——布尔代数。1938 年，克劳德·香农（Claude E. Shannon）把布尔代数应用到继电器开关电路的设计，因此将布尔代数又称为开关代数。随着数字技术的发展，布尔代数在二值逻辑电路中得到了广泛应用，成为数字逻辑电路分析和设计的基础，所以，布尔代数也称为逻辑代数。下面将会看到，虽然有些逻辑代数的运算公式在形式上和普通代数的运算公式相同，但是两者所包含的物理意义有本质的不同。逻辑代数中的变量称为逻辑变量。逻辑运算表示的是逻辑变量以及常量之间逻辑状态的推理运算，而不是数量之间的运算。

虽然在二值逻辑中，每个变量的取值只有 0 和 1 两种可能，只能表示两种不同的逻辑状态，但是人们可以用变量的不同组合来表示事物的多种逻辑状态，处理复杂的逻辑问题。

2.2 逻辑运算

2.2.1 基本逻辑运算

在逻辑代数中，基本逻辑运算（Basic Logic Operation）有与、或、非三种，下面分别讨论这三种基本运算。

1. 与运算

有一个事件，当决定该事件的所有条件全部具备之后，该事件才会发生，这样的因果关系称为"与"逻辑关系，也称为逻辑乘，或者称为与运算（AND）。例如，图 2-1a 所示为一个简单的与逻辑电路模型，只有当两个开关同时闭合时，指示灯才亮。只要有一个开关断开或者两个开关均断开时，则指示灯都不亮。因此它们之间满足与逻辑关系。

若以 A、B 表示开关的状态，并以 1 表示开关闭合，以 0 表示开关断开；以 L 表示指示灯的状态，并以 1 表示灯亮，以 0 表示不亮，则可以列出以 0、1 表示的与逻辑关系的图表，这种输入逻辑变量所有取值的组合与其所对应的输出逻辑函数值构成的表格，称为**真值表**（TruthTable）。与逻辑的真值表见表 2-1。

表 2-1　与逻辑真值表

A	B	L
0	0	0
0	1	0
1	0	0
1	1	1

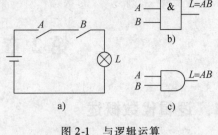

图 2-1　与逻辑运算

a)电路模型　b)国标符号　c)国外流行符号

若用逻辑表达式描述，则可写为

$$L = A \cdot B \qquad (2\text{-}1)$$

读成"L 等于 A 与 B"或"L 等于 A 乘 B"。式中，"·"表示 A 和 B 之间的与运算。为了书写方便，在不引起混淆的前提下，常将"·"省略。在一些文献中，也有用符号 ∧、∩、& 表示与运算。"与"逻辑的输入变量不一定只有两个，可以有多个。在逻辑电路中，把能实现与运算的逻辑电路称为与门，其逻辑符号如图 2-1b、c 所示。图 2-1b 所示为国标符号，图 2-1c 所示为国外流行符号。

2. 或运算

有一个事件，当决定该事件的所有条件中只要有任何一个满足时，该事件就会发生，这样的因果关系称为"或"逻辑关系，也称为逻辑加，或者称为或运算（OR）。例如，图 2-2a 所示为一个简单的或逻辑电路模型，两个开关中只要有一个闭合，指示灯就亮。因此，指示灯和两个开关之间满足或逻辑关系。仿照前述，可以得出用 0、1 表示的或逻辑真值表，见表 2-2。若用逻辑表达式来描述，则可写为

$$L = A + B \qquad (2\text{-}2)$$

读成"L 等于 A 或 B"或"L 等于 A 加 B"。式中，"+"表示 A 和 B 之间的或运算。在某些文献中，也有用符号 ∨、∪ 表示或运算。"或"逻辑的输入变量同样不一定只有两个，可以有多个。在逻辑电路中，把能实现或运算的逻辑电路称为或门，其逻辑符号如图 2-2b、c 所示。

表 2-2　或逻辑真值表

A	B	L
0	0	0
0	1	1
1	0	1
1	1	1

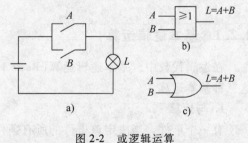

图 2-2　或逻辑运算

a)电路模型　b)国标符号　c)国外流行符号

这里必须指出的是，逻辑加法与算术加法的运算规律不同，有的尽管表面上相同，但实质不同。要特别注意，在逻辑代数中，$1 + 1 = 1$。

3. 非运算

当一个事件的条件满足时，该事件不会发生，当条件不满足时，才会发生，这样的因果关系称为"非"逻辑关系或者非运算（NOT）。图 2-3a 所示电路模型表示了这种关系。若用 0

和 1 来表示开关和指示灯的状态，开关断开和灯不亮用 0 表示，开关闭合和灯亮用 1 表示，则得出非逻辑的真值表，见表 2-3。若用逻辑表达式来描述，可写为

$$L = \overline{A} \tag{2-3}$$

读成"L 等于 A 非"，L 是 A 的反变量，而 A 则为原变量。式中，字母 A 上方的短划"—"表示非运算。在某些文献中，也有用"～"、"¬"、"′"来表示非运算的。非运算有时也称为求反运算。

表 2-3 非逻辑真值表

A	L
0	1
1	0

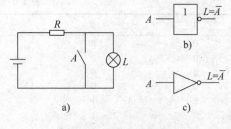

图 2-3 非逻辑运算

a)电路模型 b)国标符号 c)国外流行符号

能实现非运算的电路称为非门，也称为反相器，其逻辑符号如图 2-3b、c 所示。图中，小圆圈表示非运算。

2.2.2 复合逻辑运算

实际逻辑问题往往比与、或、非复杂得多，不过它们都可以用这三种基本逻辑运算的组合来实现，这就是所谓的复合逻辑运算（Combinational Logic Operation）。常用的复合逻辑运算有与非、或非、与或非、异或和同或等。

1. 与非

与非运算（NAND）是由与运算和非运算组合在一起的。逻辑符号如图 2-4 所示，真值表见表 2-4。逻辑表达式可写成

$$L = \overline{AB} \tag{2-4}$$

表 2-4 与非逻辑真值表

A	B	L
0	0	1
0	1	1
1	0	1
1	1	0

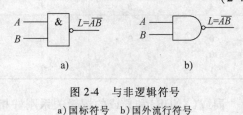

图 2-4 与非逻辑符号

a)国标符号 b)国外流行符号

2. 或非

或非运算（NOR）是由或运算和非运算组合在一起的。逻辑符号如图 2-5 所示，真值表见表 2-5。逻辑表达式可写成

$$L = \overline{A + B} \tag{2-5}$$

3. 与或非

与或非运算（AND-OR-INVERT）是由与运算、或运算和非运算组合在一起的。逻辑符号如图 2-6 所示，真值表见表 2-6。逻辑表达式可写成

$$L = \overline{AB + CD} \tag{2-6}$$

表 2-5　或非逻辑真值表

A	B	L
0	0	1
0	1	0
1	0	0
1	1	0

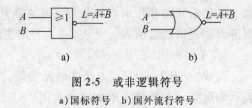

图 2-5　或非逻辑符号

a)国标符号　b)国外流行符号

表 2-6　与或非逻辑真值表

A	B	C	D	L
0	0	0	0	1
0	0	0	1	1
0	0	1	0	1
0	0	1	1	0
0	1	0	0	1
0	1	0	1	1
0	1	1	0	1
0	1	1	1	0
1	0	0	0	1
1	0	0	1	1
1	0	1	0	1
1	0	1	1	0
1	1	0	0	0
1	1	0	1	0
1	1	1	0	0
1	1	1	1	0

4. 异或与同或

异或(XOR)的逻辑关系是：当两个输入信号相同时，输出为 0；当两个输入信号不同时，输出为 1。逻辑符号如图 2-7 所示，真值表见表 2-7。逻辑表达式可写成

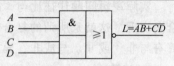

图 2-6　与或非逻辑符号

$$L = \overline{A}B + A\overline{B} = A \oplus B \tag{2-7}$$

表 2-7　异或逻辑真值表

A	B	L
1	1	0
0	0	0
0	1	1
1	0	1

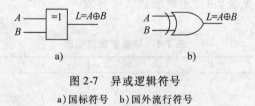

图 2-7　异或逻辑符号

a)国标符号　b)国外流行符号

同或(XNOR)和异或的逻辑关系刚好相反：当两个输入信号相同时，输出为 1；当两个输入信号不同时，输出为 0。逻辑符号如图 2-8 所示，真值表见表 2-8。逻辑表达式可写成

$$L = AB + \overline{A}\ \overline{B} = A \odot B \tag{2-8}$$

表 2-8　同或逻辑真值表

A	B	L
0	0	1
0	1	0
1	0	0
1	1	1

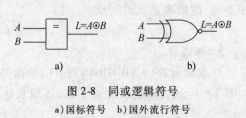

图 2-8　同或逻辑符号

a)国标符号　b)国外流行符号

由表 2-7 和表 2-8 对比可以看出，异或和同或是相反的关系，也就是说异或非等于同或；同或非等于异或。

关于门电路的内部结构和工作原理可以参考附录 A，此处不再赘述。

2.3 逻辑函数的表示方法

在分析和处理实际的逻辑问题时，根据逻辑函数的不同特点，可以采用不同方法表示，但无论采用何种表示方法，都应将其逻辑功能完全准确地表达出来。逻辑函数常用的表示方法有真值表、逻辑表达式、逻辑图、波形图和卡诺图等。下面举一个实例介绍前面四种逻辑函数的表示方法，卡诺图表示方法将在 2.5 节中详细介绍。

图 2-9 所示为一个控制楼梯照明灯的电路，单刀双掷开关 A 装在楼下，B 装在楼上，这样，在楼下开灯后，可在楼上关灯；同样，也可以在楼上开灯，而在楼下关灯。因为只有当两个开关都向上扳或向下扳时，灯才亮；而一个向上扳、另一个向下扳时，灯就不亮。

1. 真值表

图 2-9 所示电路的逻辑关系可用真值表（Truth Table）来描述。设 L 表示灯的状态，即 L=1 表示灯亮，L=0 表示灯不亮，用 A 和 B 表示开关 A 和开关 B 的位置，用 1 表示开关向上扳，用 0 表示开关向下扳，则 L 与 A、B 逻辑关系的真值表见表 2-9。

表 2-9　图 2-9 所示电路的真值表

A	B	L
0	0	1
0	1	0
1	0	0
1	1	1

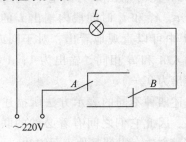

图 2-9　逻辑电路举例

2. 逻辑表达式

逻辑表达式（Logic Expression）是用与、或、非等运算组合起来，表示逻辑函数与逻辑变量之间关系的逻辑代数式。

由真值表可知，在 A、B 状态的四种不同组合中，只有第一（$A=B=0$）和第四（$A=B=1$）两种组合才能使灯亮（$L=1$）。逻辑变量之间是与的关系，而两种状态组合之间则是或的关系。对于变量 A、B 或输出 L，凡取 1 值的用原变量表示，取 0 值用反变量表示，可写出图 2-9 所示电路的逻辑表达式

$$L = \overline{A}\,\overline{B} + AB \tag{2-9}$$

3. 逻辑图

用与、或、非等逻辑符号表示逻辑函数中各变量之间的逻辑关系所得到的图形称为逻辑图（Logic Circuit）。

将式（2-9）中所有的与、或、非运算符号用相应的逻辑符号代替，并按照逻辑运算的先后次序将这些逻辑符号连接起来，就得到图 2-9 所示电路所对应的逻辑图，如图 2-10a 所示。式（2-9）表示的是同或逻辑关系，为简便起见，也可以用同或逻辑符号表示，得到图 2-10b

所示逻辑图。

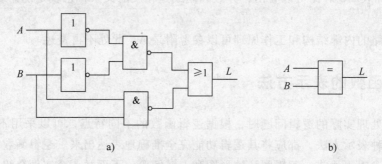

图 2-10　图 2-9 所示电路的逻辑图
a) 由与、或、非逻辑符号构成的逻辑图
b) 由同或逻辑符号构成的逻辑图

4. 波形图

用输入端在不同逻辑信号作用下所对应的输出信号的波形表示电路的逻辑关系称为波形图（Wave Form）。

在图 2-11 所示的波形图中，在 t_1 的时间段内，A、B 输入端均为高电平 1，根据式（2-9）或表 2-9 可知，此时输出 L 为高电平 1。依照此方法，可得出 t_2、t_3 和 t_4 时间段内输出 L 的波形图。从图 2-11 中可以直观地看出，对于同或逻辑关系，只要输入 A 和 B 相同，输出为 1；A 和 B 不相同时，输出为 0。

上述四种不同的表示方法所描述的是同一逻辑关系，因此它们之间有着必然的联系，可以从一种表示方法，得到其他表示方法。

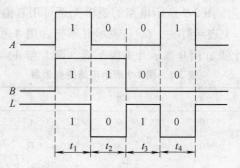

图 2-11　图 2-9 所示电路的波形图

2.4　逻辑代数的运算公式和规则

2.4.1　逻辑代数的基本定律和恒等式

根据前面介绍过的逻辑与、或、非三种基本运算法则可以推导出常用的逻辑代数基本定律和恒等式，见表 2-10。

表 2-10　逻辑代数的基本定律和恒等式

名称	公式 1	公式 2
0-1 律	$A + 0 = A$ $A + 1 = 1$	$A \cdot 0 = 0$ $A \cdot 1 = A$
重叠律	$A + A = A$	$A \cdot A = A$
互补律	$A + \bar{A} = 1$	$A \cdot \bar{A} = 0$
还原律	$\bar{\bar{A}} = A$	
结合律	$(A + B) + C = A + (B + C)$	$(A \cdot B) \cdot C = A \cdot (B \cdot C)$

（续）

名称	公式1	公式2
交换律	$A + B = B + A$	$A \cdot B = B \cdot A$
分配律	$A \cdot (B + C) = AB + AC$	$A + BC = (A + B)(A + C)$
反演律（摩根定理）	$\overline{A \cdot B \cdot C \cdots} = \overline{A} + \overline{B} + \overline{C} + \cdots$	$\overline{A + B + C + \cdots} = \overline{A} \cdot \overline{B} \cdot \overline{C} \cdots$
吸收律	$A + A \cdot B = A$	$A \cdot (A + B) = A$
	$A + \overline{A} \cdot B = A + B$	$(A + B) \cdot (A + \overline{C}) = A + BC$
常用恒等式	$AB + \overline{A}C + BC = AB + \overline{A}C$	$AB + \overline{A}C + BCD = AB + \overline{A}C$

证明这些定律的有效方法是：检验等式左边和右边逻辑函数的真值表是否一致。略微复杂的公式也可以用其他更简单的公式来证明。

例 2-1 证明分配律 $A + BC = (A + B)(A + C)$。

证： $A + BC = A + AB + AC + BC = A(A + B) + C(A + B) = (A + B)(A + C)$

例 2-2 证明吸收律 $A + \overline{A} \cdot B = A + B$。

证： 利用分配律有

$$A + \overline{A} \cdot B = (A + \overline{A})(A + B) = A + B$$

例 2-3 证明反演律 $\overline{AB} = \overline{A} + \overline{B}$ 和 $\overline{A + B} = \overline{A} \cdot \overline{B}$。

证： 证明反演律可分别列出两公式等号两边函数的真值表，见表 2-11。由于等式两边函数的真值表一致，因此两式成立。

表 2-11　反演律（摩根定理）的证明

A	B	$\overline{AB}$	$\overline{A} + \overline{B}$	$\overline{A + B}$	$\overline{A}\ \overline{B}$
0	0	1	1	1	1
0	1	1	1	0	0
1	0	1	1	0	0
1	1	0	0	0	0

反演律又称摩根定理，是非常重要和有用的公式，它经常用于求一个原函数的非函数或者对逻辑函数进行变换。

例 2-4 证明常用恒等式 $AB + \overline{A}C + BC = AB + \overline{A}C$。

证：
$$\begin{aligned}
AB + \overline{A}C + BC &= AB + \overline{A}C + (A + \overline{A})BC \\
&= AB + \overline{A}C + ABC + \overline{A}BC \\
&= AB(1 + C) + \overline{A}C(1 + B) = AB + \overline{A}C
\end{aligned}$$

这个恒等式说明，若两个乘积项中分别包含因子 A 和 $\overline{A}$，而这两个乘积项的其余因子组成第三个乘积项时，则第三个乘积项是多余的，称为冗余项，可以消去。

本节所列出的基本公式反映了逻辑关系，而不是数量之间的关系，在运算中不能简单套用初等代数的运算规则。例如，初等代数中的移项规则就不能用，这是因为逻辑代数中没有减法和除法的缘故。这一点在使用时必须注意。

2.4.2　逻辑代数的基本规则

1. 代入规则

在任何一个逻辑等式中，如果将等式两边出现的某变量 A，都用一个函数代替，则等式依然成立，这个规则称为代入规则（Substitution Rule）。

因为变量 A 仅有 0 和 1 两种可能的状态，所以无论将 $A = 0$ 还是 $A = 1$ 代入逻辑等式，等式都一定成立。而任何一个逻辑式的取值也不外 0 和 1 两种，所以用它取代式中的 A 时，等式自然也成立。因此，可以将代入定理看做无需证明的公理。

利用代入定理很容易把表 2-10 中的基本公式和常用恒等式推广为多变量的形式。

例 2-5　用代入定理证明摩根定理也适用于多变量的情况。

证：已知二变量的摩根定理为

$$\overline{AB} = \overline{A} + \overline{B} \text{ 及 } \overline{A + B} = \overline{A}\ \overline{B}$$

今以 (BC) 代入左边等式中 B 的位置，同时以 $(B + C)$ 代入右边等式中 B 的位置，于是得到

$$\overline{ABC} = \overline{A} + \overline{BC} = \overline{A} + \overline{B} + \overline{C}$$
$$\overline{A + (B + C)} = \overline{A} \cdot \overline{(B + C)} = \overline{A} \cdot \overline{B} \cdot \overline{C}$$

依次类推，摩根定理对任意多个变量都成立。此外，在对复杂的逻辑式进行运算时，仍需遵守与普通代数一样的运算优先顺序，即先算括号里的内容，其次算乘法，最后算加法。

2. 反演规则

对于任意一个逻辑式 L，若将其中所有的"·"换成"+"，"+"换成"·"，0 换成 1，1 换成 0，原变量换成反变量，反变量换成原变量，则得到的结果就是 $\overline{L}$。这个规则称为反演规则（Complement Rule）。

利用反演规则，可以比较容易地求出一个原函数的非函数。运用反演规则时必须注意以下两个原则：

1）仍需遵守"先括号、然后乘、最后加"的运算优先顺序。

2）不属于单个变量上的非号应保留不变。

例 2-6　试求 $L = \overline{A}\ \overline{B} + CD + 0$ 的非函数 $\overline{L}$。

解：按照反演规则，得

$$\overline{L} = (A + B) \cdot (\overline{C} + \overline{D}) \cdot 1 = (A + B)(\overline{C} + \overline{D})$$

例 2-7　若 $L = \overline{\overline{(A\overline{B} + C)} + D} + C$，求 $\overline{L}$。

解：依据反演规则可直接写出

$$\overline{L} = \overline{\overline{(\overline{A} + B) \cdot \overline{C}} \cdot \overline{D}} \cdot \overline{C}$$

3. 对偶规则

对于任何一个逻辑表达式 L，若将其中的"·"换成"+"，"+"换成"·"，0 换成 1，1 换成 0，那么就得到一个新的逻辑表达式，这就是 L 的对偶式，记作 L'。变换时仍需注意保持原式中"先括号、然后乘、最后加"的运算顺序。

例如，若 $L = \overline{A}\ \overline{B} + CD$，则 $L' = (\overline{A} + \overline{B})(C + D)$。

若两逻辑表达式相等，则它们的对偶式也相等，这就是对偶规则（Duality Rule）。

为了证明两个逻辑表达式相等，也可以通过证明它们的对偶式相等来完成，因为有些情况下证明它们的对偶式相等更加容易。

例 2-8　证明 $(A + B)(\overline{A} + C)(B + C) = (A + B)(\overline{A} + C)$。

证：因为

$$AB + \overline{A}C + BC = AB + \overline{A}C$$

对上式两边取对偶得

$$(A + B)(\overline{A} + C)(B + C) = (A + B)(\overline{A} + C)$$

2.5 逻辑函数的化简方法

逻辑函数化简在传统逻辑设计中有特别重要的地位，常用的化简方法有代数化简法和卡诺图化简法等。

2.5.1 化简的意义

在进行逻辑运算时常常会看到，同一个逻辑函数可以写成不同的逻辑表达式，而这些逻辑表达式的繁简程度往往又相差甚远。逻辑表达式越简单，它所表示的逻辑关系越明显，同时也越有利于用最少的电子元器件实现这个逻辑函数。同时，一方面可以降低成本，提高工作速度；另一方面也提高了数字系统的可靠性。直接按逻辑要求归纳出的逻辑函数式及对应的电路，通常不是最简形式，因此，需要对逻辑函数式进行化简，以求用最少的逻辑器件来实现所需的逻辑要求。

同一个逻辑函数，可以有与-或表达式、或-与表达式、与非-与非表达式、或非-或非表达式及与-或-非表达式等多种不同的逻辑表达方式。例如：

$$L = AB + \overline{A}C \qquad \text{（与 - 或表达式）}$$
$$= \overline{\overline{AB}\ \overline{\overline{A}C}} \qquad \text{（与非 - 与非表达式）}$$
$$= (A + C)(\overline{A} + B) \qquad \text{（或 - 与表达式）}$$
$$= \overline{\overline{A + C} + \overline{\overline{A} + B}} \qquad \text{（或非 - 或非表达式）}$$
$$= \overline{\overline{A}\ \overline{C} + A\overline{B}} \qquad \text{（与 - 或 - 非表达式）}$$

这就意味着可以采用不同的逻辑器件去实现同一函数，究竟采用哪一种更好，要视具体条件而定。

通常根据逻辑要求列出真值表，进而得到的逻辑函数往往是与-或表达式。逻辑代数基本定律和常用恒等式也多以与-或表达式给出，化简与-或表达式也比较方便，而且任何形式的表达式都不难展开为与-或表达式。因此，实际化简时，一般把逻辑函数化为最简的与-或表达式。

在若干个逻辑关系相同的与-或表达式中，将其中包含的与项个数最少，且每个与项中变量个数最少的表达式称为最简与-或表达式。"与项个数最少"意味着用电路实现时使用与门个数最少，"变量个数最少"意味着使用门的输入端数最少。

逻辑函数化简就是要消去与-或表达式中多余的乘积项和每个乘积项中多余的变量，以得到逻辑函数的最简与-或表达式。有了最简与-或表达式，通过公式变换很容易得到其他形式的函数式，所以下面着重讨论与-或表达式的化简。

2.5.2 代数化简法

代数化简法的原理就是反复使用逻辑代数的基本定律和恒等式消去逻辑函数式中多余的

乘积项和多余的因子，以求得逻辑函数式的最简形式。公式化简法没有固定的步骤，现将经常使用的方法归纳如下。

1. 并项法

利用 $A + \bar{A} = 1$ 的公式，将两项合并成一项，并消去一个变量。

例 2-9 试用并项法化简下列与-或逻辑函数表达式。

(1) $L_1 = AB\bar{C} + ABC + A\bar{B}$

(2) $L_2 = \bar{A}\bar{B}\bar{C} + A\bar{C} + \bar{B}\bar{C}$

(3) $L_3 = B\bar{C}D + BC\bar{D} + B\bar{C}\bar{D} + BCD$

解： (1) $L_1 = AB(\bar{C} + C) + A\bar{B} = AB + A\bar{B} = A(B + \bar{B}) = A$

(2) $L_2 = \bar{A}\bar{B}\bar{C} + (A + \bar{B})\bar{C} = \bar{A}\bar{B}\bar{C} + \overline{\bar{A}B}\bar{C} = (\bar{A}\bar{B} + \overline{\bar{A}B})\bar{C} = \bar{C}$

(3) $L_3 = B(\bar{C}D + C\bar{D}) + B(\bar{C}\bar{D} + CD) = B \cdot (C \oplus D) + B \cdot \overline{C \oplus D} = B$

2. 吸收法

利用 $A + AB = A$ 的公式，消去多余的项 AB。根据代入规则，A、B 可以是任何一个复杂的逻辑式。

例 2-10 试用吸收法化简下列逻辑函数表达式。

(1) $L_1 = A\bar{B} + A\bar{B}C + A\bar{B}DEF$

(2) $L_2 = \overline{AB} + A\bar{D} + \bar{B}E$

(3) $L_3 = A + \overline{\bar{A} \cdot \overline{BC}} \cdot (\overline{\bar{A} + \overline{B}\bar{C}} + D) + BC$

解： (1) $L_1 = A\bar{B} + A\bar{B}C + A\bar{B}DEF = \bar{B}(A + AC + ADEF) = A\bar{B}$

(2) $L_2 = \overline{AB} + A\bar{D} + \bar{B}E = \bar{A} + \bar{B} + A\bar{D} + \bar{B}E = \bar{A} + \bar{B}$

(3) $L_3 = (A + BC) + (A + BC)(\overline{\bar{A} + \overline{B}\bar{C}} + D) = A + BC$

3. 消去法

利用 $A + \bar{A}B = A + B$，消去多余的因子。

例 2-11 试用消去法化简下列逻辑函数表达式。

(1) $L = \overline{AB} + AC + BD$

(2) $L = \bar{A} + AB + \bar{B}C$

解： (1) $L = \overline{AB} + AC + BD = \bar{A} + \bar{B} + AC + BD = \bar{A} + \bar{B} + C + D$

(2) $L = \bar{A} + AB + \bar{B}C = \bar{A} + B + \bar{B}C = \bar{A} + B + C$

4. 配项法

1）根据基本公式中的 $A + A = A$ 可以在逻辑函数式中重复写入某一项，有时能获得更加简单的化简结果。

例 2-12 试化简逻辑函数 $L = \bar{A}\bar{B}\bar{C} + \bar{A}BC + ABC$。

解： $L = (\bar{A}\bar{B}\bar{C} + \bar{A}BC) + (\bar{A}BC + ABC) = \bar{A}B(C + \bar{C}) + BC(A + \bar{A}) = \bar{A}B + BC$

2）根据基本公式中的 $A + \bar{A} = 1$ 可以在函数式中的某一项上乘以 $(A + \bar{A})$，然后拆成两项分别与其他项合并，有时能得到更加简单的化简结果。

例 2-13 试化简逻辑函数 $L = A\bar{B} + \bar{A}B + B\bar{C} + \bar{B}C$。

解： 利用配项法可将 L 写成

$$L = A\bar{B} + \bar{A}B(C + \bar{C}) + B\bar{C} + (A + \bar{A})\bar{B}C$$

$$= A\overline{B} + \overline{A}BC + A\overline{B}\,\overline{C} + B\overline{C} + A\overline{B}C + \overline{A}\,\overline{B}C$$
$$= (A\overline{B} + \overline{A}\,\overline{B}C) + (B\overline{C} + A\overline{B}\,\overline{C}) + (\overline{A}BC + \overline{A}\,\overline{B}C)$$
$$= A\overline{B} + B\overline{C} + \overline{A}C$$

实际解题时，常常需要综合应用上述各种方法，才能得到函数的最简与-或表达式。代数化简法的优点是不受变量数目的限制，但它也存在明显的缺点：没有固定的步骤可循；需要熟练运用各种公式和定律；在化简一些较为复杂的逻辑函数时还需要一定的技巧和经验；有时很难判定化简结果是否最简。

2.5.3　卡诺图化简法

本节介绍一种比代数法更简便、直观的化简逻辑函数的方法。卡诺图(Karnaugh Map)是逻辑函数的图形表示法，是由美国工程师卡诺(Karnaugh)在 1952 年首先提出的，所以称为卡诺图化简法。这种化简方法有比较明确的步骤可以遵循，结果是否最简，判断起来也比较容易。但是，当变量超过六个以上时，就没有什么实用价值了。

为了更方便地讨论卡诺图，下面首先介绍最小项(Minterm)的概念。

1. 最小项的定义

n 个变量 X_1、X_2、$\cdots$、X_n 的最小项是 n 个因子的乘积，每个变量都以它的原变量或非变量的形式在乘积中出现，且仅出现一次。可见 n 个变量的最小项共有 2^n 个。例如：

一个变量 A 有两个最小项：A、$\overline{A}$。

两个变量 A、B 有四个最小项：$\overline{A}\,\overline{B}$、$\overline{A}B$、$A\overline{B}$、$AB$。

三个变量 A、B、C 有八个最小项：
$\overline{A}\,\overline{B}\,\overline{C}$、$\overline{A}\,\overline{B}C$、$\overline{A}B\overline{C}$、$\overline{A}BC$、$A\overline{B}\,\overline{C}$、$A\overline{B}C$、$AB\overline{C}$、$ABC$。

2. 最小项的性质

为了分析最小项的性质，下面列出三个变量 A、B、C 所有最小项的真值表，见表 2-12。

表 2-12　三变量最小项真值表

A	B	C	$\overline{A}\,\overline{B}\,\overline{C}$	$\overline{A}\,\overline{B}C$	$\overline{A}B\overline{C}$	$\overline{A}BC$	$A\overline{B}\,\overline{C}$	$A\overline{B}C$	$AB\overline{C}$	ABC
0	0	0	1	0	0	0	0	0	0	0
0	0	1	0	1	0	0	0	0	0	0
0	1	0	0	0	1	0	0	0	0	0
0	1	1	0	0	0	1	0	0	0	0
1	0	0	0	0	0	0	1	0	0	0
1	0	1	0	0	0	0	0	1	0	0
1	1	0	0	0	0	0	0	0	1	0
1	1	1	0	0	0	0	0	0	0	1

观察表 2-12 可以看出，最小项具有下列性质：

1) 对于任意一个最小项，输入变量只有一组取值使得它的值为 1，而在变量取其他各组值时，这个最小项的值都是 0。

2) 不同的最小项，使它的值为 1 的那一组输入变量取值也不同。

3) 对于输入变量的任一组取值，任意两个最小项的乘积为 0。

4) 对于输入变量的任一组取值，全体最小项之和为 1。

3. 最小项的编号

最小项通常用 m_i 表示，下标 i 即最小项编号，用十进制数表示。将最小项中的原变量用 1 表示，非变量用 0 表示，可得到最小项的编号。以 $A\overline{B}\,\overline{C}$ 为例，它和 100 相对应，而 100 相当于十进制数 4，所以把 $A\overline{B}\,\overline{C}$ 记作 m_4。按此原则，三个变量的最小项编号见表 2-13。

表 2-13　三变量最小项编号

最小项	变量取值			十进制数	表示符号
	A	B	C		
$\overline{A}\,\overline{B}\,\overline{C}$	0	0	0	0	m_0
$\overline{A}\,\overline{B}\,C$	0	0	1	1	m_1
$\overline{A}\,B\,\overline{C}$	0	1	0	2	m_2
$\overline{A}\,B\,C$	0	1	1	3	m_3
$A\,\overline{B}\,\overline{C}$	1	0	0	4	m_4
$A\,\overline{B}\,C$	1	0	1	5	m_5
$A\,B\,\overline{C}$	1	1	0	6	m_6
$A\,B\,C$	1	1	1	7	m_7

4. 逻辑函数的最小项表达式

利用逻辑代数的基本公式，可以把任一个逻辑函数化成若干个最小项之和的形式，称为最小项表达式。例如：

$$L(A,B,C,D) = \overline{A}\,\overline{B}\,\overline{C}\,\overline{D} + \overline{A}\,\overline{B}\,\overline{C}\,D + \overline{A}\,B\,\overline{C}\,D + A\,B\,\overline{C}\,\overline{D}$$

此式由四个最小项构成，它是一组最小项之和，因此是一个最小项表达式。该最小项表达式也可写为

$$L(A,\ B,\ C,\ D) = m_0 + m_1 + m_5 + m_8$$

为了简化，常用最小项下标编号代表最小项，故上式又可写为

$$L(A,\ B,\ C,\ D) = \sum m(0,\ 1,\ 5,\ 8)$$

常见的逻辑表达式往往不是最小项表达式，如果将其变换成最小项表达式可遵循下面的步骤：首先将函数转换成积之和表达式，对非最小项的积项，利用互补律乘以该乘积项缺少的变量，这样既可使积项逻辑值不变，又可在该积项中增补变量，多次利用互补律，直到每个积项均为最小项为止。

例 2-14　将逻辑函数 $L(A,\ B,\ C) = AB + BC + CA$ 转换成最小项表达式。

解：
$$
\begin{aligned}
L(A,B,C) &= AB + BC + CA \\
&= AB(C + \overline{C}) + (A + \overline{A})BC + CA(B + \overline{B}) \\
&= ABC + AB\overline{C} + \overline{A}BC + ABC + AB\overline{C} + A\overline{B}C \\
&= \overline{A}BC + A\overline{B}C + AB\overline{C} + ABC \\
&= m_3 + m_5 + m_6 + m_7 \\
&= \sum m(3,5,6,7)
\end{aligned}
$$

由此可见，任一个逻辑函数经过变换，都能表示成唯一的最小项表达式。

5. 用卡诺图表示逻辑函数

如果两个最小项中只有一个变量不同，则称这两个最小项为逻辑相邻，简称相邻项。

若将 n 变量的全部最小项各用一个小方格表示，并使具有逻辑相邻性的最小项在几何位置上也相邻地排列起来，所得到的图形称为 n 变量卡诺图。

卡诺图实际上是真值表的另一种表现形式，一个逻辑函数的真值表有多少行，卡诺图就

有多少个小方格。所不同的是真值表是一维的，其中自变量取值是按照自然二进制数从小到大顺序排列的。而卡诺图是二维的，它将自变量分为两组，一组水平排列，另一组垂直排列，组合表示的最小项是按照相邻性规律排列的。

图 2-12 给出的是变量 A、B 的卡诺图。两个变量有四个最小项，用四个小方格表示，如图 2-12a 所示；在图 2-12b 中，m 表示最小项，下标是最小项的编号；图形两侧标注的 0 和 1 表示使对应小方格内的最小项为 1 的变量取值。同时，这些 0 和 1 组成的二进制数所对应的十进制数大小也就是对应的最小项的编号。在图 2-12c 中，只标出了最小项的编号；在图 2-12d 中，连最小项的编号也省去不写了。

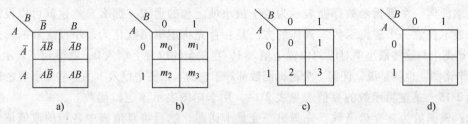

图 2-12　二变量的卡诺图

图 2-13 中画出了三到五变量最小项的卡诺图。为了保证卡诺图中几何位置相邻的最小项在逻辑上也具有相邻性，行、列两组变量取值不能按自然二进制数从小到大的顺序排列，而必须按循环码规律排列，以确保相邻的两个最小项仅有一个变量是不同的。

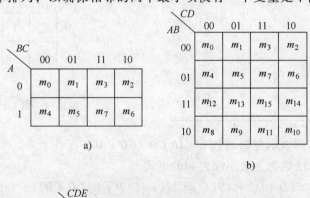

图 2-13　三到五变量最小项的卡诺图

a)三变量(A、B、C)最小项的卡诺图　b)四变量(A、B、C、D)最小项的卡诺图

c)五变量(A、B、C、D、E)最小项的卡诺图

从图 2-12 和图 2-13 所示的卡诺图中还可以看到，处在任何一行或一列两端的最小项也仅有一个变量不同，所以它们也具有逻辑相邻性。此外，四个对角也符合上述相邻规律，因

此，从几何位置上应当将卡诺图看成是上下、左右闭合的图形。这个特点说明卡诺图呈现循环邻接的特性。

在变量数大于、等于五以后，仅仅用几何图形在两维空间的相邻性来表示逻辑相邻性已经不够了。例如，在图 2-13c 所示的五变量最小项的卡诺图中，除了几何位置相邻的最小项具有逻辑相邻性以外，以上下或左右的中心线为轴对称位置上的两个最小项也具有逻辑相邻性。例如，图 2-13c 中的 m_9 和 m_{13} 即为对称。

需要说明的是，变量在行、列中的分组不同，卡诺图的表现形式也不同。在进行分组时，最好按变量字符的顺序划分。例如四变量最好以 AB、CD 分组，不宜分为 AC、BD。

既然任何一个逻辑函数都能表示为若干最小项之和的形式，那么自然也就可以设法用卡诺图来表示任意一个逻辑函数。具体的方法是：首先将逻辑函数化为最小项之和的形式，然后在卡诺图上与这些最小项对应的位置上填入 1，在其余的位置上填入 0，就得到了表示该逻辑函数的卡诺图。也就是说，任何一个逻辑函数都等于它的卡诺图中填入 1 的那些最小项之和。

例 2-15 某逻辑函数的真值表见表 2-14，用卡诺图表示该逻辑函数。

解：该函数为三变量函数，先画出三变量卡诺图，然后将真值表中各行的取值填入卡诺图中对应的小方格，可得到逻辑函数的卡诺图，如图 2-14 所示。

表 2-14 例 2-15 的真值表

A	B	C	L
0	0	0	0
0	0	1	1
0	1	0	0
0	1	1	1
1	0	0	0
1	0	1	1
1	1	0	0
1	1	1	1

A \ BC	00	01	11	10
0	0	1	1	0
1	0	1	1	0

图 2-14 例 2-15 的卡诺图

例 2-16 用卡诺图表示逻辑函数 $L = AB\overline{C} + \overline{A}BD + AC$。

解：首先将逻辑函数化为最小项之和的形式

$$\begin{aligned} L &= AB\overline{C}(D+\overline{D}) + \overline{A}B(C+\overline{C})D + AC(B+\overline{B})(D+\overline{D}) \\ &= AB\overline{C}D + AB\overline{C}\,\overline{D} + \overline{A}BCD + \overline{A}B\overline{C}D + ABCD + ABC\overline{D} + A\overline{B}CD + A\overline{B}C\overline{D} \\ &= \sum m(5,\ 7,\ 10,\ 11,\ 12,\ 13,\ 14,\ 15) \end{aligned}$$

画出四变量最小项的卡诺图，在对应于函数式中各最小项的位置上填入 1，其余位置上填入 0，就得到图 2-15 所示的函数 L 的卡诺图。

AB \ CD	00	01	11	10
00	0	0	0	0
01	0	1	1	0
11	1	1	1	1
10	0	0	1	1

图 2-15 例 2-16 的卡诺图

A \ BC	00	01	11	10
0	0	1	0	1
1	1	0	1	0

图 2-16 例 2-17 的卡诺图

例 2-17 已知逻辑函数 L 的卡诺图如图 2-16 所示，试写出该函数的逻辑表达式。

解： 因为函数 L 等于卡诺图中填入 1 的那些最小项之和，所以有

$$L = \bar{A}\,\bar{B}C + \bar{A}B\bar{C} + A\bar{B}\,\bar{C} + ABC$$

6. 用卡诺图化简逻辑函数

利用卡诺图化简逻辑函数的方法称为卡诺图化简法或图形化简法。卡诺图中各小方格对应于各变量不同的组合，而且上下左右在几何上相邻的方格内只有一个因子有差别，这个重要特点成为卡诺图化简逻辑函数的主要依据。卡诺图化简的基本原理就是具有相邻性的最小项可以合并，并且可消去不同的因子。

（1）合并最小项的原则

若两个最小项相邻，则可合并为一项并消去一个变量。例如，图 2-17 所示四变量卡诺图中 $\bar{A}B\bar{C}D$（m_5）和 $\bar{A}BCD$（m_7）相邻，故可合并为 $\bar{A}B\bar{C}D + \bar{A}BCD = \bar{A}BD$，合并后消去了变量 C，即消去了相邻方格中不相同的那个因子。若四个最小项相邻，则可合并为一项并消去两个变量。例如，在图 2-18 中，$\bar{A}B\bar{C}D$（m_5）、$\bar{A}BCD$（m_7）、$AB\bar{C}D$（m_{13}）和 $ABCD$（m_{15}）相邻，故可合并。合并后得到

$$\bar{A}B\bar{C}D + \bar{A}BCD + AB\bar{C}D + ABCD = \bar{A}BD(\bar{C} + C) + ABD(\bar{C} + C)$$
$$= \bar{A}BD + ABD = BD$$

可见，消去了变量 A 和 C，只剩下四个最小项的公共因子 B 和 D。同理，卡诺图中四个角的最小项也可合并，合并后得到

$$\bar{A}\,\bar{B}\,\bar{C}\,\bar{D} + \bar{A}\,\bar{B}C\bar{D} + A\bar{B}\,\bar{C}\,\bar{D} + A\bar{B}C\bar{D} = \bar{A}\,\bar{B}\,\bar{D}(\bar{C} + C) + A\bar{B}\,\bar{D}(\bar{C} + C)$$
$$= \bar{A}\,\bar{B}\,\bar{D} + A\bar{B}\,\bar{D} = \bar{B}\,\bar{D}$$

若八个最小项相邻，则可合并成一项并可以消去三个变量。一般地说，2^n 个最小项合并时可以消去 n 个变量，因为 2^n 个最小项（可以合并成一项时）相加，提出公因子后，剩下的 2^n 个乘积项，恰好是要被消去的 n 个变量的全部最小项，由最小项的性质知道，它们的和恒等于 1，所以可被消去。

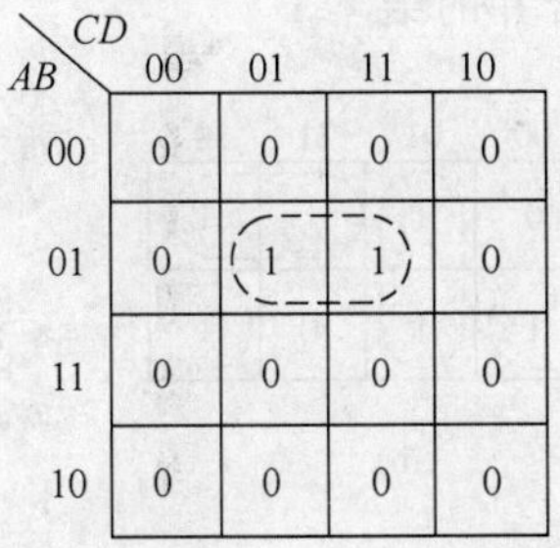

图 2-17　两个最小项的合并 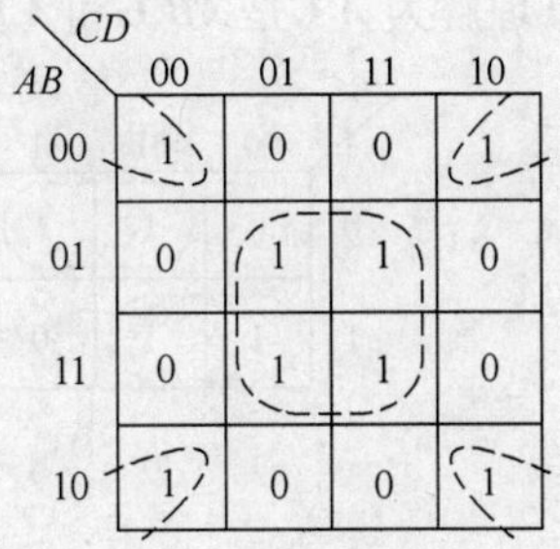　　　　　图 2-18　四个最小项的合并

合并最小项，即将相邻的取值为 1 的方格圈成一组（包围圈）应遵循以下原则：

1）包围圈内的方格数要尽可能多，但每个包围圈内的方格数只能是 2^n（$n = 0$、1、2、3、…）个。

2）包围圈的数目要尽可能少。

3）卡诺图中所有取值为 1 的方格均要被圈过，不能漏掉取值为 1 的最小项。

4）同一方格可以被不同的包围圈重复包围，但新增包围圈中一定要有新的方格，否则

该包围圈为多余。

（2）卡诺图化简法的步骤

用卡诺图将逻辑函数化简为最简与-或表达式的步骤如下：

1）将逻辑函数化为最小项之和的形式。

2）按最小项表达式填卡诺图，凡式中包含了的最小项，其对应方格填1，其余方格填0。

3）根据前述原则合并相邻的最小项，对应每个包围圈写成一个新的乘积项。

4）将所有包围圈对应的乘积项相加。

有时也可以由真值表直接填卡诺图，则以上的1）、2）两步合为一步。

化简后，一个包围圈对应一个与项（乘积项），包围圈越大，所得乘积项中的变量越少。实际上，如果做到了使每个包围圈尽可能大，结果包围圈的个数也就会少，使得消失的乘积项个数也越多，就可以获得逻辑函数最简的与-或表达式。下面通过举例来熟悉用卡诺图化简逻辑函数的方法。

例 2-18 用卡诺图化简逻辑函数

$$L(A, B, C, D) = \sum m(0, 2, 3, 4, 6, 7, 10, 11, 13, 14, 15)$$

解：（1）由逻辑表达式画出卡诺图，如图 2-19 所示。

（2）画圈合并最小项，得化简的与-或表达式

$$L(A, B, C, D) = C + \bar{A}\,\bar{D} + ABD$$

例 2-19 用卡诺图化简法将下式化简为最简与-或表达式

$$L = \bar{B}C + B\bar{C} + \bar{A}C + A\bar{C}$$

解：首先画出表示逻辑函数 L 的卡诺图，如图 2-20 所示。

事实上在熟练以后，填写卡诺图时并不一定要将 L 化为最小项之和的形式。例如，式中的 $A\bar{C}$ 一项包含了所有含有 $A\bar{C}$ 因子的最小项，而不管另一个因子是 B 还是 $\bar{B}$。从另外一个角度讲，也可以理解为 $A\bar{C}$ 是 $AB\bar{C}$ 和 $A\bar{B}\,\bar{C}$ 两个最小项相加合并的结

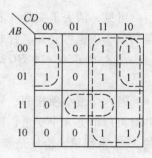

图 2-19 例 2-18 卡诺图

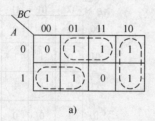

a)

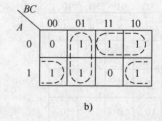

b)

图 2-20 例 2-19 的卡诺图

果。因此，在填写 L 的卡诺图时，可以直接在卡诺图上所有对应 $A=1$、$C=0$ 的空格里填入1。按照这种方法，就可以省去将 L 化为最小项之和这一步骤了。

其次，需要找出可以合并的最小项。将可能合并的最小项用线圈出。由图 2-20a 和 b 可见，有两种可取的合并最小项的方案。如果按图 2-20a 的方案合并最小项，则得到

$$L = A\bar{B} + \bar{A}C + B\bar{C}$$

而按图 2-20b 的方案合并最小项得到

$$L = A\bar{C} + \bar{B}C + \bar{A}B$$

两个化简结果都符合最简与-或表达式的标准。

此例说明，有时一个逻辑函数的化简结果不是唯一的。

在以上的两个例子中，都是通过合并卡诺图中的 1 来求得化简结果的。如果卡诺图中各小方格被 1 占去了大部分，虽然可用包围 1 的方法进行化简，但由于要重复利用 1 项，往往显得凌乱而易出错。这时也可以通过合并卡诺图中的 0 先求出 $\overline{L}$ 的化简结果，然后再将 $\overline{L}$ 求反而得到 L。这是因为全部最小项之和为 1，所以若将全部最小项之和分成两部分，一部分（卡诺图中填入 1 的那些最小项）之和记作 L，则根据 $L + \overline{L} = 1$ 可知，其余一部分（卡诺图中填入 0 的那些最小项）之和必为 $\overline{L}$。下面举例说明。

例 2-20　用卡诺图化简法将下式化为最简与-或逻辑表达式：

$$L(A, B, C, D) = \sum m(0, 1, 2, 3, 5, 6, 7, 8, 9, 10, 11, 13, 14, 15)$$

解：

方法一：画出 L 的卡诺图，用包围 1 的方法化简，如图 2-21a 所示，得

$$L = \overline{B} + C + D$$

方法二：画出 L 的卡诺图，用包围 0 的方法化简，如图 2-21b 所示，得

$$\overline{L} = B \overline{C} \overline{D}$$

对 $\overline{L}$ 求非

$$L = \overline{B \overline{C} \overline{D}} = \overline{B} + C + D$$

可以看出，两种方法结果相同。此外，在需要将逻辑表达式化为最简的与或非形式时，采用合并 0 的方式最为适宜，因为得到的结果正是与或非形式。如果要求得到 $\overline{L}$ 的化简结果，则采用合并 0 的方式就更简便了。

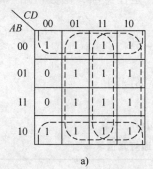

图 2-21　例 2-20 的卡诺图

（3）具有无关项的逻辑函数及其化简

前面所讨论的逻辑函数，对于输入变量的每一组取值，都有确定的函数值（0 或 1）与其对应，而且变量之间相互独立，各自可以任意取值。因此，n 个变量共有 2^n 种有效的取值组合。实际中经常会遇到这样一种情况，即输入变量的取值不是任意的，而是加有限制，对输入变量取值所加的限制称为约束。同时，将这一组变量称为具有约束的一组变量。

例如，有三个逻辑变量 A、B、C，它们分别表示一台电动机的正转、反转和停止的命令，$A = 1$ 表示正转，$B = 1$ 表示反转，$C = 1$ 表示停止。表示正转、反转和停止工作状态的逻辑函数可写成

$$Y_1 = A \overline{B} \overline{C} \qquad （正转）$$

$$Y_2 = \overline{A} \, B \, \overline{C} \qquad \text{（反转）}$$

$$Y_3 = \overline{A} \, \overline{B} \, C \qquad \text{（停止）}$$

因为电动机任何时候只能执行其中的一个命令，所以不允许两个以上的变量同时为 1，即 ABC 的取值只能是 001、010、100 当中的某一种，而不能是 000、011、101、110、111 中的任何一种。因此，A、B、C 是一组具有约束的变量。由于每一组输入变量的取值都使一个、而且仅有一个最小项的值为 1，所以当限制某些输入变量的取值不能出现时，可以用它们对应的最小项恒等于 0 来表示。这样，上面例子中的约束条件可以表示为

$$\overline{A} \, \overline{B} \, C + \overline{A}BC + A\overline{B}C + AB\overline{C} + ABC = 0$$

同时，将这些恒等于 0 的最小项称为函数 Y_1、Y_2 和 Y_3 的约束项。

在存在约束项的情况下，由于约束项的值始终等于 0，所以既可以将约束项写进逻辑函数式中，也可以将约束项从函数式中删掉，而不影响函数值。

有时也会遇到另一种情况，在输入变量的某些组合情况下，函数值是 1 还是 0 皆可，不影响电路的逻辑功能，这些变量取值组合所对应的最小项称为任意项。

约束项和任意项的最小项统称为无关项（Don't Care Terms）。这里所说的"无关"是指可以认为这些最小项包含于函数式中，也可以认为不包含在函数式中，那么在卡诺图中对应的位置上就既可以填入 1，也可以填入 0。为此，在卡诺图中常用符号"×"或"ϕ"表示无关项。例如，十字路口的红、绿两色交通信号灯，规定红灯停、绿灯行，而红、绿灯全亮是被禁止的，两灯全不亮则表示可行、可停，依情况而定。如果红、绿灯分别用 A、B 表示，且灯亮为 1，灯灭为 0，车用 F 表示，车行为 1，车停为 0，则不难列出该函数的真值表，见表 2-15。其中，A、B 全为 1，为约束项；A、B 全为 0，是任意项，函数值用"×"表示。带有无关项的逻辑函数的最小项表达式可以写为

$$F = \sum m(\quad) + \sum d(\quad)$$

或者

$$F = \sum m(\quad) + \sum \phi(\quad)$$

上面的交通信号函数可写成

$$F = \sum m(1) + \sum d(0, 3)$$

表 2-15 十字路口交通灯真值表

红灯 A	绿灯 B	车 F
0	0	×
0	1	1
1	0	0
1	1	×

化简具有无关项的逻辑函数时，如果能合理利用无关项可以当做 0 也可以当做 1 的特点，一般都可得到更加简单的化简结果。为达到此目的，在考虑无关项时，哪些无关项当做 1，哪些无关项当做 0，要以尽量扩大包围圈、减少包围圈的个数，使逻辑函数最简为原则。

例 2-21 化简具有约束的逻辑函数

$$Y = \overline{A} \, \overline{B} \, \overline{C}D + \overline{A}BCD + A\overline{B} \, \overline{C} \, \overline{D}$$

给定约束条件为

$$\overline{A}\,\overline{B}CD + \overline{A}B\,\overline{C}D + AB\,\overline{C}\,\overline{D} + A\overline{B}\,\overline{C}D + ABCD + ABC\overline{D} + A\overline{B}C\,\overline{D} = 0$$

在用最小项之和形式表示上述具有约束的逻辑函数时，也可写成如下形式：

$$Y(A,B,C,D) = \sum m(1,7,8) + \sum d(3,5,9,10,12,14,15)$$

式中，以 d 表示无关项，d 后面括号内的数字是无关项的最小项编号。

解： 如果不利用约束项，则 Y 已无可化简。但适当地加进一些约束项以后，可以得到

$$Y = (\underbrace{\overline{A}\,\overline{B}\,\overline{C}D}_{} + \underbrace{\overline{A}BCD}_{约束项}) + (\underbrace{\overline{A}BCD}_{} + \underbrace{\overline{A}BCD}_{约束项})$$

$$+ (\underbrace{A\overline{B}\,\overline{C}\,\overline{D}}_{} + \underbrace{AB\overline{C}\,\overline{D}}_{约束项}) + (\underbrace{ABC\overline{D}}_{约束项} + \underbrace{A\overline{B}C\overline{D}}_{约束项})$$

$$= (\overline{A}\,\overline{B}D + \overline{A}BD) + (A\overline{C}\,\overline{D} + AC\overline{D})$$

$$= \overline{A}D + A\overline{D}$$

可见，利用了约束项以后，使逻辑函数得以进一步化简。但是，在确定该写入哪些约束项时不够直观。如果改用卡诺图化简法，则只要将表示 Y 的卡诺图画出，就能从图上直观地判断对这些约束项应如何取舍。

图 2-22 是例 2-21 的逻辑函数的卡诺图。从图中不难看出，为了得到最大的包围圈，应取约束项 m_3、m_5 为 1，与 m_1、m_7 组成一个矩形组。同时取约束项 m_{10}、m_{12}、m_{14} 为 1，与 m_8 组成一个矩形组。将两组相邻的最小项合并后得到的化简结果与上面推演的结果相同。卡诺图中没有被圈进去的约束项（m_9 和 m_{15}）是当做 0 对待的。

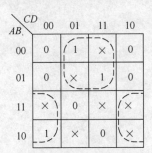

图 2-22　例 2-21 的卡诺图　　　　　图 2-23　例 2-22 的卡诺图

例 2-22 化简逻辑表达式

$$F(A,B,C,D) = \sum m(1,2,5,6,9) + \sum d(10,11,12,13,14,15)$$

解： 画出四变量卡诺图，将最小项 1 和无关项"×"填入卡诺图，如图 2-23 所示。

若全部无关项取值都为 0，可得 $F(A,B,C,D) = \overline{B}\,\overline{C}D + \overline{A}\,\overline{C}D + \overline{A}C\overline{D}$。若选择无关项 m_{10}、m_{13}、m_{14} 为 1，m_1、m_{12}、m_{15} 为 0，合并最小项，可得 $F(A,B,C,D) = \overline{C}D + C\overline{D}$，结果更为简单。可以验证，若无关项的取值采用另外的组合方式，化简所得的逻辑表达式都不如上式简单。

本 章 小 结

本章主要介绍了逻辑代数的基本公式和定理、逻辑函数的常用表示方法和逻辑函数的化简方法等方面的内容。

逻辑运算中的三种基本运算是与、或、非运算。与非、或非、与或非、异或和同或则是由三种基本逻辑运算复合而成的五种常用逻辑运算。本章给出了表示这些运算的逻辑符号，要注意理解和记忆。

逻辑代数的公式和定理是推演、变换和化简逻辑函数的依据，有些与普通代数相同，有些则完全不一样，例如摩根定理、还原律等，要特别注意记住这些特殊的公式、定理。

在逻辑函数的表示方法中一共介绍了五种方法，即真值表、逻辑表达式、逻辑图、卡诺图和波形图。这几种方法之间可以任意地互相转换。根据具体的使用情况，可以选择最适当的一种方法表示所研究的逻辑函数。

逻辑函数的化简方法是本章的重点。公式化简法的优点是它的使用不受任何条件的限制。但由于这种方法没有固定的步骤可循，所以在化简一些复杂的逻辑函数时不仅需要熟练地运用各种公式和定理，而且需要有一定的运算技巧和经验。图形化简法则不同，它简单、直观，有可以遵循的明确步骤，不易出错，初学者也易于掌握。但是，当函数变量多于五个时，就失去了优点，没有太大的实用意义了。

习　题

2-1　在下列各个逻辑表达式中，变量 A、B、C 为哪些种取值时，函数值为1？

(1) $Y_1 = AB + BC + \overline{A}C$

(2) $Y_2 = \overline{A}\,\overline{B} + \overline{B}\,\overline{C} + A\overline{C}$

(3) $Y_3 = A\overline{B} + \overline{A}\,\overline{B}\,\overline{C} + \overline{A}B + AB\overline{C}$

(4) $Y_4 = \overline{AB + B\overline{C}(A + B)}$

2-2　试用列真值表的方法证明下列异或运算公式：

(1) $A \oplus 0 = A$

(2) $A \oplus 1 = \overline{A}$

(3) $A \oplus A = 0$

(4) $A \oplus \overline{A} = 1$

(5) $(A \oplus B) \oplus C = A \oplus (B \oplus C)$

(6) $\overline{A} \oplus \overline{B} = A \oplus B$

2-3　用真值表证明下列等式：

(1) $AB + \overline{A}C + BC = (A + C)(\overline{A} + B)$

(2) $\overline{A}\,\overline{B} + \overline{B}\,\overline{C} + \overline{A}\,\overline{C} = \overline{AB}\,\overline{BC}\,\overline{AC}$

(3) $\overline{A}BC + A\overline{B}C + AB\overline{C} = BC\overline{\overline{A}BC} + AC\overline{A\overline{B}C} + AB\overline{AB\overline{C}}$

(4) $A\overline{B} + B\overline{C} + \overline{A}C = ABC + \overline{A}\,\overline{B}\,\overline{C}$

2-4　试列出下列逻辑函数的真值表：

(1) $Y_1(A,B,C) = AB + BC + AC$

(2) $Y_2(A,B,C,D) = \overline{A}\,\overline{B} + BCD + \overline{C}\,\overline{D}$

2-5　逻辑函数 $Y_1 \sim Y_5$ 的真值表见表 2-16，试分别写出它们各自的标准与—或表达式。

2-6　用公式法证明下列各等式：

(1) $A\overline{B} + B + \overline{A}B = A + B$

(2) $(A + \overline{C})(B + D)(B + \overline{D}) = AB + B\overline{C}$

(3) $AB + \overline{A}C + (\overline{B} + \overline{C})D = AB + \overline{A}C + D$

(4) $\overline{A}\,\overline{C} + \overline{A}\,\overline{B} + \overline{A}\,\overline{C}\,\overline{D} + BC = \overline{A} + BC$

表 2-16　题 2-5 真值表

A	B	C	Y_1	Y_2	Y_3	Y_4	Y_5
0	0	0	0	0	0	0	1
0	0	1	1	0	1	1	0
0	1	0	1	0	1	1	0
0	1	1	0	1	0	1	1
1	0	0	1	0	1	0	0
1	0	1	0	1	0	0	0
1	1	0	0	1	0	0	1
1	1	1	1	1	1	0	0

(5) $\overline{B}C\,\overline{D} + B\,\overline{C}D + ACD + \overline{A}B\,\overline{C}\,\overline{D} + \overline{A}BCD + B\,\overline{C}\,\overline{D} + BCD = \overline{B}C + B\,\overline{C} + BD$

(6) $\overline{\overline{AB(\overline{B}+D)}\,\overline{CD}} + BC + \overline{A}(\overline{B}\,\overline{D}+A) + \overline{CD} = 1$

2-7　直接写出下列各函数的反函数逻辑表达式及对偶函数逻辑表达式:

(1) $L = \left[(A\,\overline{B} + C)D + E \right]B$

(2) $L = \left[\overline{A}B(C+D) \right]\left[B\,\overline{C}\,\overline{D} + B(\overline{C}+D) \right]$

(3) $L = \overline{C + \overline{AB} \cdot \overline{A}B + C}$

(4) $L = AB + \overline{\overline{CD} + \overline{BC}} + \overline{\overline{D} + \overline{CE} + \overline{B} + E}$

2-8　画出实现下列逻辑表达式的逻辑图(即使用非门和二输入与非门):

(1) $L = AB + AC$

(2) $L = \overline{D(A+C)}$

(3) $L = \overline{(A+B)(C+D)}$

2-9　用公式法将下列函数化简成为最简与一或逻辑表达式:

(1) $AB + A\,\overline{B} + \overline{A}B + \overline{A}\,\overline{B}$

(2) $(A + AB + ABC)(A + B + C)$

(3) $A(\overline{A}+B) + B(B+C) + B$

(4) $(\overline{A} + \overline{B} + \overline{C})(B + \overline{B} + C)(C + \overline{B} + \overline{C})$

(5) $(AB + A\,\overline{B} + \overline{A}B)(A + B + D + \overline{A}\,\overline{B}D)$

(6) $\overline{\overline{A}\,\overline{B} + ABC + A(B + A\,\overline{B})}$

(7) $\overline{(\overline{A}+B) + \overline{(A+B)} + \overline{AB}\,\overline{A}\,\overline{B}}$

(8) $ABC\,\overline{D} + ABD + BC\,\overline{D} + ABCBD + \overline{B}C$

(9) $\overline{AC + \overline{AB}C + \overline{B}C + AB\,\overline{C}}$

(10) $A + \overline{AB} + \overline{(A+B)} \cdot C + \overline{(A+B+C)} \cdot D$

2-10　将下列函数展开为最小项表达式:

(1) $L = A\,\overline{C}D + \overline{B}C\,\overline{D} + ABCD$

(2) $L = \overline{\overline{A}(B+\overline{C})}$

(3) $L = \overline{A}B + ABD(B + \overline{C}D)$

(4) $L = \overline{A}\,\overline{B} + B\,\overline{C} + \overline{\overline{A}\,\overline{B}\,\overline{C}} + \overline{A}B\,\overline{C}$

2-11　写出图 2-24 中各卡诺图所表示的逻辑函数式。

2-12　用卡诺图法化简下列各逻辑表达式:

(1) $L = A\,\overline{B}C + BC + \overline{A}B\,\overline{C}D$

(2) $L = ABC + ABD + \overline{C}\,\overline{D} + A\,\overline{B}C + \overline{A}C\,\overline{D} + A\,\overline{C}D$

(3) $L = A\,\overline{B} + A\,\overline{C} + BC + \overline{C}D$

(4) $L = \overline{A}\,\overline{B} + B\,\overline{C} + \overline{A} + \overline{B} + ABC$

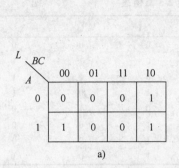

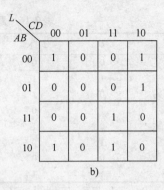

图 2-24 题 2-11 图

(5) $L = A\,\overline{B}CD + D(\overline{B}\,\overline{C}D) + (A + C)B\,\overline{D} + \overline{A(\overline{B} + C)}$

(6) $L(A, B, C, D) = \sum m(0, 2, 4, 8, 10, 12)$

(7) $L(A, B, C) = \sum m(0, 1, 2, 5, 6, 7)$

(8) $L(A, B, C) = \sum m(0, 2, 4, 5, 6)$

(9) $L(A, B, C, D) = \sum m(0, 1, 2, 3, 4, 5, 8, 10, 11, 12)$

(10) $L(A, B, C, D) = \sum m(2, 6, 7, 8, 9, 10, 11, 13, 14, 15)$

2-13 用卡诺图法将下列具有无关项的逻辑函数化为最简的与—或表达式：

(1) $L(A, B, C) = \sum m(0, 1, 2, 4) + \sum d(5, 6)$

(2) $L(A, B, C) = \sum m(1, 2, 4, 7) + \sum d(3, 6)$

(3) $L(A, B, C, D) = \sum m(3, 5, 6, 7, 10) + \sum d(0, 1, 2, 4, 8)$

(4) $L(A, B, C, D) = \sum m(2, 3, 7, 8, 11, 14) + \sum d(0, 5, 10, 15)$

(5) $L(A, B, C, D) = \sum m(0, 1, 2, 3, 6, 8) + \sum d(10, 11, 12, 13, 14, 15)$

(6) $L(A, B, C, D) = \sum m(0, 1, 2, 3, 4, 7, 15) + \sum d(8, 9, 10, 11, 12, 13)$

2-14 用卡诺图法将下列具有约束条件的逻辑函数化为最简与—或表达式。约束条件为 $AB + AC = 0$。

(1) $L(A, B, C, D) = \sum m(0, 1, 2, 3, 4, 5, 6, 8, 9)$

(2) $L(A, B, C, D) = \sum m(0, 2, 4, 5, 7, 8)$

(3) $L(A, B, C, D) = \sum m(0, 1, 3, 5, 8, 9)$

(4) $L(A, B, C, D) = \sum m(0, 1, 2, 3, 4, 5, 6)$

第 3 章 　组合逻辑电路

3.1 　组合逻辑电路概述

3.1.1 　组合逻辑电路的特点

在数字系统中，根据逻辑功能和电路结构的不同特点，数字电路可分为两大类：一类是组合逻辑电路（简称组合电路），另一类是时序逻辑电路（简称时序电路）。本章介绍组合逻辑电路，时序逻辑电路将在后续章节中介绍。所谓组合逻辑电路（Combinational Logic Circuits）是指：**在任何时刻，逻辑电路的的输出状态只与同一时刻各输入状态的组合有关，而与前一时刻的输出状态无关**。由组合逻辑电路的定义不难推知，既然它的输出与电路的原来状态无关，那么组合电路就没有存储记忆功能，这是组合电路功能上的共同特点。

前面所讲的逻辑门电路就是简单的组合逻辑电路。为了保证组合逻辑电路的逻辑功能，组合逻辑电路在结构上要满足以下两点：

1）输出、输入之间没有反馈通路，即只有从输入到输出的通路，没有从输出到输入的回路。

2）电路中不包含具有记忆功能的元件。

3.1.2 　组合逻辑电路的逻辑功能描述

组合逻辑电路主要由门电路组成，可以有多个输入端和多个输出端。组合逻辑电路的示意图如图 3-1 所示。它有 n 个输入变量 X_1、X_2、$\cdots$、X_n，m 个输出变量 Y_1、Y_2、$\cdots$、Y_m，输出变量是输入变量的逻辑函

图 3-1　组合逻辑电路的示意图

数。根据组合逻辑电路的概念，可以用以下的逻辑表达式来描述该逻辑电路的逻辑功能：

$$Y_i = F_i \ (X_1, \ X_2, \ \cdots, \ X_n), \qquad i = 1, \ 2, \ 3, \ \cdots, \ m$$

组合逻辑电路的逻辑功能除了可以用逻辑表达式描述外，还可以用真值表、卡诺图和逻辑图等各种方法来描述。

3.1.3 　组合逻辑电路的类型和研究方法

组合逻辑电路的类型有多种。目前集成组合逻辑电路主要有 TTL 和 CMOS 两大类产品，根据实际用途，常用产品可分为编码器、译码器、数据选择器、加法器和数值比较器等。

对组合逻辑电路研究的目的是为了获得性能更加优良的组合逻辑电路产品以满足实际的需要。这包含两个方面的内容：一方面，要对已有的产品进行分析，熟悉产品的逻辑功能和性能指标，这样才能正确使用集成器件，即组合逻辑电路的分析方法；另一方面，要设计出符合实际要求的组合逻辑电路，即组合逻辑电路的设计方法。

3.2 组合逻辑电路的分析方法

组合逻辑电路的分析是指根据给定的逻辑图找出其输出信号与输入信号之间的逻辑关系，从而确定其逻辑功能。虽然逻辑图是一种逻辑功能的描述方法，但是这种描述方法往往不够直观，分析一个组合逻辑电路的目的，就是要以更加直观的方式来说明它的逻辑功能。因此，需要把逻辑图转换成逻辑表达式或者真值表，以便于更加直观地展现电路所执行的逻辑功能。组合逻辑电路的分析步骤框图如图 3-2 所示。

图 3-2　组合逻辑电路的分析步骤框图

根据图 3-2，写出分析步骤如下：

1）根据给定逻辑图，从输入到输出逐级写出各输出端的逻辑表达式，最后得到表示输出与输入关系的逻辑表达式。

2）利用公式法或卡诺图法，化简或变换输出逻辑表达式。

3）根据最简表达式，列出真值表。

4）根据真值表，判断电路的逻辑功能。

实际操作时可根据具体情况略去其中的某些步骤。下面举例说明组合逻辑电路的分析方法。

例 3-1　试分析图 3-3 所示电路的逻辑功能，要求写出表达式，列出真值表。

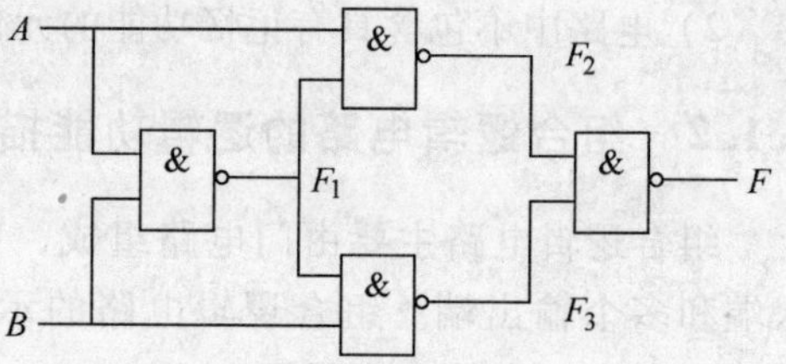

解：（1）从给出的逻辑图，由输入到输出的电路关系，写出各逻辑门的输出表达式

图 3-3　例 3-1 的逻辑图

$$F_1 = \overline{AB}, \ F_2 = \overline{A\ \overline{AB}}, \ F_3 = \overline{B\ \overline{AB}}, \ F = \overline{\overline{A\ \overline{AB}}\ \overline{B\ \overline{AB}}}$$

（2）进行逻辑变换和化简

$$F = \overline{\overline{A\ \overline{AB}}\ \overline{B\ \overline{AB}}} = A\ \overline{AB} + B\ \overline{AB} = A\ (\overline{A} + \overline{B})\ + B\ (\overline{A} + \overline{B})\ = A\overline{B} + \overline{A}B$$

（3）写出真值表，见表 3-1。

（4）由最简表达式和真值表可知：图 3-3 所示逻辑电路实现的逻辑功能是"异或"运算。

表 3-1　例 3-1 的真值表

A	B	F
0	0	0
0	1	1
1	0	1
1	1	0

例 3-2　分析图 3-4 给出的逻辑图，指出这个电路具有什么逻辑功能。

解: (1) 由图 3-4 可以写出输出的逻辑表达式

$$Y = (A \oplus B) \oplus (C \oplus D)$$

(2) 由逻辑表达式可以列出真值表,见表 3-2。

(3) 分析逻辑功能。从真值表上可以明显地看出, 当 A、B、C、D 中有奇数个为 1 时, $Y = 1$; 而当 A、B、C、D 中有偶数个为 1 或者没有 1 时, $Y = 0$。所以图 3-4 所示电路为奇偶校验电路。

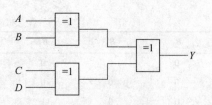

图 3-4 例 3-2 的逻辑图

表 3-2 例 3-2 的真值表

$A\ B\ C\ D$	$A \oplus B$	$C \oplus D$	$(A \oplus B) \oplus (C \oplus D)$
0 0 0 0	0	0	0
0 0 0 1	0	1	1
0 0 1 0	0	1	1
0 0 1 1	0	0	0
0 1 0 0	1	0	1
0 1 0 1	1	1	0
0 1 1 0	1	1	0
0 1 1 1	1	0	1
1 0 0 0	1	0	1
1 0 0 1	1	1	0
1 0 1 0	1	1	0
1 0 1 1	1	0	1
1 1 0 0	0	0	0
1 1 0 1	0	1	1
1 1 1 0	0	1	1
1 1 1 1	0	0	0

前面例子中输出变量只有一个,对于多输出变量的组合逻辑电路,分析方法也是相同的。

例 3-3 试分析图 3-5 所示逻辑图的功能。

解: (1) 由逻辑图写出逻辑表达式

$$\begin{cases} G_3 = B_3 \\ G_2 = B_3 \oplus B_2 \\ G_1 = B_2 \oplus B_1 \\ G_0 = B_1 \oplus B_0 \end{cases}$$

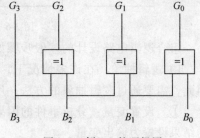

图 3-5 例 3-3 的逻辑图

(2) 根据逻辑表达式列出真值表,见表 3-3。

(3) 分析逻辑功能。由真值表可知,该电路为自然二进制码至格雷码的转换电路。

表 3-3　例 3-3 的真值表

B_3	B_2	B_1	B_0	G_3	G_2	G_1	G_0
0	0	0	0	0	0	0	0
0	0	0	1	0	0	0	1
0	0	1	0	0	0	1	1
0	0	1	1	0	0	1	0
0	1	0	0	0	1	1	0
0	1	0	1	0	1	1	1
0	1	1	0	0	1	0	1
0	1	1	1	0	1	0	0
1	0	0	0	1	1	0	0
1	0	0	1	1	1	0	1
1	0	1	0	1	1	1	1
1	0	1	1	1	1	1	0
1	1	0	0	1	0	1	0
1	1	0	1	1	0	1	1
1	1	1	0	1	0	0	1
1	1	1	1	1	0	0	0

3.3　组合逻辑电路的设计方法

实际上，组合逻辑电路的设计过程与分析过程是相反的过程。组合逻辑电路的设计是根据给定的实际逻辑问题，求出实现这一逻辑功能的最简逻辑电路的过程。这里所说的"最简"，是指电路所用的器件数量最少，器件的种类最少，而且器件之间的连线也最少。电路的实现可以采用小规模集成门电路、中规模组合逻辑器件或者可编程逻辑器件。本节介绍采用小规模集成门电路设计组合逻辑电路的方法。组合逻辑电路的设计步骤框图如图 3-6 所示。

图 3-6　组合逻辑电路的设计步骤框图

组合逻辑电路设计的一般步骤如下：

1）逻辑抽象：在许多情况下，设计的要求是用文字描述的具有一定因果关系的事件，因此，需要通过逻辑抽象的方法，用逻辑函数来描述这一因果关系。

① 设置变量：分析事件的因果关系，把引起事件的原因设置为输入变量，把事件产生的结果设置为输出变量。

② 状态赋值：依据输入、输出变量的状态进行逻辑赋值，即确定输入、输出的哪种状态用逻辑 0 表示，哪种状态用逻辑 1 表示。

③ 列真值表：将一个工程上的实际逻辑问题抽象为一个以真值表的形式给出的逻辑函数。

2）写出逻辑表达式：为便于对逻辑函数进行化简和变换，需要把真值表转换为对应的逻辑表达式，转换的方法见第 2 章。

3）逻辑表达式的化简或变换：在使用小规模集成的门电路进行设计时，为获得最简单的设计结果，应将逻辑表达式化成最简形式，即逻辑表达式中相加的乘积项最少，而且每个乘积项中的因子也最少。如果对所用器件的种类有附加的限制（例如只允许用单一类型的与非门），则还应将逻辑表达式变换成与器件种类相适应的形式（例如将逻辑表达式化作与非 – 与非表达式）。

4）画出逻辑图：根据化简或变换后的逻辑表达式，画出逻辑图。

在实际数字电路设计中，还需选择器件型号。

由上述步骤可见，逻辑变量赋值不同或逻辑器件选择不同，电路设计的结果都将有所不同。

应当指出，上述的设计步骤并不是一成不变的。例如，有的设计要求直接以真值表的形式给出，就不用进行逻辑抽象了。又如，有的问题逻辑关系比较简单、直观，也可以不经过真值表而直接写出逻辑表达式。

下面举例说明设计组合逻辑电路的方法和步骤。

例 3-4　设计一个三人表决电路，结果按少数服从多数的原则决定。

解：（1）进行逻辑抽象。

1）设定变量：三人的意见为输入变量，分别用 A、B、C 表示。表决的结果为输出变量，用 Y 表示。

2）状态赋值：对于变量 A、B、C，设同意为逻辑 1；不同意为逻辑 0。对于变量 Y，设事情通过为逻辑 1；没通过为逻辑 0。

3）列真值表：根据题意可以列出真值表，见表 3-4。

表 3-4　例 3-4 真值表

A	B	C	Y
0	0	0	0
0	0	1	0
0	1	0	0
0	1	1	1
1	0	0	0
1	0	1	1
1	1	0	1
1	1	1	1

（2）由真值表写出逻辑表达式

$$Y = \overline{A}BC + A\overline{B}C + AB\overline{C} + ABC$$

该逻辑表达式不是最简表达式。

（3）进行化简。得到的最简表达式

$$Y = AB + AC + BC$$

（4）画出逻辑图。用三个两输入端的与门和一个三输入端的或门就可以实现该逻辑函数了，逻辑图如图 3-7 所示。

至此，电路设计就完成了。但在实际设计中，有时还对电路中使用的门的类型有所要求。例如，要求用与非门实现该逻辑电路，根据摩根定理可将表达式转换成与非—与非表达式

$$Y = AB + AC + BC = \overline{\overline{AB + AC + BC}} = \overline{\overline{AB}\ \overline{AC}\ \overline{BC}}$$

得到的逻辑图如图 3-8 所示。

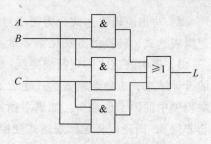

图 3-7　例 3-4 的逻辑图

例 3-5　为燃油蒸汽锅炉设计一个过热报警装置。要求用三个数字传感器分别监视燃油喷嘴的开关状态、锅炉中的水温和压力是否超标。当喷嘴打开且压力或水温过高时，都应发出报警信号。

解：（1）列真值表。将喷嘴开关、锅炉水温和压力作为输入逻辑变量，分别用 C、B 和 A 表示。C 为 1 表示喷嘴打开，C 为 0 表示喷嘴关闭；B 或 A 为 1 表示温度或压力过高，为 0 表示温度或压力正常。报警信号作为输出变量，用 L 表示。L 为 0 表示正常，L 为 1 报警。根据题意，列真值表，见表 3-5。

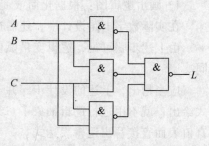

图 3-8　用与非门实现例 3-4 的逻辑图

表 3-5　例 3-5 真值表

输入			输出
C	B	A	L
0	0	0	0
0	0	1	0
0	1	0	0
0	1	1	0
1	0	0	0
1	0	1	1
1	1	0	1
1	1	1	1

（2）写出逻辑表达式

$$L = C\,\overline{B}A + CB\,\overline{A} + CBA$$

（3）将逻辑函数化简为最简与—或表达式

$$L = CB + CA$$

也可将上式变换为与非—与非表达式

$$L = \overline{\overline{CB + CA}} = \overline{\overline{CB}\ \overline{CA}}$$

（4）画逻辑图。若用集成门电路直接实现**与—或**表达式，至少需要**与**门和**或**门两种类型的门电路，逻辑图如图 3-9a 所示；若实现与—非表达式，则用一片 74HC00 四 2 输入与非门即可，如图 3-9b 所示。从原理设计的角度来看，图 3-9a 中的逻辑图已是最简电路，但从工程设计的角度来考虑，图 3-9b 电路才是使用门电路类型最少、集成器件数量最少和外部连

线最少的最简设计。

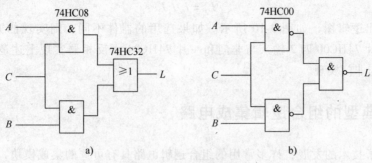

图 3-9 例 3-5 的逻辑图

a) 用与门和或门实现 b) 用与非门实现

例 3-6 某火车站有特快、直快和慢车三种类型的客运列车进出，试用两输入与非门和反相器设计一个指示列车等待进站的逻辑电路，三个指示灯 1、2、3 号分别对应特快、直快和慢车。列车的优先级别依次为特快、直快和慢车，要求当特快列车请求进站时，无论其他两种列车是否请求进站，1 号灯亮。当特快没有请求，直快请求进站时，无论慢车是否请求，2 号灯亮。当特快和直快均没有请求，而慢车有请求时，3 号灯亮。

解：（1）明确逻辑功能，列出真值表。设特快、直快和慢车的进站请求信号分别为三个输入信号 I_0、I_1、I_2，并规定有进站请求时为 1，没有请求时为 0。三个指示灯的状态表示为三个输出信号 L_0、L_1、L_2，灯亮为 1，灯灭为 0。

根据题意列出真值表，见表 3-6，其中"×"表示取任意值。

表 3-6 例 3-6 的真值表

输 入			输 出		
I_0	I_1	I_2	L_0	L_1	L_2
0	0	0	0	0	0
1	×	×	1	0	0
0	1	×	0	1	0
0	0	1	0	0	1

（2）根据真值表写出各个输出的逻辑表达式。输入逻辑变量之间是与的关系，而输出两种状态之间则是或的关系。对于输入或输出变量，凡取 1 值的用原变量表示，取 0 值用反变量表示，则

$$L_0 = I_0$$
$$L_1 = \overline{I_0} I_1$$
$$L_2 = \overline{I_0} \, \overline{I_1} I_2$$

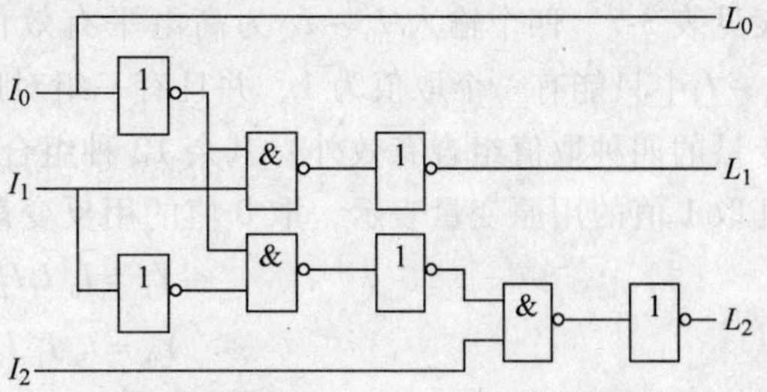

（3）根据要求将上式变换为与非形式

$$L_0 = I_0$$
$$L_1 = \overline{\overline{I_0} I_1}$$

图 3-10 例 3-6 的逻辑图

$$L_2 = I_0\ I_1\ I_2$$

由此可画出逻辑图，如图 3-10 所示。如果选用的器件不同，则实现的方案也不相同。例如，可用一片 74HC00 四 2 输入与非门和一片 74HC04 六反相器实现上述逻辑图；也可用两片 74HC00 与非门实现。

3.4　若干典型的组合逻辑集成电路

随着微电子技术的发展，许多常用的组合逻辑电路具有可选的集成模块，不需要再用门电路设计。本节将介绍由门电路组成的集成模块，如编码器、译码器、数据选择器、数值比较器、加法器等常用组合逻辑集成电路，并讨论这些集成电路的逻辑功能、实现原理及应用方法。

3.4.1　编码器

1. 编码器的定义与工作原理

一般地说，用文字、符号或者数字表示特定对象或信号的过程都可以叫做编码。在二值逻辑电路中，信号都是以高、低电平的形式给出的，而数字系统中存储或处理的信息，常常是用二进制码表示的。因此，编码器（Encoder）的逻辑功能就是将输入的高、低电平信号编成对应的二进制代码。图 3-11 所示为二进制编码器的结构框图，它有 n 位二进制码输出，与 2^n 个输入相对应。从逻辑功能的特点上可以将编码器分成普通编码器和优先编码器两类。

图 3-11　二进制编码器的结构框图

（1）普通编码器

在普通编码器中，任何时刻只允许输入一个编码信号，否则输出将发生混乱。

下面以 4 线—2 线编码器为例，说明这普通编码器的工作原理。4 线—2 线编码器真值表见表 3-7。四个输入 $I_0 \sim I_3$ 为高电平有效信号，输出是两个二进制代码 Y_1Y_0，任何时刻 $I_0 \sim I_3$ 中只能有一个取值为 1，并且有一组对应的二进制码输出。除表 3-7 中列出的四个输入变量的四种取值组合有效外，其余 12 种组合所对应的输出均应为 0。对于输入或输出变量，凡取 1 值的用原变量表示，取 0 值的用反变量表示，由真值表可以得到如下逻辑表达式：

$$Y_1 = \bar{I}_0\ \bar{I}_1 I_2\ \bar{I}_3 + \bar{I}_0\ \bar{I}_1\ \bar{I}_2 I_3$$
$$Y_0 = \bar{I}_0\ I_1\ \bar{I}_2 \bar{I}_3 + \bar{I}_0\ \bar{I}_1\ \bar{I}_2 I_3$$

根据逻辑表达式画出逻辑图，如图 3-12 所示。

上述编码器存在一个问题，如果 $I_0 \sim I_3$ 中有两个或两个以上的取值同时为 1，输出会出现错误编码。例如，I_2 和 I_3 同时为 1 时，Y_1Y_0 为 00，此时输出既不是对 I_2 或 I_3 的编码，更不是对 I_0 的编码。在实际应用中，经常会遇到两个或更多个输入编码信号同时有效的情况，此时必须根据轻重缓急，规定好这些信号的先后次序，即优先级别。识别多个编码请求信号的优先级别，并进行相应编码的逻辑部件称为优先编码器。

表 3-7 4 线-2 线编码器真值表

输	入			输	出
I_0	I_1	I_2	I_3	Y_1	Y_0
1	0	0	0	0	0
0	1	0	0	0	1
0	0	1	0	1	0
0	0	0	1	1	1

（2）优先编码器

优先编码器（Priority Encoder）允许同时输入两个及两个以上的有效编码信号。当同时输入几个有效编码信号时，优先编码器能按预先设定的优先级别，只对其中优先权最高的一个进行编码，所以不会出现编码混乱。这种编码器广泛应用于计算机系统的中断请求和数字控制的排队逻辑电路中。

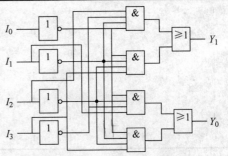

图 3-12 4 线—2 线编码器逻辑图

4 线—2 线优先编码器的其值表见表 3-8。由表 3-8 可知 $I_0 \sim I_3$ 的优先级别。例如，对于 I_0，只有当 I_1、I_2、I_3 均为 0，即均无有效电平输入，且 I_0 为 1 时，输出为 00。对于 I_3，无论其他三个输入是否为有效电平输入，输出均为 11，由此可知 I_3 的优先级别高于 I_0 的优先级别。这四个输入的优先级别的高低次序依次为 I_3、I_2、I_1、I_0。

表 3-8 4 线—2 线优先编码器真值表

输	入			输	出
I_0	I_1	I_2	I_3	Y_1	Y_0
1	0	0	0	0	0
×	1	0	0	0	1
×	×	1	0	1	0
×	×	×	1	1	1

由表 3-8 可以列出优先编码器的逻辑表达式为

$$Y_1 = I_2 \bar{I_3} + I_3 = I_2 + I_3$$

$$Y_0 = I_1 \bar{I_2} \bar{I_3} + I_3 = I_1 \bar{I_2} + I_3$$

由于真值表里包括了无关项，所以逻辑表达式比前面介绍的普通编码器简单。

上述两种类型的编码器都存在同一个问题，当电路所有的输入为 0 时，输出 $Y_1 Y_0$ 均为 0，而当 I_0 为 1 时，输出 $Y_1 Y_0$ 也全为 0，即输入条件不同而输出代码相同。这两种情况在实际中必须加以区分，解决的方法将在下面例题中介绍。

例 3-7 计算机的键盘输入逻辑电路就是由编码器组成的。图 3-13 所示是用十个按键和门电路组成的 8421BCD 码编码器，其真值表见表 3-9，十个按键的输入信号 $S_0 \sim S_9$ 分别对应十进制数 0 ~ 9，编码器的输出为 A、B、C、D 和 GS，试分析该电路的工作原理及 GS 的作用。

表 3-9 十个按键 8421BCD 码编码器真值表

输 入										输 出				
S_9	S_8	S_7	S_6	S_5	S_4	S_3	S_2	S_1	S_0	A	B	C	D	GS
1	1	1	1	1	1	1	1	1	1	0	0	0	0	0
1	1	1	1	1	1	1	1	1	0	0	0	0	0	1
1	1	1	1	1	1	1	1	0	1	0	0	0	1	1
1	1	1	1	1	1	1	0	1	1	0	0	1	0	1
1	1	1	1	1	1	0	1	1	1	0	0	1	1	1
1	1	1	1	1	0	1	1	1	1	0	1	0	0	1
1	1	1	1	0	1	1	1	1	1	0	1	0	1	1
1	1	1	0	1	1	1	1	1	1	0	1	1	0	1
1	1	0	1	1	1	1	1	1	1	0	1	1	1	1
1	0	1	1	1	1	1	1	1	1	1	0	0	0	1
0	1	1	1	1	1	1	1	1	1	1	0	0	1	1

解：由真值表和逻辑图可知，该编码器输入为低电平有效；在按下 $S_0 \sim S_9$ 中的任意一个键时，即输入信号中有一个为低电平时 $GS=1$，表示有信号输入，而只有 $S_0 \sim S_9$ 均为高电平时 $GS=0$，表示无信号输入，此时的输出代码 0000 为无效代码。由此解决了图 3-12 所示电路存在的输入条件不同而输出代码相同的问题。

2. 集成电路编码器

常用的集成优先编码器有 10 线—4 线、8 线—3 线两种。10 线—4 线优先编码器常见的型号为 CC40147、74HC147；8 线—3 线优先编码器常见的型号为 74HC148、CD4532。下面以 CMOS 中规模集成电路 CD4532 为例介绍优先编码器的功能。

8 线—3 线优先编码器 CD4532 的逻辑符号和引脚图分别如图 3-14a 和 3-14b 所示。集成芯片引脚的这种排列方式称为双列直插式封装。

CD4532 的功能表见表 3-10。从功能表可以看出，该编码器有八个信号输入端，三个二进制码输出端。输入端均为高电平有效，而且输入优先

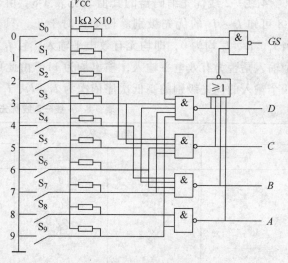

图 3-13 用十个按键和门电路组成的 8421BCD 码编码器

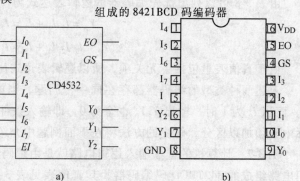

图 3-14 CD4532 的逻辑符号和引脚排列

a）逻辑符号 b）引脚排列

级别的次序依次为 I_7，I_6，…，I_0。此外，为便于多个芯片连接起来扩展电路的功能，还设置了高电平有效的输入使能端 EI 和输出使能端 EO，以及优先编码工作状态标志 GS。

表 3-10　CD4532 的功能表

输　入									输　出				
EI	I_7	I_6	I_5	I_4	I_3	I_2	I_1	I_0	Y_2	Y_1	Y_0	GS	EO
L	×	×	×	×	×	×	×	×	L	L	L	L	L
H	L	L	L	L	L	L	L	L	L	L	L	L	H
H	H	×	×	×	×	×	×	×	H	H	H	H	L
H	L	H	×	×	×	×	×	×	H	H	L	H	L
H	L	L	H	×	×	×	×	×	H	L	H	H	L
H	L	L	L	H	×	×	×	×	H	L	L	H	L
H	L	L	L	L	H	×	×	×	L	H	H	H	L
H	L	L	L	L	L	H	×	×	L	H	L	H	L
H	L	L	L	L	L	L	H	×	L	L	H	H	L
H	L	L	L	L	L	L	L	H	L	L	L	H	L

注：L 表示低电平，H 表示高电平，× 表示任意状态，后同。

当 EI 为高电平时，编码器工作；而当 EI 为低电平时，编码器禁止工作，此时无论八个输入端为何种状态，三个输出端均为低电平，且 GS 和 EO 均为低电平。

EO 只有在 EI 为高电平，且所有输入端均为低电平时，输出为高电平，它可以与另一片相同器件的 EI 连接，以便组成更多输入端的优先编码器。

GS 的功能是，当 EI 为高电平，且至少有一个输入端有高电平信号输入时，GS 为高电平，表明编码器处于工作状态，否则 GS 为低电平，由此可知 GS 为一种工作标志。

例 3-8　用两片 CD4532 构成 16 线—4 线优先编码器，其逻辑图如图 3-15 所示，试分析其工作原理。

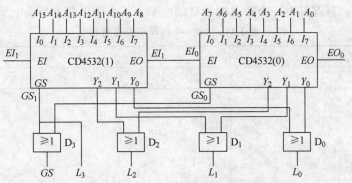

图 3-15　例 3-8 的逻辑图

解： 根据 CD4532 的功能表，可知：

当 $EI_1 = 0$ 时，片（1）禁止编码，其输出端 $Y_2Y_1Y_0$ 为 000，而且 GS_1、EO_1 均为 0。同时 EO_1 使 $EI_0 = 0$，片（0）也禁止编码，其输出端及 GS_0、EO_0 均为 0。由电路图可知，$GS = GS_0 + GS_1 = 0$，表示此时整个电路的代码输出端 $L_3L_2L_1L_0 = 0000$ 是非编码输出。

当 $EI_1 = 1$ 时，片（1）允许编码，若 $A_{15} \sim A_8$ 均为无效电平，则 $EO_1 = 1$，使 $EI_0 = 1$，从

而允许片（0）编码，因此片（1）的优先级高于片（0）。此时由于 $A_{15} \sim A_8$ 没有有效电平输入，片（1）的输出端均为0，使四个或门 $D_3 \sim D_0$ 都打开，$L_3 L_2 L_1 L_0$ 取决于片（0）的输出，而 $L_3 = GS_1$ 总是等于0，所以输出代码在 $0000 \sim 0111$ 之间变化。若只有 A_0 有高电平输入，输出为0000，若 A_7 及其他输入同时有高电平输入，则输出为0111。A_0 的优先级别最低。

当 $EI_1 = 1$ 且 $A_{15} \sim A_8$ 中至少有一个为高电平输入时，$EO_1 = 0$，使 $EI_0 = 0$，片（0）禁止编码，此时 $L_3 = GS_1 = 1$，$L_3 L_2 L_1 L_0$ 取决于片（1）的输出，输出代码在 $1000 \sim 1111$ 之间变化。A_{15} 的优先级别最高。

整个电路实现了16位输入的优先编码，优先级别从 $A_{15} \sim A_0$ 依次递减。

3. 4. 2　译码器

译码是编码的逆过程，它的功能是将具有特定含义的二进制码转换成对应的输出信号，具有译码功能的逻辑电路称为译码器（Decoder）。常用的译码器有二进制译码器、二—十进制译码器和显示译码器三类。

1. 二进制译码器

二进制译码器的输入是一组二进制代码，输出是一组与输入代码一一对应的高、低电平信号。假设二进制译码器有 n 个输入信号和 N 个输出信号，则应满足 $N = 2^n$，因此二进制译码器也称为全译码器。若输出是1有效，则称为高电平译码，一个输出就是一个最小项；若输出是0有效，则称为低电平译码，一个输出对应一个最小项的非。常见的二进制译码器有2线—4线译码器、3线—8线译码器、4线—16线译码

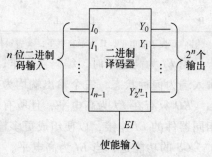

图3-16　二进制译码器的结构框图

器等。图3-16所示为二进制译码器的一般结构框图，在使能输入端 EI 为有效电平时，对应每一组输入代码，只有其中一个输出端为有效电平，其余输出端为相反电平。

表3-11　2线—4线译码器真值表

输　　　入			输　　　出			
$\overline{E}$	A_1	A_0	$\overline{Y}_0$	$\overline{Y}_1$	$\overline{Y}_2$	$\overline{Y}_3$
1	×	×	1	1	1	1
0	0	0	0	1	1	1
0	0	1	1	0	1	1
0	1	0	1	1	0	1
0	1	1	1	1	1	0

（1）2线—4线译码器

下面以2线—4线译码器为例，分析译码器的工作原理和电路结构。

2线—4线译码器的两个输入变量 A_1、A_0 共有四种不同状态组合，因而译码器有四个输出信号 $\overline{Y}_0 \sim \overline{Y}_3$，并且输出为低电平有效，真值表见表3-11。另外该译码器，设置了使能控制端 $\overline{E}$，当 $\overline{E}$ 为1时，无论 A_1、A_0 为何种状态，输出全为1，译码器处于非工作状态。而当

$\overline{E}$ 为 0 时，对应于 A_1、A_0 的某种状态组合，其中只有一个输出量为 0，其余各输出量均为 1。例如，$A_1A_0 = 00$ 时，输出 $\overline{Y}_0$ 为 0，$\overline{Y}_1 \sim \overline{Y}_3$ 均为 1。由此可见，译码器是通过输出端的逻辑电平以识别不同的代码的。

根据表 3-11 可写出各输出端的逻辑表达式

$$\overline{Y}_0 = \overline{\overline{E}\,\overline{A}_1\,\overline{A}_0}$$

$$\overline{Y}_1 = \overline{\overline{E}\,\overline{A}_1\,A_0}$$

$$\overline{Y}_2 = \overline{\overline{E}\,A_1\,\overline{A}_0}$$

$$\overline{Y}_3 = \overline{\overline{E}A_1\,A_0}$$

由逻辑表达式画出逻辑图，如图 3-17 所示。

（2）集成电路译码器

常用的集成电路译码器有 CMOS（如 74HC138）和 TTL（如 74LS138）的定型产品，两者在逻辑功能上没有区别，只是电性能参数不同而已。74HC139 是双 2 线—4 线译码器，两个独立的译码器封装在一个集成芯片中，其中之一的逻辑符号如图 3-18 所示。

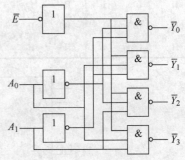

图 3-17　2 线—4 线译码器逻辑图

逻辑符号的说明如下：逻辑符号框外部的符号，如图 3-18 中的 $\overline{E}$、$\overline{Y}_0 \sim \overline{Y}_3$ 作为变量符号，表示外部输入或输出信号名称，字母上面的 " – " 号说明该输入或输出是低电平有效，已失去逻辑 "非" 的含义。逻辑符号框内的输入、输出变量表示其内部的逻辑关系。

下面着重介绍 74HC138 的逻辑功能及应用。

74HC138 是 3 线—8 线译码器，其功能表见表 3-12。该译码器有三位二进制输入 A_2、A_1、A_0，它们共有八种状态的组合，即可译出八个输出信号 $\overline{Y}_0 \sim \overline{Y}_7$，输出为低电平有效。此外为了功能扩展，还设置了 E_3、$\overline{E}_2$ 和 $\overline{E}_1$ 三个使能输入端。由功能表可知，当 $E_3 = 1$，且 $\overline{E}_2 = \overline{E}_1 = 0$ 时，译码器处于工作状态。由功能表可得

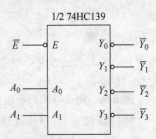

图 3-18　74HC139 的逻辑符号

$$\overline{Y}_0 = \overline{E_3\,\overline{E}_2\,\overline{E}_1\,\overline{A}_2\,\overline{A}_1\,\overline{A}_0}$$

其他各输出端的逻辑表达式读者可以自行推导，一般逻辑表达式为 $\overline{Y}_i = \overline{E_3\,\overline{E}_2\,\overline{E}_1 m_i}$，且 $i = 0 \sim 7$；当 $E_3 = 1$，且 $\overline{E}_2 = \overline{E}_1 = 0$ 时，$\overline{Y}_i = \overline{m}_i$，即每个输出是输入变量所对应的最小项的非。

74HC138 的逻辑符号和引脚排列如图 3-19a、b 所示。

（3）二进制译码器的应用

1）译码器的扩展：利用译码器的使能端可以方便地扩展译码器的容量，例如，利用 3 线—8 线译码器可以构成 4 线—16 线、5 线—32 线或 6 线—64 线译码器。扩展方法有串行扩展和并行扩展两种。

表 3-12 74HC138 的功能表

输入						输出							
E_3	$\overline{E_2}$	$\overline{E_1}$	A_2	A_1	A_0	$\overline{Y_0}$	$\overline{Y_1}$	$\overline{Y_2}$	$\overline{Y_3}$	$\overline{Y_4}$	$\overline{Y_5}$	$\overline{Y_6}$	$\overline{Y_7}$
×	H	×	×	×	×	H	H	H	H	H	H	H	H
×	×	H	×	×	×	H	H	H	H	H	H	H	H
L	×	×	×	×	×	H	H	H	H	H	H	H	H
H	L	L	L	L	L	L	H	H	H	H	H	H	H
H	L	L	L	L	H	H	L	H	H	H	H	H	H
H	L	L	L	H	L	H	H	L	H	H	H	H	H
H	L	L	L	H	H	H	H	H	L	H	H	H	H
H	L	L	H	L	L	H	H	H	H	L	H	H	H
H	L	L	H	L	H	H	H	H	H	H	L	H	H
H	L	L	H	H	L	H	H	H	H	H	H	L	H
H	L	L	H	H	H	H	H	H	H	H	H	H	L

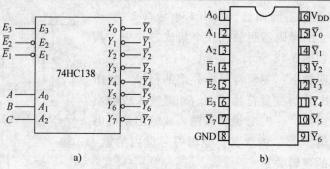

图 3-19 74HC138 的逻辑符号和引脚排列

a）逻辑符号 b）引脚排列

例 3-9 用 74HC138 组成 4 线—16 线译码器（串行扩展）。

解： 显然一片 74HC138 不够，必须两片，扩展连接如图 3-20 所示。输入四位码为 D、C、B、A，片（0）的 E_3 接 +5V 电源，片（1）的 $\overline{E_1}$、$\overline{E_2}$ 连在一起接地。片（0）的 $\overline{E_1}$、$\overline{E_2}$

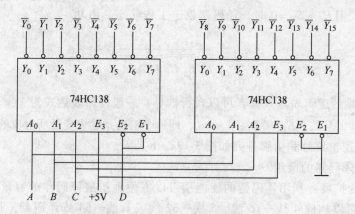

图 3-20 4 线—16 线译码器扩展连接

和片（1）的 E_3 并联在一起，作为最高位 D 的输入端。当 $D=0$ 时，片（0）正常译码，而片（1）被禁止译码，$\overline{Y}_0 \sim \overline{Y}_7$ 有信号输出，$\overline{Y}_8 \sim \overline{Y}_{15}$ 均为 1。当 $D=1$ 时，片（0）被禁止译码，片（1）正常译码，$\overline{Y}_8 \sim \overline{Y}_{15}$ 有信号输出，$\overline{Y}_0 \sim \overline{Y}_7$ 均为 1，从而实现了 4 线—16 线译码器的功能。

例 3-10　试用 74HC138 和 74HC139 构成 5 线—32 线译码器（并行扩展）。

解： 由输出线数可知，至少需要四片 74HC138，这时，由于使能端本身已经不能完成高位控制了，因此常采用树形结构扩展，即再加一片 74HC139 对高两位译码，其四个输出分别控制其余四片 74HC138 的使能端，选择其中一个工作。例如，当 $B_4B_3 = 00$，$B_2B_1B_0$ 从 000 变化到 111 时，此时设置片（0）为译码状态，$\overline{L}_0 \sim \overline{L}_7$ 分别输出有效信号。依次类推，当 B_4B_3 分别为 01、10 和 11 时，分别设置片（1）、片（2）和片（3）为译码状态。因此，将 5 位二进制码的低 3 位 $B_2B_1B_0$ 分别与四片 74HC138 的三个地址输入端 $A_2A_1A_0$ 并接在一起。这样就得到 5 线—32 线译码器，扩展连接如图 3-21 所示。

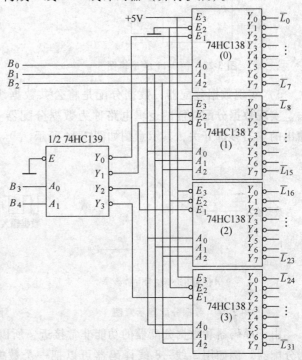

图 3-21　5 线—32 线译码器扩展连接

2）做函数发生器：因为 3 线—8 线译码器的每一个输出分别对应一个最小项（高电平译码）或一个最小项的非（低电平译码），而逻辑函数可以表示为最小项之和的形式，所以只要将二进制译码器的某些输出进行合适的运算就可以得到任意组合的逻辑函数。其特点是方法简单，无需简化，工作可靠。

例 3-11　用 74HC138 实现函数 $F(A,B,C) = \sum(0,3,4,7)$。

解： 令 $E_3 = 1$、$\overline{E}_2 = \overline{E}_1 = 0$，$A$、$B$、$C$ 分别从 A_2、A_1、A_0 输入。有

$$F(A,B,C) = \sum(0,3,4,7) = m_0 + m_3 + m_4 + m_7 = \overline{\overline{m_0}\ \overline{m_3}\ \overline{m_4}\ \overline{m_7}} = \overline{\overline{Y}_0\ \overline{Y}_3\ \overline{Y}_4\ \overline{Y}_7}$$

在译码器的输出端加一个与非门，即可实现给定的组合逻辑函数，如图 3-22 所示。

例 3-12　试用一片 74HC138 和适当的逻辑门实现组合逻辑函数

$$L(A,B,C,D) = AB\overline{C} + ACD$$

解： $L(A,B,C,D) = AB\overline{C} + ACD = AB\overline{C}\ \overline{D} + AB\overline{C}D + A\overline{B}CD + ABCD = A(B\overline{C}\ \overline{D} + B\overline{C}D + \overline{B}CD + BCD) = A(m_4 + m_5 + m_3 + m_7) = A\ \overline{\overline{m_3}\ \overline{m_4}\ \overline{m_5}\ \overline{m_7}} = A\ \overline{\overline{Y}_3\ \overline{Y}_4\ \overline{Y}_5\ \overline{Y}_7}$ 根据表达式变换之后的结果，令 A 从使能端 E_3 输入，B、C、D 分别从 A_2、A_1、A_0 输入，此处的 m_i 是 B、C、D 的第 i 个最小项。由此画出逻辑图如图 3-23 所示。注意此函数的特殊点：各乘积项含公共因子 A。

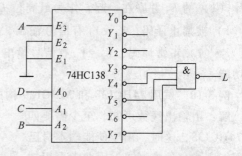

图 3-22 例 3-11 的逻辑图　　　　　　　图 3-23 例 3-12 的逻辑图

3）实现数据分配器：数据分配是将公共数据线上的数据根据需要送到不同的通道上去，实现数据分配功能的逻辑电路称为数据分配器（Demultiplexer）。它的作用相当于多个输出的单刀多掷开关，其示意图如图 3-24 所示。

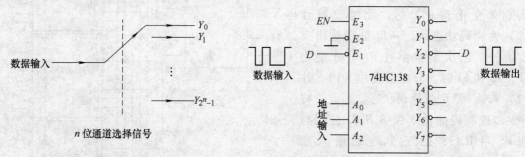

图 3-24　数据分配器示意图　　　　图 3-25　用 74HC138 作为数据分配器

由于译码器和数据分配器的功能非常接近，所以译码器的一个很重要的应用就是构成数据分配器。例如用 3 线—8 线译码器可以把一个数据信号分配到八个不同的通道上去。用 74HC138 作为数据分配器如图 3-25 所示。将 $\overline{E_2}$ 接低电平，E_3 作为使能端，A_2、A_1 和 A_0 作为选择通道地址输入，$\overline{E_1}$ 作为数据输入。例如，当 $E_3 = 1$，$A_2 A_1 A_0 = 010$ 时，由功能表可得 $\overline{Y_2}$ 的逻辑表达式

$$\overline{Y_2} = \overline{(E_3 \, \overline{\overline{E_2}} \, \overline{\overline{E_1}})\, \overline{A_2} A_1 \overline{A_0}} = \overline{E_1}$$

而其余输出端均为高电平。因此，当地址 $A_2 A_1 A_0 = 010$ 时，只有输出端 $\overline{Y_2}$ 得到与输入相同的数据波形。74HC138 作为数据分配器时的功能表见表 3-13。

表 3-13　74HC138 作为数据分配器时的功能表

输　入						输　出							
E_3	$\overline{E_2}$	$\overline{E_1}$	A_2	A_1	A_0	$\overline{Y_0}$	$\overline{Y_1}$	$\overline{Y_2}$	$\overline{Y_3}$	$\overline{Y_4}$	$\overline{Y_5}$	$\overline{Y_6}$	$\overline{Y_7}$
L	L	×	×	×	×	H	H	H	H	H	H	H	H
H	L	D	L	L	L	D	H	H	H	H	H	H	H
H	L	D	L	L	H	H	D	H	H	H	H	H	H
H	L	D	L	H	L	H	H	D	H	H	H	H	H
H	L	D	L	H	H	H	H	H	D	H	H	H	H
H	L	D	H	L	L	H	H	H	H	D	H	H	H
H	L	D	H	L	H	H	H	H	H	H	D	H	H
H	L	D	H	H	L	H	H	H	H	H	H	D	H
H	L	D	H	H	H	H	H	H	H	H	H	H	D

　　数据分配器的用途比较多，比如用它将一台 PC 与多台外部设备连接，将计算机的数据分送到外部设备中。它还可以与计数器结合组成脉冲分配器，用它与数据选择器连接组成分时数据传送系统。

2. 二一十进制译码器

　　译码器输入的是 n 位二进制代码，输出端子数 $N < 2^n$ 的译码器称为非二进制译码器，又称为部分译码。非二进制译码器的种类很多，其中二一十进制译码器（BCD Decoder）应用最为广泛。二一十进制译码器也称为 BCD 译码器，它的功能是将 8421BCD 码 0000 ~ 1001 转换为对应 0 ~ 9 十进制代码的输出信号，也称为 4 线—10 线译码器。74HC42 是一种二一十进制译码器，图 3-26 是 74HC42 的引脚排列，它的功能表见表 3-14，其输出为低电平有效。例如，当输入 8421BCD 码 $A_3A_2A_1A_0 = 0010$ 时，输出 $\overline{Y}_2 = 0$，它对应于十进制数 2，其余输出为高电平，其余输出依次类推。当输入超过 8421BCD 码的范围时（即 1010 ~ 1111），输出均为高电平，即没有有效译码输出，因此六种组合 1010 ~ 1111 称为伪码。

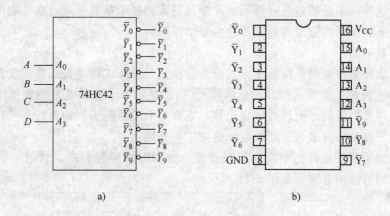

a)　　　　　　　　　　　　　　　　　b)

图 3-26　74HC42 的逻辑符号和引脚排列

a）逻辑符号　b）引脚排列

表 3-14　74HC42 的功能表

序号	BCD 输入				输　　出									
	A_3	A_2	A_1	A_0	$\overline{Y}_0$	$\overline{Y}_1$	$\overline{Y}_2$	$\overline{Y}_3$	$\overline{Y}_4$	$\overline{Y}_5$	$\overline{Y}_6$	$\overline{Y}_7$	$\overline{Y}_8$	$\overline{Y}_9$
0	L	L	L	L	L	H	H	H	H	H	H	H	H	H
1	L	L	L	H	H	L	H	H	H	H	H	H	H	H
2	L	L	H	L	H	H	L	H	H	H	H	H	H	H
3	L	L	H	H	H	H	H	L	H	H	H	H	H	H
4	L	H	L	L	H	H	H	H	L	H	H	H	H	H
5	L	H	L	H	H	H	H	H	H	L	H	H	H	H
6	L	H	H	L	H	H	H	H	H	H	L	H	H	H
7	L	H	H	H	H	H	H	H	H	H	H	L	H	H
8	H	L	L	L	H	H	H	H	H	H	H	H	L	H
9	H	L	L	H	H	H	H	H	H	H	H	H	H	L

（续）

序号	BCD 输入				输　出									
	A_3	A_2	A_1	A_0	$\overline{Y_0}$	$\overline{Y_1}$	$\overline{Y_2}$	$\overline{Y_3}$	$\overline{Y_4}$	$\overline{Y_5}$	$\overline{Y_6}$	$\overline{Y_7}$	$\overline{Y_8}$	$\overline{Y_9}$
10	H	L	H	L	H	H	H	H	H	H	H	H	H	H
11	H	L	H	H	H	H	H	H	H	H	H	H	H	H
12	H	H	L	L	H	H	H	H	H	H	H	H	H	H
13	H	H	L	H	H	H	H	H	H	H	H	H	H	H
14	H	H	H	L	H	H	H	H	H	H	H	H	H	H
15	H	H	H	H	H	H	H	H	H	H	H	H	H	H

3. 显示译码器

在数字系统中，常常需要将数字、字母、符号等直观地显示出来，供人们读取。能够显示数字、字母或符号的器件称为数码显示器。在数字电路中，数字量都是以一定的代码形式出现的，所以这些数字量要先经过译码，才能送到数码显示器去显示。这种能把数字量翻译成数码显示器所能识别的信号的译码器称为显示译码器。

（1）数码显示器

数码显示器有多种类型：按显示方式分为分段式、点阵式和重叠式等；按发光物质分为半导体显示器［发光二极管（LED）显示器］、荧光显示器、液晶显示器和气体放电管显示器等。目前应用最广泛的是七段数字显示器，或称为七段数码管。常见的七段数字显示器发光器件有发光二极管和液晶显示器两种，这里主要介绍前者。

七段数字显示器就是将七个发光二极管按一定的方式排列起来，利用不同发光段的组合，显示不同的阿拉伯数字，如图 3-27 所示。

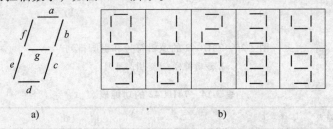

图 3-27　七段数字显示器及发光段组合图

a）分段布置　b）段组合

按内部连接方式不同，七段数字显示器分为共阴极和共阳极两种，如图 3-28 所示。共阴极电路中，七个发光二极管的阴极连在一起接低电平，需要某一段发光，就将相应二极管的阳极接高电平。共阳极显示器的驱动则刚好相反，公共阳极接正电源，当哪个发光二极管的阴极为低电平时对应的那个发光管就导通发光。

半导体显示器的优点是工作电压较低（1.5～3V）、体积小、寿命长、亮度高、响应速度快、工作可靠性高。缺点是工作电流大（每个字段的工作电流约为 10mA）。

（2）显示译码器

为了使数码显示器能显示十进制数，必须将十进制数的代码经译码器译出，然后经驱动器点亮对应的段。例如，对于 8421BCD 码的 0011 状态，对应的十进制数为 3，则显示译码

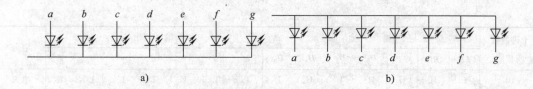

图 3-28　二极管显示器等效电路

a) 共阴极电路　b) 共阳极电路

器和驱动器应使 a、b、c、d、g 各段点亮。

常用的集成七段显示译码器 (Seven-Segment Display Decoder) 有两类：一类译码器输出高电平有效信号，用来驱动共阴极显示器；另一类输出低电平有效信号，以驱动共阳极显示器。下面介绍常用的 74HC4511 七段显示译码器。

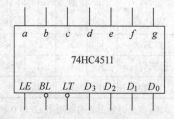

图 3-29　74HC4511 的逻辑符号

74HC4511 的逻辑符号如图 3-29 所示，功能表见表 3-15。当输入 8421BCD 码时，输出高电平有效，用以驱动共阴极显示器。当输入为 1010～1111 六个状态时，输出全为低电平，显示器无显示。该集成显示译码器设有三个辅助控制端 LE、$\overline{BL}$、$\overline{LT}$，以增强器件的功能，现分别简要说明如下：

1）灯测试输入 $\overline{LT}$：当 $\overline{LT}=0$ 时，无论其他输入端是什么状态，所有各段输出 $a\sim g$ 均为 1，显示字形 8。该输入端常用于检查译码器本身及显示器各段的好坏。

2）灭灯输入 $\overline{BL}$：当 $\overline{BL}=0$，并且 $\overline{LT}=1$ 时，无论其他输入端是什么电平，所有各段输出 $a\sim g$ 均为 0，所以字形熄灭。该输入端用于将不必要显示的零熄灭。例如，一个六位数字 028.060，将首尾多余的 0 熄灭，则显示为 28.06，使显示结果更加清楚。

3）锁存使能输入 LE：在 $\overline{BL}=\overline{LT}=1$ 的条件下，当 $\overline{LE}=0$ 时，锁存器不工作，译码器的输出随输入码的变化而变化；当 LE 由 0 跳变为 1 时，输入码被锁存，输出只取决于锁存器的内容，不再随输入的变化而变化。有关锁存器的内容将在第 4 章介绍。

表 3-15　74HC4511 的功能表

十进制数或功能	输入							输出							字形
	LE	$\overline{BL}$	$\overline{LT}$	D_3	D_2	D_1	D_0	a	b	c	d	e	f	g	
0	L	H	H	L	L	L	L	H	H	H	H	H	H	L	0
1	L	H	H	L	L	L	H	L	H	H	L	L	L	L	1
2	L	H	H	L	L	H	L	H	H	L	H	H	L	H	2
3	L	H	H	L	L	H	H	H	H	H	H	L	L	H	3
4	L	H	H	L	H	L	L	L	H	H	L	L	H	H	4
5	L	H	H	L	H	L	H	H	L	H	H	L	H	H	5
6	L	H	H	L	H	H	L	H	L	H	H	H	H	H	6
7	L	H	H	L	H	H	H	H	H	H	L	L	L	L	7
8	L	H	H	H	L	L	L	H	H	H	H	H	H	H	8
9	L	H	H	H	L	L	H	H	H	H	H	L	H	H	9

（续）

十进制数或功能	输　入							输　出							字形
	LE	$\overline{BL}$	$\overline{LT}$	D_3	D_2	D_1	D_0	a	b	c	d	e	f	g	
10	L	H	H	H	L	H	L	L	L	L	L	L	L	L	熄灭
11	L	H	H	H	L	H	H	L	L	L	L	L	L	L	熄灭
12	L	H	H	H	H	L	L	L	L	L	L	L	L	L	熄灭
13	L	H	H	H	H	L	H	L	L	L	L	L	L	L	熄灭
14	L	H	H	H	H	H	L	L	L	L	L	L	L	L	熄灭
15	L	H	H	H	H	H	H	L	L	L	L	L	L	L	熄灭
灯测试	×	×	L	×	×	×	×	H	H	H	H	H	H	H	8
灭灯	×	L	H	×	×	×	×	L	L	L	L	L	L	L	熄灭
锁存	H	H	H	×	×	×	×				*				*

* 此时输出状态取决于 LE 由 0 跳变为 1 时 BCD 码的输入。

例 3-13　由 74HC4511 构成的 24 小时及分钟的译码电路如图 3-30 所示，试分析小时高位是否具有零熄灭功能。

解：根据 74HC4511 的功能表（见表 3-15）可知，译码器正常译码时，LE 接低电平，$\overline{BL}$ 和 $\overline{LT}$ 均接高电平。

如果输入的 8421BCD 码为 0000 时，显示器不显示，要求 $\overline{BL}$ 接低电平，$\overline{LT}$ 仍为高电平，而 LE 可以是任意值。图 3-30 中，小时高位的 BCD 码经或门连接到 $\overline{BL}$ 端，当输入为 0000 时，或门的输出为 0，使 $\overline{BL}$ 为 0，高位零被熄灭。

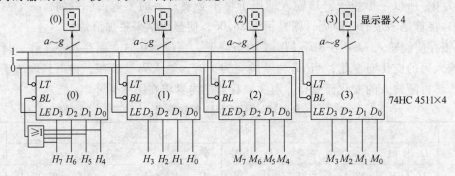

图 3-30　例 3-13 的译码显示电路

3.4.3　数据选择器

1. 数据选择器的定义与功能

数据选择器（Multiplexer）又称多路选择器或多路开关，简称 MUX，其功能是根据地址选择信号，从多路输入数据中选择一路送到输出端的逻辑电路。它的作用与图 3-31 所示的单刀多掷开关相似。

常用的数据选择器有 4 选 1、8 选 1、16 选 1 等多种类型。下面以 4 选 1 数据选择器为例介绍数据选择器的基本功能、工作原理及设计方法。

4 选 1 数据选择器的功能表见表 3-16。表中，$D_3 \sim D_0$ 为数据输入端，S_1、S_0 为地址选择信号，Y 为数据输出端，$\overline{E}$ 为低电平有效的使能端。由功能表可见，根据地址选择信号的不同，可选择对应的一路输入数据输出。例如，当地址选择信号 $S_1 S_0 = 10$ 时，$Y = D_2$，即将 D_2 送到输出端（$D_2 = 0$，$Y = 0$；$D_2 = 1$，$Y = 1$）。根据功能表，当使能端 $\overline{E}$ 有效时，可写出输出逻辑表达式为

$$Y = \overline{S_1}\ \overline{S_0} D_0 + \overline{S_1} S_0 D_1 + S_1 \overline{S_0} D_2 + S_1 S_0 D_3$$

其一般表达式为 $Y = \sum_{i=0}^{3} m_i D_i$，$m_i$ 为地址变量 S_1、S_0 所对应的最小项。

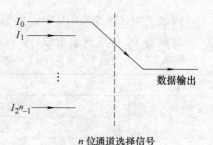

图 3-31　数据选择器的作用

表 3-16　4 选 1 数据选择器的功能表

输　　入							输　　出
$\overline{E}$	S_1	S_0	D_3	D_2	D_1	D_0	Y
1	×	×	×	×	×	×	0
0	0	0	×	×	×	0	0
			×	×	×	1	1
0	0	1	×	×	0	×	0
			×	×	1	×	1
0	1	0	×	0	×	×	0
			×	1	×	×	1
	1	1	0	×	×	×	0
			1	×	×	×	1

由逻辑表达式画出逻辑图，如图 3-32 所示。

2. 集成电路数据选择器

常用的集成电路数据选择器有许多种类，并且有 CMOS 和 TTL 产品。例如，74x157 四 2 选 1 数据选择器、74x153 双 4 选 1 数据选择器、74x151 8 选 1 数据选择器等，其中 x 的含义是 LS、S、ALS、HC、HCT 等表征芯片工艺的标识符。不同工艺的 74x151 芯片的逻辑功能完全相同，只是电路参数不同。

（1）74HC151 的功能

74HC151 是一种典型的 CMOS 集成电路数据选择

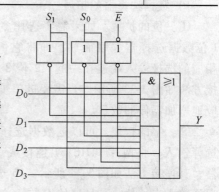

图 3-32　4 选 1 数据选择器的逻辑图

器，它有三个地址输入端 S_2、S_1、S_0，可选择 $D_7 \sim D_0$ 共八个数据源，具有两个互补的输出端，同相输出端 Y 和反相输出端 $\overline{Y}$。功能表见表 3-17，使能输入端 $\overline{E}$ 为低电平有效。

输出 Y 的表达式为

$$Y = \sum_{i=0}^{7} m_i D_i$$

式中，m_i 为地址变量 S_2、S_1、S_0 所对应的最小项。

例如，当 $S_2S_1S_0 = 010$ 时，根据最小项性质，有 m_2 为 1，其余各最小项为 0，故得 $Y = D_2$，即只有 D_2 传送到输出端。

表 3-17 74HC151 的功能表

输　入				输　出	
$\overline{E}$	通道选择			Y	$\overline{Y}$
	S_2	S_1	S_0		
H	×	×	×	L	H
L	L	L	L	D_0	$\overline{D_0}$
L	L	L	H	D_1	$\overline{D_1}$
L	L	H	L	D_2	$\overline{D_2}$
L	L	H	H	D_3	$\overline{D_3}$
L	H	L	L	D_4	$\overline{D_4}$
L	H	L	H	D_5	$\overline{D_5}$
L	H	H	L	D_6	$\overline{D_6}$
L	H	H	H	D_7	$\overline{D_7}$

同理，可推出 2^n 选 1 数据选择器的输出表达式为

$$Y = \sum_{i=0}^{2^n-1} m_i D_i$$

式中，n 为地址输入端个数；m_i 为地址变量构成的最小项。

（2）数据选择器的应用

1）数据选择器的扩展：

① 位的扩展。如果需要选择多位数据时，可由几个 1 位数据选择器并联而成，即将它们的使能端连在一起，相应的选择输入端连在一起。2 位 8 选 1 数据选择器的连接方法如图 3-33 所示。当需要进一步扩充位数时，只需相应地增加器件的数目。

② 字的扩展。可以把数据选择器的使能端作为地址选择输入，将两片 74HC151 连接成一个 16 选 1 数据选择器，其连接方法如图 3-34 所示。16 选 1 数据选择器的地址选择输入有 4 位，其最高位 D 与一个 8 选 1 数据选择器的使能端连接，经过一反相器反相后与另一个数据选择器的使能端连接。低 3 位地址选择输入端 CBA 由两片 74HC151 的地址选择输入端相对应连接而成。

2）逻辑函数产生器：当逻辑函数的变量个数和数据选择器的地址输入变量个数相同时，可直接用数据选择器来实现组合逻辑函数。

2^n 选 1 数据选择器的输出表达式为

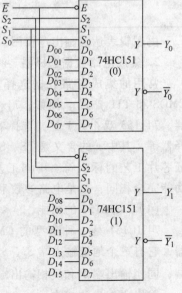

图 3-33 2 位 8 选 1 数据选择器的连接方法

$$Y = \sum_{i=0}^{2^n-1} m_i D_i$$

式中，n 为地址端数；m_i 为地址变量构成的最小项。

将上式与 $L = \sum m_i$ 对比可见，D_i 相当于最小项表达式中的系数。当 $D_i = 1$ 时，对应的最小项列入函数式；当 $D_i = 0$ 时，对应的最小项不列入函数式。利用这一点，可将函数变换成最小项表达式，函数的变量接入地址选择输入端，而在数据端加上适当的 0 或 1，就可以实现组合逻辑函数。

例 3-14 试用 74HC151 产生逻辑函数 $L = \overline{A}BC + A\overline{B}C + AB$。

解：（1）把所给的函数式变换成最小项表达式

$$L = \overline{A}BC + A\overline{B}C + AB\overline{C} + ABC = m_3 + m_5 + m_6 + m_7$$

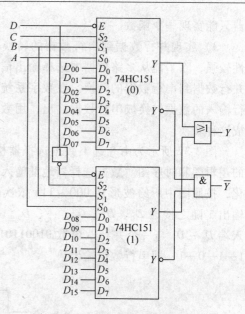

图 3-34 用两片 8 选 1 数据选择器
连接成 16 选 1 数据选择器的连接方法

（2）将输入变量接至数据选择器的地址输入端，即 $A = S_2$，$B = S_1$，$C = S_0$。输出变量接至数据选择器的输出端 Y。将逻辑函数 L 的最小项表达式与 74HC151 的输出表达式相比较，显然 D_3、D_5、D_6、D_7 都应该等于 1，而式中没有出现的最小项 m_0、m_1、m_2、m_4 对应的数据输入端 D_0、D_1、D_2、D_4 都应该等于 0，并将使能端接低电平。

（3）画出该逻辑函数产生器的逻辑图，如图 3-35 所示。

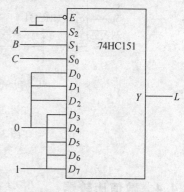

图 3-35 例 3-14 的逻辑图

当逻辑函数的变量个数大于数据选择器的地址输入变量个数时，不应再用前述方法，而应分离出多余的变量加到适当的数据输入端来实现。

例 3-15 用 4 选 1 数据选择器实现三变量函数 $L = \overline{A}\,\overline{B}\,\overline{C} + \overline{A}\,\overline{B}C + A\overline{B}\,\overline{C} + ABC$。

解：（1）由于逻辑函数 L 有三个输入信号 A、B、C，而 4 选 1 数据选择器仅有两个地址端，所以可选 A、B 接到地址输入端，且 $A = S_1$，$B = S_0$。

（2）将上述逻辑函数可变换为

$$L = \overline{A}\,\overline{B}(\overline{C} + C) + A\overline{B}\,\overline{C} + ABC = m_0 + m_2\overline{C} + m_3C$$

即得 4 选 1 数据选择器数据输入 $D_3 \sim D_0$。D_0 为 m_0 的系数，$D_0 = 1$，D_1 为 m_1 的系数，$D_1 = 0$；同理可得 $D_2 = \overline{C}$，$D_3 = C$。D_2、D_3 是变量 C 的函数，即可实现该逻辑函数。

（3）画出逻辑图，如图 3-36 所示。

数据选择器实现函数与译码器实现函数相比，在一个芯片前提下，译码器必须外加门才能实现变量数不大于其输入端数的函数，且不能实现变量数大于其输入端数的函数，但可同时实现多个函数；数据选择器可实现变量数等于或大于其地址端数的函数，但一个数据选择器只能实现一个函数。

3）实现并行数据到串行数据的转换：数据选择器通用性较强，除了能从多路数据中选择输出信号外，还可以实现并行数据到串行数据的转换。在数字系统中，往往要求将并行输入的数据转换成串行数据输出，用数据选择器很容易完成这种转换。

图 3-37 所示为由 8 选 1 数据选择器构成的并/串行转换的逻辑图和时序图。数据选择器地址输入端 S_2、S_1、S_0 的变化，按照图中所给波形从 000 ~ 111 依次进行，则选择器的输出 Y 随之接通 D_0、D_1、D_2、…、D_7。当选择器的数据输入端 $D_0 \sim D_7$ 与一个并行八位数 01001101 相连时，输出端得到的数据依次为 0—1—0—0—1—1—0—1，即串行数据输出。

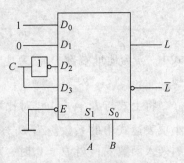

图 3-36　4 选 1 数据选择器
实现函数的逻辑图

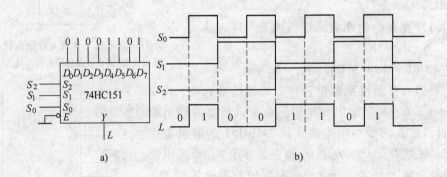

a)　　　　　　　　　　　　b)

图 3-37　数据并行输入转换成串行输出
a）逻辑图　b）时序图

3.4.4　数值比较器

1. 数值比较器的定义及功能

在数字系统中，特别是在计算机中常需要对两个数的大小进行比较。数值比较器（Magnitude Comparator）就是对两个二进制数 A、B 进行比较的逻辑电路，比较结果有 $A > B$、$A < B$ 以及 $A = B$ 三种情况。

（1）1 位数值比较器

1 位数值比较器是多位数值比较器的基础。当 A 和 B 都是 1 位数时，它们只能取 0 和 1 两种值，由此可写出 1 位数值比较器的真值表，见表 3-18。

由真值表得到如下逻辑表达式：

$$\begin{cases} F_{A>B} = A\,\overline{B} \\ F_{A<B} = \overline{A}B \\ F_{A=B} = \overline{A}\,\overline{B} + AB \end{cases}$$

由以上逻辑表达式可画出图 3-38 所示的逻辑图。

表 3-18 1 位数值比较器的真值表

输	入		输	出
A	B	$F_{A>B}$	$F_{A<B}$	$F_{A=B}$
0	0	0	0	1
0	1	0	1	0
1	0	1	0	0
1	1	0	0	1

（2）多位数值比较器

在比较两个多位数的大小时，自高向低地逐位比较，只能在高位相等时，才需要比较低位。现在分析比较 2 位数字 A_1A_0 和 B_1B_0 的情况，用 $F_{A>B}$、$F_{A<B}$ 和 $F_{A=B}$ 表示比较结果。利用 1 位数值的比较结果，可以列出简化的真值表，见表 3-19 所示。

由表 3-19 可以写出如下逻辑表达式：

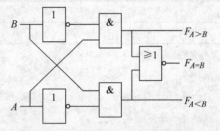

图 3-38 1 位数值比较器的逻辑图

表 3-19 2 位数值比较器的真值表

输	入	输	出	
A_1B_1	A_0B_0	$F_{A>B}$	$F_{A<B}$	$F_{A=B}$
$A_1 > B_1$	×	1	0	0
$A_1 < B_1$	×	0	1	0
$A_1 = B_1$	$A_0 > B_0$	1	0	0
$A_1 = B_1$	$A_0 < B_0$	0	1	0
$A_1 = B_1$	$A_0 = B_0$	0	0	1

$$F_{A>B} = A_1 \overline{B_1} + (\overline{A_1}\,\overline{B_1} + A_1 B_1) A_0 \overline{B_0} = F_{A_1>B_1} + F_{A_1=B_1} F_{A_0>B_0}$$

$$F_{A<B} = F_{A_1<B_1} + F_{A_1=B_1} F_{A_0<B_0}$$

$$F_{A=B} = F_{A_1=B_1} F_{A_0=B_0}$$

根据上式画出逻辑图，如图 3-39 所示。电路利用了 1 位数值比较器的输出作为中间结果。它所依据的原理是，如果 2 位数 A_1A_0 和 B_1B_0 的高位不相等，则高位比较结果就是两数比较结果，与低位无关。这时，高位输出 $F_{A_1=B_1} = 0$，使与门 G_1、G_2、G_3 均封锁，而或门 G_4、G_5 都打开，低位比较结果不能影响或门，高位比较结果则从或门直接输出。如果高位相等，即 $F_{A_1=B_1} = 1$，使与门 G_1、G_2、G_3 均打开，同时由于 $F_{A_1>B_1} = 0$ 和 $F_{A_1<B_1}$

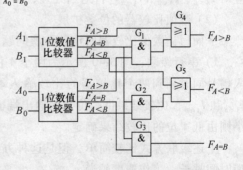

图 3-39 2 位数值比较器的逻辑图

$= 0$ 作用，或门 G_4、G_5 也打开，低位的比较结果直接送达输出端，即低位的比较结果决定两数谁大、谁小或者相等。

用以上的方法可以构成更多位数的数值比较器。

2. 集成数值比较器

常用的中规模集成数值比较器有 CMOS 和 TTL 的产品。74x85 是 4 位数值比较器，这里主要介绍 74HC85。

（1）74HC85 集成数值比较器的功能

74HC85 是 4 位数值比较器，其功能表见表 3-20，输入端包括 $A_3 \sim A_0$ 和 $B_3 \sim B_0$，输出端为 $F_{A>B}$、$F_{A<B}$、$F_{A=B}$，以及扩展输入端为 $I_{A>B}$、$I_{A<B}$、$I_{A=B}$。扩展输入端与其他数值比较器的输出连接，以便组成位数更多的数值比较器。

表 3-20　74HC85 的功能表

输 入							输 出		
$A_3\ B_3$	$A_2\ B_2$	$A_1\ B_1$	$A_0\ B_0$	$I_{A>B}$	$I_{A<B}$	$I_{A=B}$	$F_{A>B}$	$F_{A<B}$	$F_{A=B}$
$A_3 > B_3$	×	×	×	×	×	×	H	L	L
$A_3 < B_3$	×	×	×	×	×	×	L	H	L
$A_3 = B_3$	$A_2 > B_2$	×	×	×	×	×	H	L	L
$A_3 = B_3$	$A_2 < B_2$	×	×	×	×	×	L	H	L
$A_3 = B_3$	$A_2 = B_2$	$A_1 > B_1$	×	×	×	×	H	L	L
$A_3 = B_3$	$A_2 = B_2$	$A_1 < B_1$	×	×	×	×	L	H	L
$A_3 = B_3$	$A_2 = B_2$	$A_1 = B_1$	$A_0 > B_0$	×	×	×	H	L	L
$A_3 = B_3$	$A_2 = B_2$	$A_1 = B_1$	$A_0 < B_0$	×	×	×	L	H	L
$A_3 = B_3$	$A_2 = B_2$	$A_1 = B_1$	$A_0 = B_0$	H	L	L	H	L	L
$A_3 = B_3$	$A_2 = B_2$	$A_1 = B_1$	$A_0 = B_0$	L	H	L	L	H	L
$A_3 = B_3$	$A_2 = B_2$	$A_1 = B_1$	$A_0 = B_0$	L	L	H	L	L	H

从表 3-20 可以看出，该比较器的比较原理和 2 位比较器的比较原理相同。两个 4 位数的比较是从 A 的最高位 A_3 和 B 的最高位 B_3 进行比较，如果它们不相等，则该位的比较结果可以作为两数的比较结果。若最高位 $A_3 = B_3$，则再比较次高位 A_2 和 B_2，依次类推。显然，如果两数相等，那么，必须将比较进行到最低位才能得到结果。若仅对 4 位数进行比较时，应对 $I_{A>B}$、$I_{A<B}$、$I_{A=B}$ 进行适当处理，即 $I_{A>B} = I_{A<B} = 0$，$I_{A=B} = 1$。

（2）数值比较器的位数扩展

下面讨论数值比较器的位数扩展问题。数值比较器的扩展方式有串联和并联两种。

1）串行级联：图 3-40 所示为两个 4 位数值比较器串行级联构成的 8 位数值比较器。输入信号同时加到两个比较器的比较输入端，低位片的输出接到高位片的级联输入端 $I_{A>B}$、$I_{A<B}$ 和 $I_{A=B}$，比较结果由高位片的输出端输出。对于两个 8 位数，若高 4 位相同，它们的大小则由低 4 位的比较结果确定。

上述级联方式比较简单，但是这种方式中比较结果是逐级进位的，级联芯片数越多，传递时间越长，工作速度越慢。

2）并行级联：当位数较多且要满足一定的速度要求时，可以采取并联方式。图 3-41 所示为并行级联构成的 16 位数值比较器。由图可以看出，这里采用两级比较方法，将 16 位按高低位次序分成四组，每组 4 位，各组的比较是并行进行的。将每组的比较结果再经 4 位数值比较器进行比较后得出结果。显然，从数据输入到稳定输出只需 2 倍的 4 位数值比较器延迟时间，若用串联方式，则 16 位的数值比较器从输入到稳定输出需要约 4 倍的 4 位数值比较器的延迟时间。

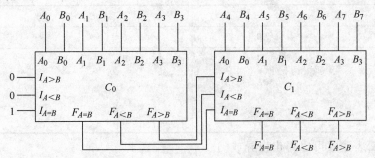

图 3-40　串行级联构成的 8 位数值比较器

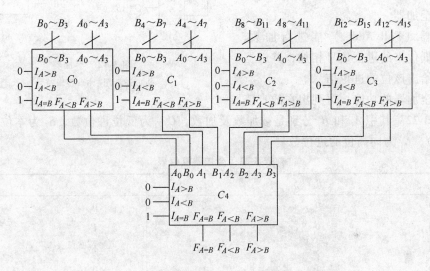

图 3-41　并行级联构成的 16 位数值比较器

3.4.5　算术运算电路

算术运算是数字系统的基本功能，更是计算机中不可缺少的组成单元。两个二进制数之间的算术运算无论是加、减，还是乘、除，在数字计算机中都是变成若干步加法运算进行的，因此加法器是构成算术运算电路（Arithmetic Operation Circuits）的基本单元。下面介绍实现加法运算和减法运算的逻辑电路。

1.1 位加法器

半加器和全加器是算术运算电路中的基本单元，它们是完成 1 位二进制数相加的一种组合逻辑电路。

（1）半加器

如果只考虑了两个加数本身，而没有考虑低位进位的加法运算，称为半加。实现半加运算的逻辑电路称为半加器（Half Adder）。两个 1 位二进制的半加运算可用表 3-21 所列的真值表表示，其中 A、B 是两个加数，S 表示和数，C 表示进位数。由真值表可得逻辑表达式

$$S = \overline{A}B + A\overline{B}$$

$$C = AB$$

表 3-21 半加器的真值表

输 入		输 出	
A	B	S	C
0	0	0	0
0	1	1	0
1	0	1	0
1	1	0	1

由上述逻辑表达式可以得出由异或门和与门组成的半加器，如图 3-42a 所示，图 3-42b 所示是半加器的逻辑符号。

（2）全加器

全加器（Full Adder）能进行加数、被加数和低位来的进位信号相加，并根据求和结果给出该位的进位信号。

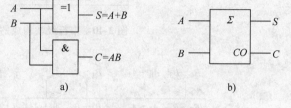

图 3-42 半加器
a）逻辑图 b）逻辑符号

根据全加器的功能，可列出它的真值表，见表 3-22。其中 A_i 和 B_i 分别是被加数及加数，C_{i-1} 为低位进位数，S_i 为本位和数（称为全加和），C_i 为向高位的进位数。

表 3-22 全加器真值表

A_i	B_i	C_{i-1}	S_i	C_i
0	0	0	0	0
0	0	1	1	0
0	1	0	1	0
0	1	1	0	1
1	0	0	1	0
1	0	1	0	1
1	1	0	0	1
1	1	1	1	1

由真值表写出 S_i 和 C_i 的输出逻辑表达式并加以转换，可得

$$S_i = \overline{A_i}\,\overline{B_i}C_{i-1} + \overline{A_i}B_i\,\overline{C_{i-1}} + A_i\,\overline{B_i}\,\overline{C_{i-1}} + A_iB_iC_{i-1}$$

$$= C_{i-1}\,(\overline{A_i}\,\overline{B_i} + A_iB_i) + \overline{C_{i-1}}\,(\overline{A_i}B_i + A_i\,\overline{B_i})$$

$$= C_{i-1}\,(\overline{A_i \oplus B_i}) + \overline{C_{i-1}}\,(A_i \oplus B_i)$$

$$= A_i \oplus B_i \oplus C_{i-1}$$

$$C_i = \overline{A_i}\,B_iC_{i-1} + A_i\,\overline{B_i}C_{i-1} + A_i\,B_i\,\overline{C_{i-1}} + A_iB_iC_{i-1}$$

$$= (\overline{A_i}\,B_i + A_i\,\overline{B_i})\,C_{i-1} + A_iB_i\,(\overline{C_{i-1}} + C_{i-1})$$

$$= A_iB_i + (A_i \oplus B_i)\,C_{i-1}$$

用两个半加器和一个或门可实现全加器，逻辑图和逻辑符号如图 3-43 所示。

2. 多位数加法器

（1）串行进位加法器

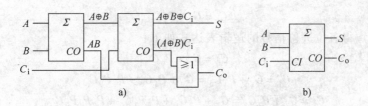

图 3-43　全加器

a) 逻辑图　b) 逻辑符号

一个全加器只能实现 1 位二进制数加法, 若实现多位二进制数相加, 需要多个全加器。例如, 有两个 4 位二进制数 $A_3A_2A_1A_0$ 和 $B_3B_2B_1B_0$ 相加, 可采用四个 1 位全加器构成 4 位数加法器, 图 3-44 所示串行进位加法器 (Ripple Adder) 是采用并行相加串行进位的方式来完成两个 4 位数相加的逻辑图。将低位的进位输出信号接到高位的进位输入端, 因此, 任意 1 位的加法运算必须在低 1 位的运算完成之后才能进行, 这种进位方式称为串行进位。这种加法器的逻辑电路比较简单, 但它的运算速度不高。为克服这一缺点, 可以采用超前进位等方式。

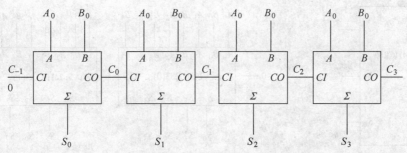

图 3-44　串行进位加法器

（2）超前进位加法器

为了提高运算速度, 必须设法减小或消除由于进位信号逐级传递所耗费的时间, 可以通过逻辑电路事先得出每一位全加器的进位信号, 而无需再从最低位开始向高位逐位传递进位信号, 采用这种结构的加法器叫超前进位加法器。超前进位加法器是典型的并行进位加法器（Parallel Adder）。下面以 4 位超前进位加法器为例介绍超前进位的概念。

全加器的和数 S_i 和进位 C_i 的逻辑表达式为

$$S_i = A_i \oplus B_i \oplus C_{i-1} \tag{3-1}$$

$$C_i = A_iB_i + (A_i \oplus B_i) C_{i-1} \tag{3-2}$$

定义两个中间变量 G_i 和 P_i

$$G_i = A_iB_i \tag{3-3}$$

$$P_i = A_i \oplus B_i \tag{3-4}$$

当 $A_i = B_i = 1$ 时, $G_i = 1$, 得 $C_i = 1$, 即产生进位, 所以 G_i 称为产生变量。若 $P_i = 1$, 则 $A_iB_i = 0$, 得 $C_i = C_{i-1}$, 即低位的进位能传送到高位的进位输出端, 故 P_i 称为传输变量。这两个变量都只与被加数 A_i 和加数 B_i 有关, 而与进位信号无关。将式 (3-3) 和式 (3-4) 代入式 (3-1) 和式 (3-2), 得

$$S_i = P_i \oplus C_{i-1} \tag{3-5}$$

$$C_i = G_i + P_i C_{i-1} \tag{3-6}$$

由式（3-6）得各位进位信号的逻辑表达式如下：

$$C_0 = G_0 + P_0 C_{-1} \tag{3-7a}$$

$$C_1 = G_1 + P_1 C_0 = G_1 + P_1 G_0 + P_1 P_0 C_{-1} \tag{3-7b}$$

$$C_2 = G_2 + P_2 C_1 = G_2 + P_2 G_1 + P_2 P_1 G_0 + P_2 P_1 P_0 C_{-1} \tag{3-7c}$$

$$C_3 = G_3 + P_3 C_2 = G_3 + P_3 G_2 + P_3 P_2 G_1 + P_3 P_2 P_1 G_0 + P_3 P_2 P_1 P_0 C_{-1} \tag{3-7d}$$

由式（3-7）可以看出，进位信号只与变量 G_i、P_i 和 C_{-1} 有关，而 C_{-1} 是向最低位的进位信号，其值为 0，所以各位的进位信号都只与被加数 A_i 和加数 B_i 有关，它们是可以并行产生的，从而可实现快速进位。根据超前进位概念构成的 74HC283 集成 4 位加法器的逻辑符号如图 3-45 所示，具体逻辑图可查阅相关手册。

上面讨论了 4 位数加法器，如果进行更多位数的加法，则需要进行扩展。例如用 74HC283 实现 8 位二进制数相加，两片 4 位加法器的扩展连接方法如图 3-46 所示。该电路的级联是串行进位方式，低位片（0）的进位输出连到高位片（1）的进位输入，低位片（0）的 C_{-1} 接 0 即可。

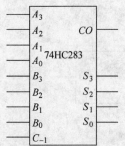

图 3-45　74HC283 逻辑符号

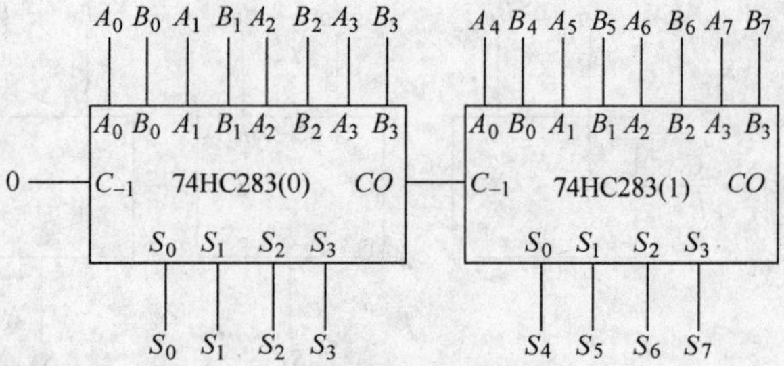

图 3-46　加法器的扩展连接方式

加法器除作二进制加法运算外，还可以广泛用于构成其他功能电路，如代码转换电路、减法器、十进制加法器等。

例 3-16　设计一个代码转换电路，将十进制代码的 8421BCD 码转换为余三码。

解： 以 8421BCD 码为输入、余三码为输出，即可列出代码转换电路的真值表，见表 3-23。由表 3-23 可知，$Y_3 Y_2 Y_1 Y_0$ 和 $DCBA$ 所代表的二进制数始终相差 0011，即十进制数的 3。故可得

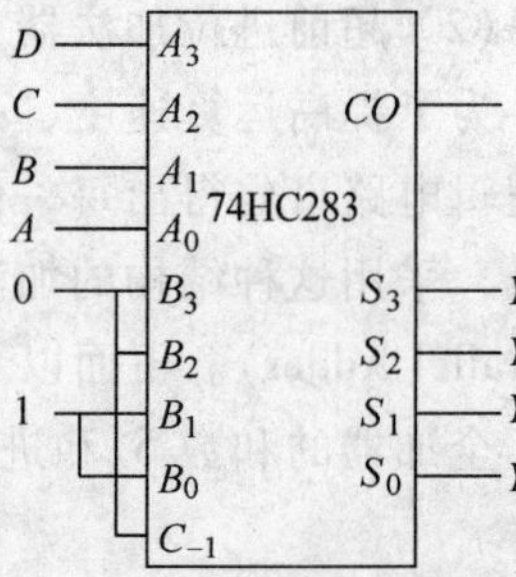

$$Y_3 Y_2 Y_1 Y_0 = DCBA + 0011 \tag{3-8}$$

图 3-47　例 3-16 的代码转换电路

其实这也正是余三码的特征。根据式（3-8），用一片 74HC283 便可接成要求的代码转换电路，如图 3-47 所示。

表 3-23　例 3-16 的真值表

输　入				输　出			
D	C	B	A	Y_3	Y_2	Y_1	Y_0
0	0	0	0	0	0	1	1
0	0	0	1	0	1	0	0

（续）

输　入				输　出			
D	C	B	A	Y_3	Y_2	Y_1	Y_0
0	0	1	0	0	1	0	1
0	0	1	1	0	1	1	0
0	1	0	0	0	1	1	1
0	1	0	1	1	0	0	0
0	1	1	0	1	0	0	1
0	1	1	1	1	0	1	0
1	0	0	0	1	0	1	1
1	0	0	1	1	1	0	0

3. 减法运算

由二进制数算术运算可知，减法运算的原理是将减法运算变成加法运算进行的。上面介绍的加法运算器既能实现加法运算，又可实现减法运算，从而可以简化数字系统结构。

若 n 位二进制数的原码为 $N_{原}$，则与它相对应的 2 的补码为

$$N_{补} = 2^n - N_{原} \tag{3-9}$$

补码与反码的关系式为

$$N_{补} = N_{反} + 1 \tag{3-10}$$

设两个数 A、B 相减，利用式（3-9）和式（3-10）可得

$$A - B = A + B_{补} - 2^n = A + B_{反} + 1 - 2^n \tag{3-11}$$

式（3-11）表明，A 减 B 可由 A 加 B 的补码并减 2^n 完成。4 位减法运算的逻辑图如图 3-48a 所示。具体原理如下：

由四个反相器将 B 的各位反相（求反），并将进位输入端 C_{-1} 接逻辑 1 以实现加 1，由此求得 B 的补码。加法器相加的结果为 $A + B_{反} + 1$。

由于 $2^n = 2^4 = (10000)_2$，相加结果与 2^n 相减只能由加法器进位输出信号完成。当进位输出信号为 1 时，它与 2^n 的差值为 0；当进位输出信号为 0 时，它与 2^n 的差值为 1，同时还应发出借位信号。因此，只要将进位信号反相即实现了减 2^n 的运算，反相器的输出 V 为 1 时需要借位，故 V 也可当作借位信号。

下面分两种情况分析减法运算过程。

1）$A - B \geqslant 0$ 的情况：设 $A = 0101$，$B = 0001$。

求补相加演算过程如下：

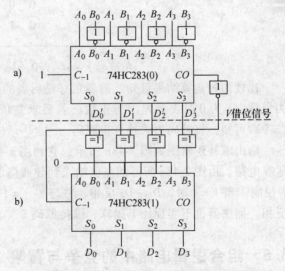

图 3-48　输出为原码的 4 位减法运算的逻辑图
a) 4 位减法运算逻辑图　b) 输出求补逻辑图

$$
\begin{array}{r}
0\ \ 1\ \ 0\ \ 1 \quad (A)\\
1\ \ 1\ \ 1\ \ 0 \quad (B_\text{反})\\
+\qquad\qquad\ 1 \quad (\text{加}1)\\
\hline
1.0\ \ 1\ \ 0\ \ 0\\
\end{array}
$$

（借位）→0　0　1　0　0　（进位反相）

直接作减法演算，则有

$$
\begin{array}{r}
0\ \ 1\ \ 0\ \ 1\\
-\ 0\ \ 0\ \ 0\ \ 1\\
\hline
0\ \ 1\ \ 0\ \ 0\\
\end{array}
$$

比较两种运算结果，它们完全相同。在 $A-B\geqslant0$ 时，所得的差值就是差的原码，借位信号为 0。

2）$A-B<0$ 的情况：设 $A=0001$，$B=0101$。

求补相加演算过程如下：

$$
\begin{array}{r}
0\ \ 0\ \ 0\ \ 1 \quad (A)\\
1\ \ 0\ \ 1\ \ 0 \quad (B_\text{反})\\
+\qquad\qquad\ 1 \quad (\text{加}1)\\
\hline
0\ \ 1\ \ 1\ \ 0\ \ 0\\
\end{array}
$$

（借位）→1　1　1　0　0　（进位反相）

直接作减法演算，则有

$$
\begin{array}{r}
0\ \ 0\ \ 0\ \ 1\\
-\ 0\ \ 1\ \ 0\ \ 1\\
\hline
\end{array}
$$

（符号）→ - 0　1　0　0

比较两种运算结果可知，前者正好是后者的绝对值的补码，借位信号 V 为 1 时表示差值为负数，V 为 0 时表示差值为正数。若要求差值以原码形式输出，则还需进行变换。由式 (3-9) 可知，将补码再求补可得原码。

输出求补逻辑图如图 3-48b 所示，它和图 3-48a 共同组成输出为原码的完整的 4 位减法运算电路。由图 3-48a 所得的差值输入到异或门的一个输入端，而另一个输入端由借位信号 V 控制。当 $V=1$ 时，$D_3\sim D_0$ 反相，并与 $C_{-1}=1$ 相加，实现求补运算；$V=0$ 时，$D_3\sim D_0$ 不反相，加法器也不实现加 1 运算，维持原码。

3.5　组合逻辑电路中的竞争与冒险

前面进行组合逻辑电路的分析和设计时，都没有考虑逻辑门的延迟时间对电路产生的影响，并且认为电路的输入和输出均处于稳定的逻辑电平。实际上，信号经过逻辑门电路都需要一定的时间，而且不同路径上门的级数不同，会造成信号经过不同路径传输的时间不同，或者门的级数相同，而各个门延迟时间的差异，也会造成传输时间的不同。因此，电路在信号电平变化瞬间，可能与稳态下的逻辑功能不一致，产生错误输出，这种现象就是电路中的竞争与冒险。

3.5.1　产生竞争与冒险的原因

任何实际的电路，从输入发生变化到引起输出随之响应，都要经历一定的延迟时间。以最简单的非门为例，当输入信号 A 由 0 跳变到 1 时，经过一段延迟 t_{pd1} 后，输出 $\bar{A}$ 才由 1 变到 0，同样，当 A 从 1 跃变到 0 时，$\bar{A}$ 也要经过一定的延迟 t_{pd2} 才从 0 变为 1。通常这两种延迟时间并不相等，为讨论方便，这里以它们的平均值 t_{pd} 作为延迟时间。

如果把输入信号 A 及互补信号 $\bar{A}$ 都加到图 3-49a 所示的与门电路输入端，根据逻辑代数基本定理，输出 $L = A\bar{A}$ 应该始终为 0，但是在 t_{pd} 时间内，出现了 A 和 $\bar{A}$ 同时为 1 的情况，因此，在门电路的输出端产生了瞬间为高电平的尖峰脉冲，或称为电压毛刺，如图 3-49b 中波形所示。

同样，如果信号 A 和 $\bar{A}$ 都加到图 3-50a 所示的或门电路的输入端，则输出 $L = A + \bar{A}$ 应始终为 1。但是，在 t_{pd} 极短的时间内出现了 A 和 $\bar{A}$ 同时为 0 的情况，使得或门电路的输出端产生了瞬间为低电平的尖峰脉冲，如图 3-50b 所示。

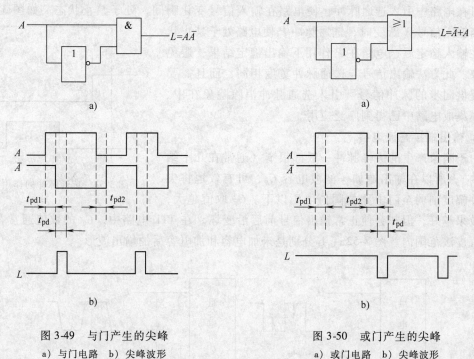

图 3-49　与门产生的尖峰　　　　图 3-50　或门产生的尖峰
a）与门电路　b）尖峰波形　　　　a）或门电路　b）尖峰波形

将一个门电路两个或两个以上相反的输入信号同时发生逻辑电平跳变的现象叫做竞争。由于竞争而在电路输出端产生尖峰脉冲的现象称为冒险现象，简称险象。例如，图 3-49b 中的高电平险象称为 1 冒险；图 3-50b 中的低电平险象称为 0 冒险。应当指出，竞争并不一定都会产生险象。例如，图 3-49 所示与门电路在 t_{pd2} 时和图 3-50 所示或门电路在 t_{pd1} 时的瞬间，输出仍符合门电路稳态时的逻辑关系。

如果用存在险象的电路驱动对尖峰脉冲敏感的电路（如后面介绍的触发器），将会引起电路的误动作，因此，在设计电路时应及早发现并消除险象。

3.5.2 消去竞争与冒险的方法

当组合逻辑电路存在险象时，可以采取以下方法来消除险象。

1. 发现并消去互补相乘项

例如，函数式 $F = (A + B)(\bar{A} + C)$，在 $B = C = 0$ 时，$F = A\bar{A}$。若直接根据这个逻辑表达式组成逻辑电路，则可能出现竞争与冒险。如果将该式变换为

$$F = A\bar{A} + AC + \bar{A}B + BC = AC + \bar{A}B + BC$$

这里已将 $A\bar{A}$ 消掉。根据这个逻辑表达式组成逻辑电路就不会出现竞争与冒险。

2. 增加冗余项

设某电路输出的逻辑表达式为 $L = AB + \bar{A}C$，当 $B = C = 1$ 时，$L = A + \bar{A}$，A 改变状态将存在险象。若将其写为 $L = AB + \bar{A}C + BC$，则 $B = C = 1$ 时，无论 A 如何改变，输出始终保持 $L = 1$，从而消除险象。这种修改逻辑设计的方法称为增加冗余项法。

3. 引入选通脉冲

根据上面的分析，组合逻辑电路中的险象是由于输入信号变化存在延时而引起的，因此，可在电路中引入选通脉冲，使电路在输入信号变化瞬间，处于禁止状态。如图 3-51 所示，当输入信号 X 跃变时，选通脉冲 P 使电路处于禁止状态；在输入稳定后，电路在 P 作用下输出稳定结果，避免了险象。此方法输出信号与选通脉冲宽度相同，而且需要电路提供同步的脉冲信号。引入选通脉冲消除险象在中、大规模集成电路中已得到广泛应用。

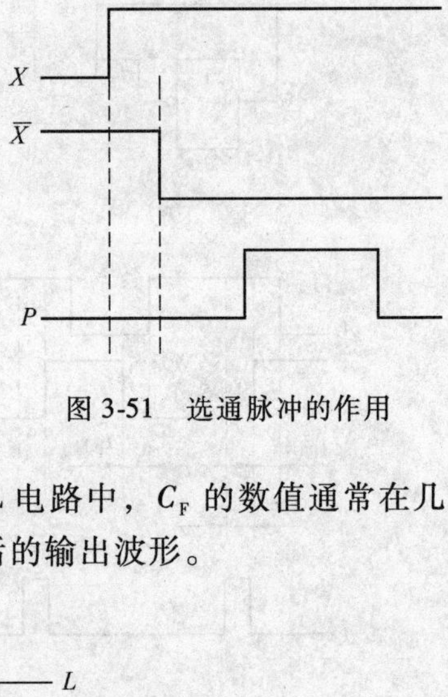

4. 输出端接滤波电容

由于险象产生的尖峰脉冲一般都很窄（通常在几十纳秒以内），所以在输出端加一滤波电容 C_F，可有效地将尖峰脉冲幅度削弱至门电路的阈值电压以下。C_F 取值越大，

图 3-51 选通脉冲的作用

滤波效果越好，但却会使正常输出信号前后沿变坏。在 TTL 电路中，C_F 的数值通常在几十至几百皮法范围内。图 3-52a、b 分别是未加电容和加电容后的输出波形。

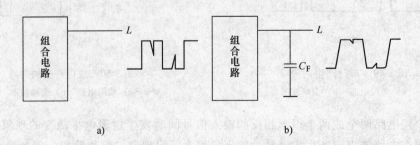

图 3-52 接滤波电容消去险象

a）未加滤波电容的输出 b）加滤波电容后的输出

以上介绍了产生竞争与冒险的原因和克服竞争与冒险的方法。现代数字电路或数字系统

的分析与设计，可以借助计算机进行时序仿真，检查电路是否存在竞争与冒险。仿真时，由于逻辑门电路的传输延迟时间是采用软件设定的标准值或设计者自行设定的值，与电路的实际工作情况有差异，因此最终要在实验中检查验证。所以，要能很好地解决竞争与冒险的问题，还必须在实践中积累和总结经验。

本 章 小 结

本章系统地介绍了组合逻辑电路的特点、分析方法、设计方法，以及几种常用的组合逻辑电路的逻辑功能及其应用。主要内容包括：

1）组合逻辑电路在逻辑功能与电路结构上的特点。任意时刻的输出仅仅取决于当时的输入，与电路过去的状态无关，这就是组合逻辑电路在逻辑功能上的共同特点；组合逻辑电路在电路结构上的共同特点则是其内部不包含存储结构。

2）分析组合逻辑电路的目的是确定已知电路的逻辑功能，其步骤大致是：写出各输出端的逻辑表达式——化简和变换逻辑表达式——列出真值表——确定功能。

3）设计组合逻辑电路的目的是根据提出的实际问题，设计出逻辑电路。设计步骤大致是：明确逻辑功能——列出真值表——写出逻辑表达式——逻辑表达式化简和变换——画出逻辑图。

4）典型的中规模组合逻辑器件包括编码器、译码器、数据选择器、数值比较器、算术运算电路等。这些组合逻辑器件除了具有其基本功能外，通常还具有输入使能、输出使能、输入扩展、输出扩展功能，使其功能更加灵活，便于构成较复杂的逻辑系统。

5）竞争与冒险是组合逻辑电路工作状态转换过程中经常会出现的现象。如果负载是一些对尖峰脉冲敏感的电路，则必须采取措施防止由于竞争而产生的尖峰脉冲。如果负载电路对尖峰脉冲不敏感（例如负载为光电显示器件），就不必考虑这个问题了。

习　　题

3-1　试分析图 3-53 所示逻辑图的功能。

3-2　逻辑图如图 3-54 所示，试分析其逻辑功能。

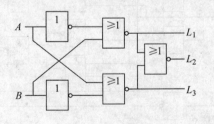

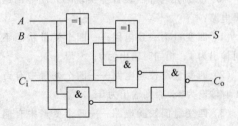

图 3-53　题 3-1 图　　　　　　　　　　　图 3-54　题 3-2 图

3-3　分析图 3-55 所示逻辑图，写出输出的逻辑表达式，列出真值表，说明其逻辑功能。

3-4　试分析图 3-56 所示逻辑图的功能。

3-5　分析图 3-57 所示逻辑图的功能。

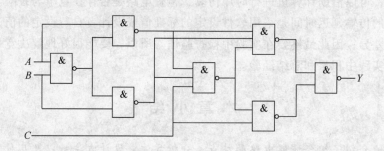

图 3-55 题 3-3 图

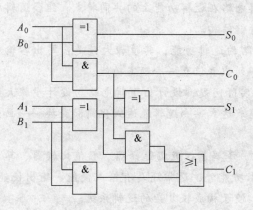

图 3-56 题 3-4 图

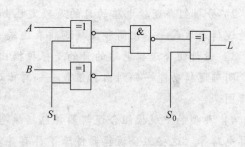

图 3-57 题 3-5 图

3-6 分析图 3-58 所示逻辑图的功能。

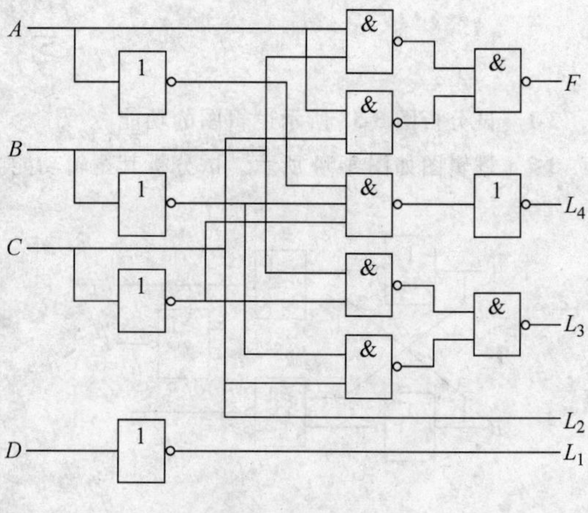

3-7 试用 2 输入与非门设计一个 3 输入的组合逻辑电路。当输入的二进制码小于 3 时，输出为 0；输入大于等于 3 时，输出为 1。

3-8 分别用与非门设计能实现下列功能的组合逻辑电路：

（1）四变量不一致电路——四个变量状态不相同时输出为 1，相同时输出为 0；

（2）四变量奇校验电路——四个变量中有奇数个 1 时输出为 1，否则输出为 0；

（3）四变量偶校验电路——四个变量中有偶数个 1 时输出为 1，否则输出为 0。

3-9 试设计一个可逆的 4 位码转换电路。当控制信号 $C = 1$ 时，它将 8421BCD 码转换为格雷码；$C = 0$ 时，它将格雷码转换为 8421BCD 码。可以采用任何门电路实现。

3-10 某足球评委会由一位教练和三位球迷组成，对裁判员的判罚进行表决。当满足以下条件时表示同意：有三人或三人以上同意，或者有两人同意，并且其中一人是教练。试用 2 输入与非门设计该表决电

图 3-58 题 3-6 题

路。

3-11 有一个车间，有红、黄两个故障指示灯，用来表示三台设备的工作情况。当有一台设备出现故障时，黄灯亮；当有两台设备出现故障时，红灯亮；当三台设备都出现故障时，红灯、黄灯都亮。试用与非门设计一个控制灯亮的逻辑电路。

3-12 A、B、C 和 D 四人在同一实验室工作，他们之间的工作关系是：

（1）A 到实验室，就可以工作；

（2）B 必须 C 到实验室后才有工作可做；

（3）D 只有 A 在实验室才可以工作。

请将实验室中没人工作这一事件用逻辑表达式表达出来。

3-13 仿照半加器和全加器的设计方法，试设计一个半减器和一个全减器。

3-14 保密电锁上有三个键钮 A、B、C，要求当三个键钮同时按下时，或 A、B 两个同时按下时，或按下 A、B 中的任一键时，锁能打开；而当不符合上列组合状态时电铃报警（当没有按键按下时锁不打开也不报警）。试设计一个 3 输入 2 输出的组合逻辑电路，并要求用 2 输入与非门实现。

3-15 某选煤厂由煤仓到洗煤楼用三条传送带（A、B、C）运煤，煤流方向为 $C \rightarrow B \rightarrow A$。为了避免在停车时出现煤的堆积现象，要求三台电动机要顺煤流方向依次停车，即 A 停，B 必须停；B 停，C 必须停。如果不满足，应立即发出报警信号。试写出报警信号逻辑表达式，并用与非门实现。设输出报警为 1，输入开机为 1。

3-16 CD4532 优先编码器的输入端 $I_1 = I_3 = I_5 = 1$，其余输入端均为 0，试确定其输出 $Y_2 Y_1 Y_0$。

3-17 试用与非门设计一个 4 输入的优先编码器，要求输入、输出及工作状态标志均为高电平有效。列出真值表，画出逻辑图。

3-18 试用 74HC138 译码器和适当的门电路实现如下逻辑函数：
$$L = \overline{A}\,\overline{B}\,C + \overline{A}B\,\overline{C} + AB\,\overline{C} + ABC$$

3-19 用译码器 74HC138 和与非门实现下面多输出逻辑函数：

（1）$L_1 = ABC + \overline{A}(B + C)$

（2）$L_2 = A\overline{B} + \overline{A}B$

（3）$L_3 = ABC + \overline{ABC}$

3-20 试用一片 74HC138 实现逻辑函数 $L(A, B, C, D) = AB\overline{C} + ACD$。

3-21 2 线—4 线译码器 74x139 的输入为高电平有效，使能输入及输出均为低电平有效。试用 74x139 构成 4 线—16 线译码器。

3-22 试利用 74HC138 译码器和适当的门电路实现一个判别电路。输入 $ABCD$ 为 4 位二进制代码，当输入代码能被 4 整除时电路输出为 1，否则为 0。

3-23 七段显示译码电路如图 3-59a 所示，对应图 3-59b 所示输入波形，试确定显示器显示的字符序列是什么？

3-24 试用 74HC151 数据选择器和逻辑门分别实现下列逻辑函数：

（1）$L(A, B, C) = \sum m(0, 1, 5, 6)$

（2）$L(A, B, C) = \sum m(1, 2, 4, 7)$

（3）$L(A, B, C, D) = \sum m(0, 2, 5, 7, 9, 12, 15)$

（4）$L(A, B, C, D) = \sum m(0, 3, 7, 8, 12, 13, 14)$

（5）$L(A, B, C) = AB\overline{C} + \overline{A}BC + \overline{A}\,\overline{B}$

（6）$L(A, B, C, D) = A\overline{B} + B\overline{C} + C\overline{A} + A\overline{D}$

3-25 设计一个多功能组合逻辑电路，要求实现表 3-24 所示的功能。其中，M_1、M_0 为功能选择信号，A、B 为输入逻辑变量，F 为输出逻辑变量。试用 74HC151 和门电路实现该电路。

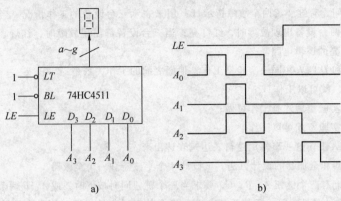

a)　　　　　　　　　b)

图 3-59　题 3-23 图

表 3-24　题 3-25 电路的功能表

M_1	M_0	F	M_1	M_0	F
0	0	$\overline{A+B}$	1	0	$A \oplus B$
0	1	$\overline{AB}$	1	1	$A \odot B$

3-26　试用 74HC85 数值比较器设计一个 8421BCD 码有效性测试电路，当输入为 8421BCD 码时，输出为 1，否则为 0。

3-27　试用 74HC85 数值比较器和必要的逻辑门设计一个余三码有效性测试电路，当输入为余三码时，输出为 1，否则为 0。

3-28　若使用 74HC85 数值比较器组成十位数值比较器，需要用几片？各片之间应如何连接？

3-29　试分别用下列方法设计全加器：

（1）用 74HC138 译码器和与非门；

（2）用 74HC151 数据选择器。

3-30　由 74HC283 4 位加法器构成的逻辑电路如图 3-60 所示，M 和 N 为控制端，试分析该电路的功能。

3-31　试用 74HC283 4 位加法器实现下列 BCD 码的转换：

（1）将 8421BCD 码转换成余三码；

（2）将 8421BCD 码转换成 5421BCD 码。

3-32　试判断下列逻辑表达式对应的电路是否存在竞争与冒险：

（1）$L = A\overline{B} + B\overline{C}$

（2）$L = (\overline{B} + C)(B + A)$

（3）$L = A\overline{B} + B\overline{C} + A\overline{C}$

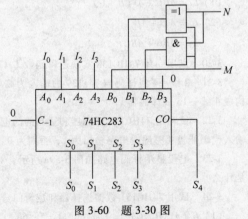

图 3-60　题 3-30 图

第4章 时序逻辑电路

4.1 触发器

在数字电路或数字系统中，触发器（Flip-Flop，FF）是用来存储1位二进制信息的基本单元电路。触发器具有记忆功能。

1. 触发器的特点

触发器的特点如下：

1）具有两个稳定且互补的输出。

2）在输入信号作用下，可以从一种状态转换成另一种状态，这个变化的过程称为翻转。

3）输入信号取消后，能够将得到的新状态保存下来，即能完成记忆功能。

根据以上特点，在讨论触发器的状态时通常做如下规定：

触发器的输出用 Q、$\overline{Q}$ 表示，即触发器的输出 Q 代表触发器的状态。

若 $Q=0$，$\overline{Q}=1$，称触发器处于"0"态；若 $Q=1$，$\overline{Q}=0$，称触发器处于"1"态。

输入信号作用前触发器的状态用 Q^n 表示，称为初态（或称现态）；输入信号作用后触发器的状态用 Q^{n+1} 表示，称为次态。若 $Q^n = Q^{n+1}$，则说明触发器在输入信号作用下状态没有发生改变，即没有翻转，保持不变。

2. 触发器的分类

触发器的分类如下：

1）按触发方式分：电平触发、主从触发和边沿触发等。

2）按逻辑功能分：RS触发器、D触发器、JK触发器和T触发器等。

3）按存储数据的原理分：静态触发器和动态触发器。静态触发器按照电路的自锁状态存储数据；动态触发器根据内部结构中电容上存储的电荷来存储数据，存储电荷为"1"，无存储电荷为"0"。

本书主要介绍静态触发器。

4.1.1 RS触发器

1. 基本RS触发器

（1）电路结构

由与非门构成的基本RS触发器（Reset-Set Flip-Flop）如图4-1所示。由图可见，电路结构中存在反馈；Q、$\overline{Q}$ 为触发器的输出，S_D、R_D 为输入。

（2）工作原理

1）$S_D = 0$，$R_D = 1$：无论触发器原来处于何种状态，由于 $S_D = 0$，则 $Q = 1$，$\overline{Q} = 0$，触发器处于"1"态（或称置位状态）。触发器的状态是由 S_D 所决定的，称 S_D 为直接置位端。

2）$S_D = 1$，$R_D = 0$：无论触发器原来处于何种状态，由于 $R_D = 0$，则 $Q = 0$，$\overline{Q} = 1$，触发

器处于"0"态（或称复位状态）。触发器的状态是由 R_D 所决定的，称 R_D 为直接复位端。

3）$S_D = 1$，$R_D = 1$：由图 4-1 可得，$Q^{n+1} = \overline{S_D \overline{Q^n}} = Q^n$，触发器维持原来状态不变。

4）$S_D = 0$，$R_D = 0$：此时无法确定触发器的状态。一般这是不允许的，因此触发器的输入端 S_D、R_D 不能同时为 0。

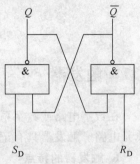

（3）功能描述与动作特点

由上一章知，描述逻辑函数可以用真值表、逻辑表达式、逻辑图、波形图等基本形式。与逻辑函数类似，描述触发器逻辑功能的方法有：特性表、特性方程、状态转换图、时序图。

1）特性表（Characteristic Table）：将触发器的输入信号、触发器的初态和触发器的次态列写为真值表的形式，称之为特性表，或称之为状态真值表 [激励表（Excitation Table）或驱动表（Driving Table）]。与非门构成的基本 RS 触发器特性表见表 4-1。

图 4-1   由与非门构成的基本 RS 触发器

表 4-1   基本 RS 触发器特性表

S_D	R_D	Q^n	Q^{n+1}
0	0	0	不定
0	0	1	不定
0	1	0	1
0	1	1	1
1	0	0	0
1	0	1	0
1	1	0	0
1	1	1	1

2）特性方程（Characteristic Equation）：如果将特性表看成一个真值表，触发器的输入信号与初态作为逻辑函数的输入，触发器的次态作为逻辑函数的输出，则可列写出关于次态函数的特性方程

$$\begin{cases} Q^{n+1} = \overline{S_D} + R_D Q^n \\ S_D + R_D = 1 \text{ 或 } \overline{S_D}\,\overline{R_D} = 0\text{（约束条件）} \end{cases} \tag{4-1}$$

式（4-1）中的约束条件，限制了输入信号 S_D、R_D 不能同时为 0，以避免出现不定状态。

3）状态转换图：简称状态图，是用来表示触发器状态变化的图形。在状态转换图中，用圆圈表示触发器的状态，用带有箭头的弧线表示状态的转换，箭尾表示触发器的初态，箭头指向触发器的次态，并标明状态转换时的输入条件。与非门构成的基本 RS 触发器的状态转换图如图 4-2 所示。

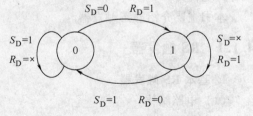

图 4-2   基本 RS 触发器状态转换图

由以上分析可知，基本 RS 触发器的状态由输入电平信号决定，输入信号在全部作用时间里都能直接改变输出 Q 和 $\overline{Q}$ 的状态，因此也称其为电平控制的触发器。

（4）逻辑符号

与非门构成的基本 RS 触发器的逻辑符号如图 4-3a 所示，图中的小圆圈表示当低电平或负脉冲作用于输入端时，触发器才能翻转，此时称输入信号为低电平有效或低电平触发。也可以在输入信号上增加非号表示低电平有效，这时非号已经失去了取反的意义。

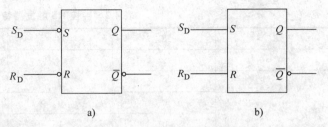

图 4-3　基本 RS 触发器的逻辑符号

a）与非门构成基本 RS 触发器　b）或非门构成基本 RS 触发器

基本 RS 触发器除了可用与非门构成外，还可用或非门构成，其输入信号为高电平有效。读者可自行分析其工作原理。或非门构成的基本 RS 触发器的逻辑符号如图 4-3b 所示。

2. 钟控 RS 触发器

基本 RS 触发器的输入电平信号在其存在期间直接控制着触发器的状态，这使得电路的抗干扰能力下降，而且在实际应用中，通常要求触发器按一定的时间节拍动作，也就是要求控制触发器的翻转的时间。这就需要在基本 RS 触发器的基础上增加一个输入控制端，只有在这个控制端加上有效脉冲信号时触发器才能动作，此时触发器的状态仍然是由输入信号 R、S 决定的，只是限制了触发器动作的时间。输入控制端所加的控制信号称为时钟脉冲信号（Clock Pulse），简称为 CP 信号。这种触发器被称为时钟控制电平触发 RS 触发器，简称时钟 RS 触发器或钟控 RS 触发器，也被称为同步 RS 触发器。

（1）电路结构

钟控 RS 触发器是在与非门构成的基本 RS 触发器的基础上增加了一个控制电路，如图 4-4 所示。它由四个与非门组成，其中与非门 D_1、D_2 构成基本 RS 触发器，与非门 D_3、D_4 组成控制电路，可称其为控制门，并增加时钟脉冲控制信号 CP。

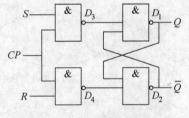

图 4-4　钟控 RS 触发器

（2）工作原理

1）当 $CP = 0$ 时，控制门 D_3、D_4 被封锁。此时，不管输入 R、S 为何值，后面的基本 RS 触发器的输入端均为 1，钟控 RS 触发器保持原状态不变。

2）当 $CP = 1$ 时，控制门 D_3、D_4 被打开。此时，输入端 R 和 S 信号通过控制门 D_3、D_4 反相后加到后面的基本 RS 触发器的输入端，使触发器的状态随着 R 和 S 的改变而改变。

（3）功能描述与动作特点

1）特性表：根据对钟控 RS 触发器工作原理的分析列出其特性表，见表 4-2。

2）特性方程：根据钟控 RS 触发器的特性表，不难得到钟控 RS 触发器的特性方程为

$$\begin{cases} Q^{n+1} = S + \overline{R}Q^n \\ SR = 0（约束条件） \end{cases} \tag{4-2}$$

该特性方程是在 $CP = 1$ 时有效。

3）状态转换图：钟控 RS 触发器的状态转换可以用状态转换图来表示，如图 4-5 所示。

表 4-2　钟控 RS 触发器特性表

CP	S	R	Q^n	Q^{n+1}
CP = 0	×	×	×	Q^n
CP = 1	0	0	0	Q^n
	0	0	1	Q^n
	0	1	0	0
	0	1	1	0
	1	0	0	1
	1	0	1	1
	1	1	0	不定
	1	1	1	不定

4）时序图（Timing Diagram）：除以上三种描述方法外，也可以利用时序图来很好地描述触发器的工作情况。时序图是描述时钟信号与状态之间变化的时序波形，也称为波形图。时序图分为理想时序图和实际时序图，理想时序图是不考虑门电路延迟的时序图，而实际时序图考虑门电路的延迟时间。为分析方便，本书均采用理想时序图。钟控 RS 触发器的时序图如图 4-6 所示。

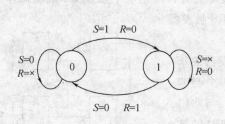

图 4-5　钟控 RS 触发器的状态转换图

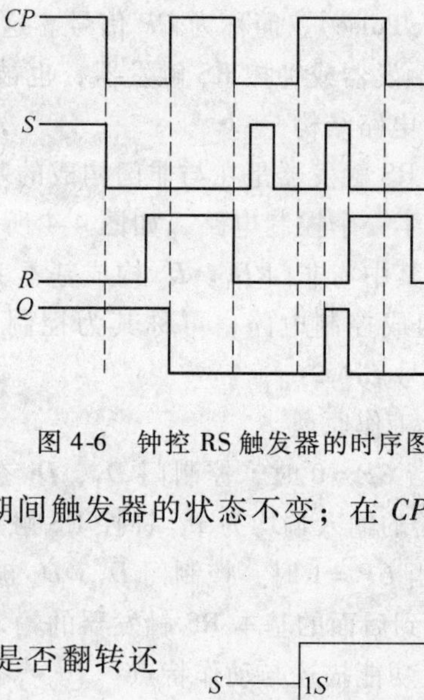

图 4-6　钟控 RS 触发器的时序图

画出触发器输出端 Q 波形的方法是：在 $CP = 0$ 期间触发器的状态不变；在 $CP = 1$ 期间将 R、S 信号代入特性方程或特性表来确定次态。

钟控 RS 触发器的动作特点如下：

触发器只能在 $CP = 1$ 期间翻转，在 $CP = 1$ 期间是否翻转还要取决于输入信号。

（4）逻辑符号

钟控 RS 触发器的逻辑符号如图 4-7 所示。

钟控 RS 触发器结构简单，但对触发器工作进行定时控制的问题，依然存在着不足：一是输入信号不能同时为 1；二是可能出现所谓的"空翻"现象。

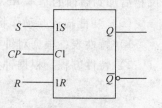

图 4-7　钟控 RS 触发器的逻辑符号

所谓"空翻"，是指在同一个时钟脉冲作用期间触发器状态发生两次或两次以上变化的现象。引起"空翻"的原因是在时钟脉冲作用期间，输入信号依然直接控制着触发器状态的变化。具体说，就是当 $CP=1$ 时，如果输入信号 R、S 发生变化，则触发器状态会跟着变化，从而使得一个时钟脉冲作用期间引起多次翻转。"空翻"将造成状态的不确定和系统工作的混乱，因此，钟控 RS 触发器要求在时钟脉冲作用期间输入信号保持不变。

由于钟控 RS 触发器存在的上述缺点，使它在应用上受到很大的限制。

3. 主从 RS 触发器

主从触发器是应用比较广泛的一种触发器，它可以克服前面所讲的钟控 RS 触发器抗干扰能力比较差的缺点，避免出现"空翻"现象，提高电路的可靠性。主从触发器可分为主从 RS 触发器、主从 JK 触发器和主从 T 触发器等。这里先介绍主从 RS 触发器。

（1）电路结构

主从 RS 触发器由两个钟控 RS 触发器串接而成，分别称之为主触发器、从触发器。主、从触发器的时钟脉冲反相，主触发器的输出是从触发器的输入，从触发器的输出作为整个触发器的输出。主从 RS 触发器的电路结构如图 4-8 所示。

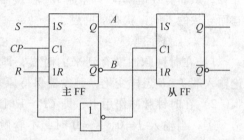

（2）工作原理

当时钟脉冲 CP 为高电平时，主触发器的输出 A、B 按照钟控 RS 触发器的功能翻转；此时 $\overline{CP}$ 为低电平，从触发器的状态不变，即主从触发器的输出 Q、$\overline{Q}$ 状态保持不变，触发器维持原状态。

图 4-8　主从 RS 触发器的电路结构

当时钟脉冲 CP 变为低电平，$\overline{CP}$ 变为高电平时，主触发器的输出 A、B 将作为从触发器的输入，从触发器按照钟控 RS 触发器的功能翻转，即主从 RS 触发器将可能翻转。当 CP 到达 0 后，主触发器维持原来状态不变，故从触发器的状态也不再改变，因此主从 RS 触发器的动作只发生在 CP 由 1 变为 0 瞬间，即时钟脉冲的下降沿。

（3）功能描述与动作特点

主从 RS 触发器的功能与钟控 RS 触发器相似，特性表、特性方程、状态转换图均与钟控 RS 触发器相同。两者的主要区别在于动作的特点不同。

主从 RS 触发器的动作特点如下：

主从 RS 触发器是在 CP 为高电平时，按照输入信号 R、S 的电平，主触发器动作，从触发器状态不变；当 CP 为低电平时，主触发器状态不变，从触发器按照主触发器预先存储的状态动作，这也是主从触发器名称的由来。

由于动作分为两步，因此主从 RS 触发器有一定的延迟时间。

（4）逻辑符号

图 4-9 所示为主从 RS 触发器的逻辑符号。图中，"┐"表示延迟，S_D 为直接置位端，R_D 为直接复位端，R_D、S_D 端的小圆圈表示低电平有效。

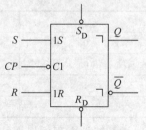

图 4-9　主从 RS 触发器的逻辑符号

输入信号 R、S 受时钟脉冲信号 CP 的同步控制，因此可称为同步输入端；而输入端 R_D、S_D，不受时钟脉冲信号 CP 的控制，称其为异步输入端。用异步输入端可随时给触发器设置所需的状态。

4.1.2 JK 触发器

JK 触发器（J-K Flip-Flop）是目前应用较多的一种触发器，可分为钟控（同步）JK 触发器、主从 JK 触发器、边沿 JK 触发器几种。

1. 钟控 JK 触发器

（1）电路结构

钟控 JK 触发器是将钟控 RS 触发器增加两条反馈线，如图 4-10 所示，将触发器的输出交叉反馈到两个控制门的输入端，使两个输出信号始终互补，从而有效地解决了钟控 RS 触发器因为有约束状态而导致的不确定状态的问题。

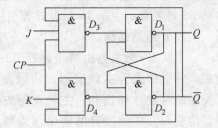

图 4-10 钟控 JK 触发器电路结构

（2）工作原理

1）在时钟脉冲没有到来的时候，即 $CP=0$ 时，无论输入端 J、K 怎样变化，触发器保持原来的状态不变。

2）在时钟脉冲作用下，即 $CP=1$ 时，状态如下：

① 当输入 $J=0$，$K=0$ 时，不管触发器原来处于何种状态，控制门 D_3 和 D_4 的输出均为 1，触发器状态保持不变。

② 当输入 $J=0$，$K=1$ 时，若触发器原来处于 0 态，则控制门 D_3 和 D_4 输出均为 1，触发器保持 0 态不变；若原来处于 1 态，则门 D_3 输出为 1，门 D_4 输出为 0，触发器状态翻转为 0 态。

③ 当输入 $J=1$，$K=0$ 时，若触发器原来处于 0 态，则控制门 D_3 输出为 0，门 D_4 输出为 1，触发器翻转为 1 态；若原来处于 1 态，则门 D_3 和 D_4 输出均为 1，触发器状态维持 1 态不变。

④ 当输入 $J=1$，$K=1$ 时，若触发器原来处于 0 态，则控制门 D_3 输出为 0，门 D_4 输出为 1，触发器翻转为 1 态；若原来处于 1 态，则门 D_3 输出为 1，门 D_4 输出均为 0，触发器翻转为 0 态。

（3）功能描述与动作特点

1）特性表：将上述工作原理归纳起来，列出钟控 JK 触发器的特性表，见表 4-3。

表 4-3 钟控 JK 触发器的特性表

J	K	Q^{n+1}	功能说明
0	0	Q^n	保持
0	1	0	置 0
1	0	1	置 1
1	1	$\overline{Q^n}$	翻转（计数）

2）特性方程：根据特性表，可推导出其特性方程为

$$Q^{n+1} = J\,\overline{Q^n} + \overline{K}Q^n \tag{4-3}$$

3）状态转换图：钟控 JK 触发器的状态转换图如图 4-11 所示。

钟控 JK 触发器的动作特点如下：

基本上与钟控 RS 触发器相同，在时钟脉冲 $CP=1$ 期间内触发器可能动作，与其主要区

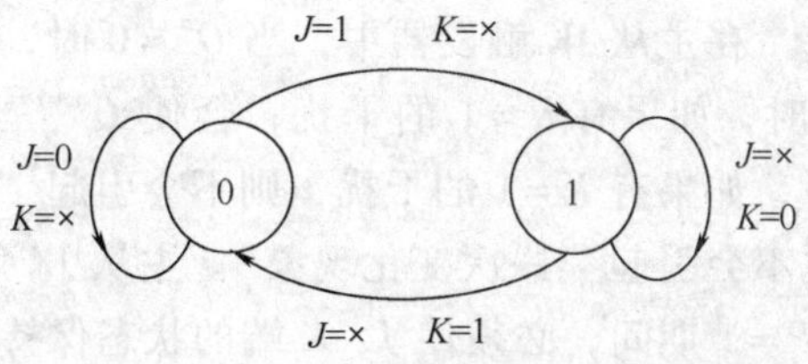

别是在于当 $JK = 11$ 时，触发器的次态与现态相反。

（4）逻辑符号

图 4-12 所示为钟控 JK 触发器的逻辑符号。

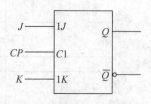

图 4-11　钟控 JK 触发器的状态转换图

2. 主从 JK 触发器

钟控 JK 触发器结构简单，具有较强的逻辑功能，但与钟控 RS 触发器一样，存在"空翻"现象。因此，在实际应用中广泛采用的是主从 JK 触发器。

（1）电路结构

主从 JK 触发器的电路结构如图 4-13 所示。与主从 RS 触发器相似，主从 JK 触发器由两个时钟脉冲反相的钟控 RS 触发器构成，主触发器的输出是从触发器的输入，而从触发器的输出又反馈到主触发器的输入。

（2）工作原理

对比图 4-8 和图 4-13，可将主从 JK 触发器当成主从 RS 触发器来分析，二者相似。由图可看出，$S = J\overline{Q}$，$R = KQ$，可将其代入主从 RS 触发器的特性方程来分析主从 JK 触发器的工作原理，这里就不再赘述了。

图 4-12　钟控 JK 触发器的逻辑符号

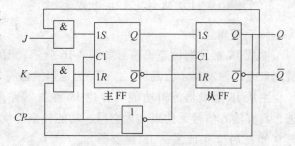

图 4-13　主从 JK 触发器的电路结构

（3）功能描述与动作特点

1）特性方程：根据上述分析，可得主从 JK 触发器的特性方程为 $Q^{n+1} = J\overline{Q^n} + \overline{K}Q^n$ 与钟控 JK 触发器相同；由于 $S = J\overline{Q}$，$R = KQ$，则 $RS = KQJ\overline{Q} = 0$，即无论 J 和 K 为何值，都满足 $RS = 0$ 的约束条件，因此 J 和 K 可以为任何组合，主从 JK 触发器无约束条件。

2）特性表与状态转换图：与钟控 JK 触发器相同。

主从 JK 触发器的动作特点如下：

触发器的动作分两步。第一步，在 CP 高电平期间主触发器接收输入端的信号，被置成相应的状态，而从触发器不动；第二步，CP 下降沿到达时从触发器按照主触发器的状态翻转，即触发器的翻转发生在时钟脉冲 CP 的下降沿。由于主触发器本身是一个钟控 RS 触发器，因此在 $CP = 1$ 期间里输入信号都将对主触发器起控制作用。

设主从 JK 触发器的时钟 CP，以及 J、K 输入信号波形已知，触发器的初始状态为 0，根据主从 JK 触发器的触发方式和逻辑功能，可画出输出端的工作波形，如图 4-14 所示。

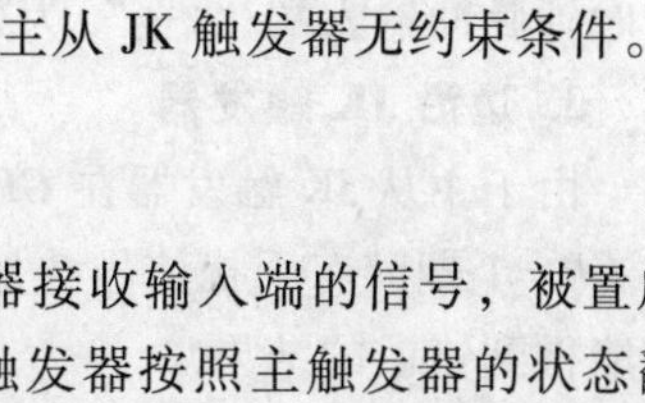

由于主从 JK 触发器以上的动作特点，因此在其使用时经常会遇到以下情况：在 $CP = 1$ 期间，输入信号发生变化后，当 CP 下降沿到达时，从触发器的状态不一定能按此时刻的输入信号的状态来确定，必须考虑整个 $CP = 1$ 期间输入信号的变化过程才能确定主从 JK 触发器的次态。

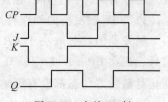

图 4-14　主从 JK 触发器的工作波形

在主从 JK 触发器中，当 $Q^n = 0$ 时，如果有 $J = 1$ 的干扰，会使 $Q^{n+1} = 1$；同理，当 $Q^n = 1$ 时，如果有 $K = 1$ 的干扰，会使 $Q^{n+1} = 0$。这种现象称为"一次变化现象"。而当 $Q^n = 0$ 时，如果有 $K = 1$ 的干扰，则不会引起"一次变化现象"；同理，当 $Q^n = 1$ 时，$J = 1$ 的干扰也不会引起"一次变化现象"。主从 JK 触发器的"一次变化现象"如图 4-15 所示。因此在 $CP = 1$ 期间，必须使 J、K 端的状态保持不变，否则由干扰信号引起的"一次变化现象"在 CP 下降沿到达时会被送入从触发器，从而造成触发器工作错误。

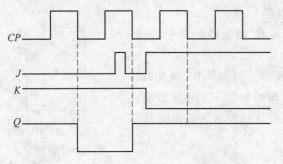

图 4-15　主从 JK 触发器的一次变化现象

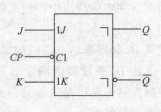

图 4-16　主从 JK 触发器的逻辑符号

（4）逻辑符号

主从 JK 触发器的逻辑符号如图 4-16 所示。图中，CP 端的小圆圈表示只当 CP 的下降沿到来时，触发器才会翻转，"⌐"为延迟输出符号。

主从 JK 触发器逻辑功能与钟控 JK 触发器完全相同，但在性能上发生了改变，有了改进，具有输入信号无约束、无空翻、功能较全等优点。因此，主从 JK 触发器应用广泛。

（5）7472 集成主从 JK 触发器

7472 是一具有多个 J、K 输入端的 TTL 集成主从 JK 触发器，如图 4-17 所示。触发器的输入端 $J = J_1 J_2 J_3$，$K = K_1 K_2 K_3$。S_D 为异步置数输入端，R_D 为异步清零输入端，均为低电平有效。$C1$ 为时钟脉冲输入端，"⌐"为延迟输出符号。

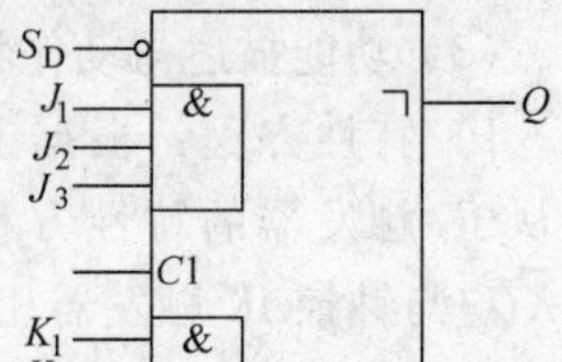

3. 边沿 JK 触发器

由于主从 JK 触发器在 $CP = 1$ 期间内均接收信号，因此如果在 $CP = 1$ 期间有干扰信号叠加在输入信号上，主从 JK 触发器就可能得到错误的结果。

图 4-17　7472 的逻辑符号

边沿 JK 触发器可提高抗干扰能力。边沿 JK 触发器只在 CP 的边沿接收输入信号并转换状态，具有较强的抗干扰能力和更高的可靠性。边沿 JK 触发器按照触发方式可分为两种：上升沿触发和下降沿触发。

边沿 JK 触发器的动作特点如下：

触发器的状态取决于 CP 上升沿或下降沿时的输入信号，而在 $CP = 1$ 或 $CP = 0$ 期间，输入信号发生任何

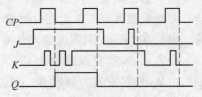

图 4-18　下降沿触发的边沿
JK 触发器的工作波形

变化对触发器状态都没有影响。下降沿触发的边沿 JK 触发器的工作波形如图 4-18 所示。

边沿 JK 触发器的特性方程与主从 JK 触发器相同。

边沿 JK 触发器的逻辑符号如图 4-19a 所示。图中，$C1$ 端的小圆圈表示 CP 的下降沿触

发，反之，如果没有小圆圈就表示上升沿触发；方框内的 "＞" 表示该触发器为边沿触发器；输出端无延迟输出符号，说明边沿触发 JK 触发器转换和接收输入信号同时动作。图 4-19b 所示为常用的下降沿触发的 74LS73A 集成边沿 JK 触发器的逻辑符号，该集成芯片上有两个相同的边沿 JK 触发器。

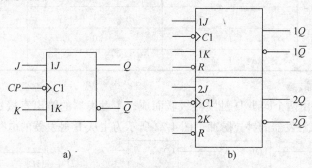

图 4-19　JK 边沿触发器的逻辑符号

a）边沿 JK 触发器　b）74LS73A 集成边沿 JK 触发器

4.1.3　D 触发器

1. 钟控 D 触发器

在钟控 RS 触发器中，R 和 S 需要满足约束条件 $RS = 0$。为了避免 R 和 S 同时为 1 的情况出现，可以在 R 和 S 之间连接一个非门，使 R 和 S 互反。这样，除了时钟控制外，触发器只有一个输入信号，通常表示为 D，这种触发器称为钟控 D 触发器或同步 D 触发器（D Flip-Flop）。钟控 D 触发器的电路结构和逻辑符号如图 4-20 所示。

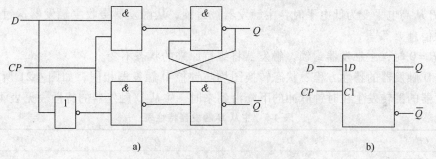

图 4-20　钟控 D 触发器的电路结构和逻辑符号

a）电路结构　b）逻辑符号

根据电路可看出，当 $CP = 0$ 时，无论输入是 0 还是 1，触发器的状态都不会改变，即次态等于现态，$Q^{n+1} = Q^n$。当 $CP = 1$ 时，0 输入使触发器的次态为 0，称为置 0；1 输入使触发器的次态为 1，称为置 1。D 触发器具有置 0 和置 1 两种逻辑功能。

D 触发器的特性表见表 4-4。

D 触发器的特性方程为

图 4-21　D 触发器的状态转换图

$$Q^{n+1} = D \tag{4-4}$$

图 4-21 所示为 D 触发器的状态转换图。

表 4-4　钟控 D 触发器的特性表

CP	D	Q^n	Q^{n+1}
CP = 0	×	×	Q^n
CP = 1	0	0	0
	0	1	
	1	0	1
	1	1	

2. 主从 D 触发器

主从 D 触发器是由两个同步 D 触发器级联而成，主触发器的输出直接加到从触发器的输入端，CP 反相后作为从触发器的钟控脉冲。图 4-22 所示为主从 D 触发器的电路结构和逻辑符号。

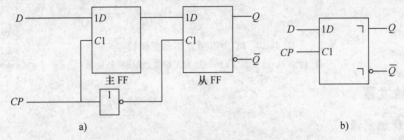

图 4-22　主从 D 触发器的电路结构和逻辑符号
a) 电路结构　b) 逻辑符号

当 $CP=1$ 时，主触发器接收输入信号 D 的信息，从触发器被封锁，输入信号 D 不会影响输出端的状态，D 触发器保持原来状态不变。

当 CP 从高电平变为低电平时，主触发器被封锁，从触发器接收主触发器送过来的输入信号 D 的信息。

当 $CP=0$ 时，主触发器封锁，触发器将维持原来的状态不变。

主从 D 触发器的特性方程、状态转换图均与钟控 D 触发器相同，如图 4-21 所示，但主从 D 触发器的翻转发生在时钟脉冲的下降沿到来时。主从 D 触发器的特性表见表 4-5。

表 4-5　主从 D 触发器特性表

CP	D	Q^n	Q^{n+1}
↓	0	0	0
↓	0	1	0
↓	1	0	1
↓	1	1	1

注：↓表示下降沿有效，后同。

3. 边沿 D 触发器

图 4-23 所示为带有异步输入端的边沿 D 触发器的逻辑符号。D 触发器除输入信号 D 外，还有两个异步输入端，即直接置 0 端 R_D 和直接置 1 端 S_D。在逻辑符号中，异步输入端的小圆圈表示低电平有效；$C1$ 端无小圆圈表示上升沿触发，若有小圆圈表示下降沿触发。边沿 D 触发器的逻辑功能和动作特点与主从 D 触发器相同。常见的边沿 D 触发器是维持阻塞型 D 触发器。

已知边沿 D 触发器 CP、D、S_D、R_D 信号的波形，触发器的初始状态为 0，根据边沿 D 触发器的触发方式和逻辑功能，可画出输出端的工作波形，如图 4-24 所示。

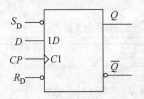

图 4-23　带有异步输入端的
边沿 D 触发器的逻辑符号

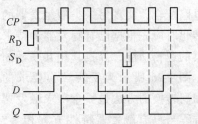

图 4-24　边沿 D 触发器的工作波形

4.1.4　T 触发器

T 触发器（T Flip-Flop）又叫反转触发器，它也是逻辑电路设计中常遇到的一种触发器。T 触发器只有一个置位信号输入端 T。其逻辑功能是：$T = 0$ 时，时钟脉冲加入后（有效边沿到来时）触发器的状态不变，即 $Q^{n+1} = Q^n$；$T = 1$ 时，时钟脉冲加入后触发器状态翻转，即 $Q^{n+1} = \overline{Q^n}$。可列出 T 触发器的特性表，见表 4-6。

表 4-6　T 触发器的特性表

T	Q^{n+1}
0	Q^n
1	$\overline{Q^n}$

由特性表可以得出 T 触发器的特性方程

$$Q^{n+1} = \overline{T}Q^n + T\overline{Q^n} = T \oplus Q^n \tag{4-5}$$

T 触发器的逻辑符号和状态转换图如图 4-25 所示，由 " > " 可知该 T 触发器为边沿触发型。

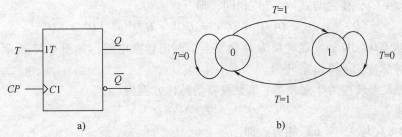

图 4-25　T 触发器的逻辑符号和状态转换图

a）逻辑符号　b）状态转换图

在 T 触发器中，若令 $T = 1$，则电路便成了 T′触发器。

应该指出的是，当前 T 触发器没有产品，如果需要使用该功能的触发器，必须利用已有的 JK 触发器或 D 触发器转换成 T 触发器。

4.1.5　触发器之间的转换

1. 转换的方法

由于目前生产的集成触发器只有 JK 和 D 触发器两种，如果需要使用其他逻辑功能的触发器，则只能利用逻辑功能的转换方法，将 D 或 JK 触发器转化成所需功能的触发器。所谓触发器之间的转换（Conversion Between Flip-Flops），就是利用一个已有的触发器和适当的逻辑门电路配合，实现另一类型触发器的功能。

转化时应先根据已有触发器和待求触发器的逻辑功能，寻找其相互联系的规律。图 4-26 所示为反映转换要求的示意图。转换的方法是：令待求触发器特性方程与已有触发器特性方程相等，从而导出待求触发器各变量与已有触发器的输入信号之间的关系。具体的转换步骤可归纳如下：

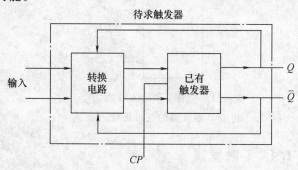

图 4-26   反映转换要求的示意图

1）写出已有触发器和待求触发器的特性方程。

2）变换待求触发器的特性方程，使其在形式上与已有触发器的特性方程一致。

3）根据变量相同，系数相等，方程一定相等的原则，写出二者输入信号之间的关系。

4）画出转换电路。

值得注意的是，新触发器具有已有触发器的触发特性。

2. JK 触发器到 D、T 和 RS 触发器的转换

已有触发器为 JK 触发器，其特性方程为

$$Q^{n+1} = J\overline{Q^n} + \overline{K}Q^n \tag{4-6}$$

表示了 JK 触发器的逻辑功能。

1）JK 触发器转换为 D 触发器：D 触发器的特性方程为

$$Q^{n+1} = D \tag{4-7}$$

变换式（4-6），使之与式（4-7）相同，即

$$Q^{n+1} = D = D(Q^n + \overline{Q^n}) = DQ^n + D\overline{Q^n} = J\overline{Q^n} + \overline{K}Q^n$$

可得 $J = D$，$K = \overline{D}$，JK 触发器转换为 D 触发器。画出转换电路，如图 4-27 所示。此时 D 触发器是在时钟脉冲的下降沿翻转的。

2）JK 触发器转换为 T 触发器：T 触发器的特性方程为

$$Q^{n+1} = \overline{T}Q^n + T\overline{Q^n} \tag{4-8}$$

令式（4-8）与式（4-6）相等，即

$$Q^{n+1} = \overline{T}Q^n + T\overline{Q^n} = J\overline{Q^n} + \overline{K}Q^n$$

可得 $J = K = T$，JK 触发器转换为 T 触发器。画出转换电路，如图 4-28 所示。

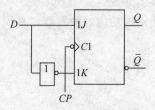

图 4-27   JK 触发器转换为 D 触发器

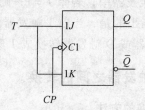

图 4-28   JK 触发器转换为 T 触发器

如果令 $J = K = T = 1$，则转换为 T′触发器，画出转换电路，如图 4-29 所示。

同理，由 JK 触发器转换为的 T 触发器和 T′触发器均为下降沿翻转。

3）JK 触发器转换为 RS 触发器：RS 触发器的特性方程为

$$\begin{cases} Q^{n+1} = S + \bar{R}Q^n \\ SR = 0 \text{（约束条件）} \end{cases} \tag{4-9}$$

变换表达式（4-9），使之具有式（4-6）的形式，即

$$\begin{aligned} Q^{n+1} &= S + \bar{R}Q^n \\ &= S(Q^n + \bar{Q^n}) + \bar{R}Q^n \\ &= S\bar{Q^n} + \bar{R}Q^n + SQ^n(R + \bar{R}) \\ &= S\bar{Q^n} + \bar{R}Q^n + S\bar{R}Q^n + SRQ^n \\ &= S\bar{Q^n} + \bar{R}Q^n + SRQ^n \end{aligned}$$

由于 RS 触发器具有约束条件 $S \cdot R = 0$，从而得到

$$Q^{n+1} = S\bar{Q^n} + \bar{R}Q^n \tag{4-10}$$

比较式（4-10）与式（4-6），得 $J = S$，$K = R$，JK 触发器转换为 RS 触发器。画出转换电路，如图 4-30 所示。

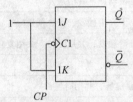

图 4-29　JK 触发器转换为
T′触发器

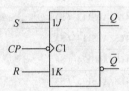

图 4-30　JK 触发器转换为
RS 触发器

注意，此时的 JK 触发器仍然具有约束条件。

3. D 触发器到 JK、T 和 RS 触发器的转换

1）D 触发器转换为 JK 触发器：比较式（4-7）与式（4-6），若令 $D = J\bar{Q^n} + \bar{K}Q^n$，则两式相等，D 触发器转换为 JK 触发器，画出转换电路，如图 4-31 所示。

2）D 触发器转换为 T 触发器：比较式（4-7）与式（4-8），若令 $D = T \oplus Q^n$，则两式相等，D 触发器转换为 T 触发器，画出转换电路，如图 4-32 所示。

若令 $D = \bar{Q^n}$，则 D 触发器转换为 T′触发器，画出转换电路，如图 4-33 所示。

3）D 触发器转换为 RS 触发器：比较式（4-7）与式（4-9），若令 $D = S + \bar{R}Q^n$，则两式相等，D 触发器转换为 RS 触发器，画出转换电路，如图 4-34 所示。

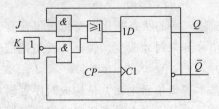

图 4-31　D 触发器转换为 JK 触发器

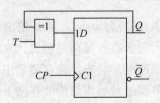

图 4-32　D 触发器转换为 T 触发器

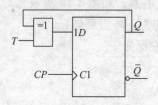

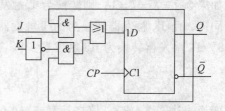

图 4-33　D 触发器转换为 T′触发器　　　　图 4-34　D 触发器转换为 RS 触发器

JK 触发器和 D 触发器是目前数字电路中最常用的触发器，产品种类比较多。表 4-7 列出了常用的集成触发器的型号及其功能。

表 4-7　常用集成触发器的型号及其功能

型　　号	功　　能
74LS/ALS74（H，S，L）	双 D 触发器，上升沿触发
74LS75	四 D 锁存器
74LS/ALS109	双 JK 触发器，上升沿触发
74LS/ALS112（S）	双 JK 触发器，下升沿触发
74LS/ALS113（S）	双 JK 触发器，下升沿触发，仅含预置端
74LS/ALS114（S）	双 JK 触发器，下升沿触发，共用时钟、共用复位
74LS/ALS174（S）	六 D 触发器，共用清零
74LS/ALS175（S）	四 D 触发器，共用时钟
74LS/ALS273	八 D 触发器，带异步清零
74LS/ALS373	八 D 锁存器，三态输出
74LS/ALS274	八 D 触发器，含输出使能，三态输出
CD4013	双主从 D 触发器
CD4027	双 JK 触发器
CD4042	四锁存 D 触发器
CD4043	四三态 RS 锁存触发器（"1"触发）
CD4044	四三态 RS 锁存触发器（"0"触发）
CD4095	3 输入端 JK 触发器
CD4096	3 输入端 JK 触发器
CD40175	四 D 触发器

4.1.6　锁存器

所谓锁存器（Latch），就是输出端的状态不会随输入端的状态变化而变化，仅在有锁存信号时输入的状态被保存到输出，直到下一个锁存信号到来时才改变。锁存，就是把信号暂存以维持某种电平状态。锁存器最主要的作用是缓冲。

锁存器和触发器均是能够存储 1 位二值信号的基本逻辑单元电路，是构成时序逻辑电路的基本单元。锁存器是对时钟信号电平敏感的存储单元电路。许多参考资料中将锁存器也称为触发器，如基本 RS 触发器也可称为 RS 锁存器，可以将锁存器看成是触发器的一种应用类型。

4.2 时序逻辑电路概述

4.2.1 时序逻辑电路的特点和结构

在很多数字电路中，任一时刻的输出不仅取决于该时刻的输入信号，而且还与电路原来的状态有关，具有这种功能和特点的电路被称为时序逻辑电路（Sequential Logic Circuit），简称时序电路。既然与电路原来的状态有关，则时序逻辑电路中一定含有存储电路，以便保存电路某一时刻之前的状态，这些存储电路多数是由触发器来担任的。基于时序逻辑电路的概念，前面所讨论的各种触发器实际上可以看成是一些最简单的时序逻辑电路。

时序逻辑电路的结构框图如图 4-35 所示。时序逻辑电路通常由组合逻辑电路和存储电路两大部分组成。其中，组合逻辑电路的基本单元是门电路，而存储电路则是由触发器构成的，并且是必不可少的。存储电路也可以由带有反馈的组合逻辑电路构成。

图 4-35 时序逻辑电路的结构框图

图中，X_i（$i = 1$，…，m）是电路的输入信号；Y_i（$i = 1$，…，k）是电路的输出信号；W_i（$i = 1$，…，p）是存储电路的输入信号，即触发器电路的输入信号，也称驱动信号或激励信号；Q_i（$i = 1$，…，r）是存储电路的输出信号，也称时序电路的状态信号。可以根据结构框图得出各信号之间的关系方程。

描述电路输出信号与其他信号之间关系，称为输出方程

$$Y_i = F(X_1, X_2, \cdots, X_m, Q_1, Q_2, \cdots, Q_r) \qquad (i = 1, \cdots, k)$$

描述存储电路输入信号与其他信号之间关系，称为驱动方程或是驱动（激励）方程

$$W_i = G(X_1, X_2, \cdots, X_m, Q_1, Q_2, \cdots, Q_r) \qquad (i = 1, \cdots, p)$$

描述时序逻辑电路状态信号与其他信号之间关系，称为状态方程

$$Q_i^{n+1} = H(W_1, W_2, \cdots, W_p, Q_1^n, Q_2^n, \cdots, Q_r^n) \qquad (i = 1, \cdots, r)$$

Q_i^n 为第 i 个触发器的初态，Q_i^{n+1} 为第 i 个触发器的次态。

4.2.2 时序逻辑电路的分类

1. 按 CP 作用分类

按 CP 作用分类，时序电路可分为同步时序逻辑电路和异步时序逻辑电路。

同步时序逻辑电路：电路中各触发器的时钟脉冲均来自同一个时钟脉冲，触发器的变化是同时的。

异步时序逻辑电路：电路中各触发器的时钟脉冲不是来自同一个时钟脉冲，是分散连接的，触发器的状态变化不是同时进行的。

2. 按电路输出信号的特性分类

按电路输出信号的特性分类，时序逻辑电路可分为摩尔型和米利型。

摩尔型（Moore）：输出信号仅取决于电路原来的状态。

米利型（Mealy）：输出信号不仅取决于电路原来的状态，而且还取决于电路的输入信号。

摩尔型和米利型时序逻辑电路可用图4-36所示的电路模型来表示。

3. 按逻辑功能分类

按逻辑功能分类，时序逻辑电路分计数器、寄存器、移位寄存器、读/写存储器、顺序脉冲发生器等。

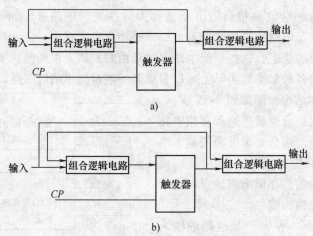

图4-36 摩尔型和米利型时序逻辑电路模型

a）摩尔型 b）米利型

4.3 时序逻辑电路的分析

4.3.1 时序逻辑电路的分析方法与步骤

分析一个时序逻辑电路，就是要找出给定时序逻辑电路的逻辑功能。分析时序逻辑电路的一般过程如图4-37所示。

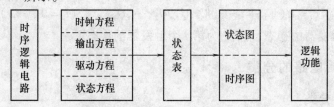

图4-37 分析时序逻辑电路的一般过程

1. 写方程式

分析给定的时序逻辑电路，写出下列方程：

1）时钟方程：各个触发器时钟信号的逻辑表达式，对于明确的同步时序逻辑电路，由于所有存储电路状态的变化都在同一时钟信号操纵下同时发生，这一步可以省略。

2）输出方程：时序逻辑电路各个输出信号的逻辑表达式。

3）驱动方程（或激励方程）：各个触发器同步输入信号的逻辑表达式。

4）状态方程：将驱动方程代入相应触发器的特性方程，即可求出时序电路的状态方程，也就是各个触发器次态输出的逻辑表达式，这是因为时序逻辑电路的状态都是由组成该时序逻辑电路的各个触发器来记忆和表示的。

2. 列状态表

把电路输入和初态的各种可能取值代入状态方程和输出方程进行计算，求出相应的次态和输出，列成类似真值表的形式，称为状态表。列写状态表的过程中需注意以下几点：

1）状态方程必须具有有效的时钟条件，凡不具备时钟条件的，方程无效，也就是说触发器将保持原来的状态不变。

2）电路的现态就是组成该电路的各个触发器现态的组合。

3）注意不要漏掉任何可能出现的初态和输入的取值。

4）初态的起始值如果定了，就可以从给定值开始依次进行分析计算；如果没有给定，则可以从自己设定的起始值依次分析计算。

3. 画状态图和时序图

状态图实际上是将状态表图形化。与触发器的状态转换图类似，在状态图中，一般用圆圈表示时序逻辑电路的状态，有时为了方便，可以把圆圈省略；用箭头表示状态转换的方向，箭头旁边标注的是转换时的转换条件和输出结果，一般用斜杠隔开，斜杠左边是输入信号的值即转换条件，右边标注的是输出。如果时序逻辑电路有 n 个触发器，则该时序逻辑电路就有 2^n 个状态，状态图中就有 2^n 个圆圈。

时序图是反映时钟脉冲信号、输入信号取值和触发器状态之间在时间上对应关系的波形图。

画状态图和时序图时应注意以下几点：

1）状态转换是由初态到次态。

2）输出信号是初态和输入信号的函数，不是次态和输入信号的函数。

3）画时序图时要注意，只有当 CP 触发沿（不同触发器 CP 起作用的时刻不同）到来时相应的触发器才会更新状态，否则只会保持原状态不变。

4. 电路的逻辑功能说明

电路的逻辑功能说明就是用文字说明电路的功能。一般情况下，用状态表或状态图就可以反映电路的工作特性。但是，在实际应用中，各个输入、输出信号都有确定的物理含义，常常需要结合这些信号的物理含义，进一步说明电路的具体功能，或者结合时序图说明时钟脉冲与输入、输出及内部变量之间的时间关系。

4.3.2 时序逻辑电路分析举例

例 4-1 试分析如图 4-38 所示时序逻辑电路的逻辑功能。给出该时序逻辑电路的状态表、状态图和时序图。

解：（1）列写方程。

① 时钟方程为

$$CP_0 = CP_1 = CP_2 = CP$$

图 4-38 所示电路为一同步时序逻辑电路，各个触发器的时钟脉冲信号都是相同的，都输入的是 CP 脉冲，因此对于同步时序逻辑电路，时钟方程可以省去不写。

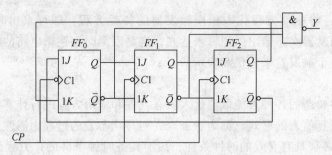

图 4-38　例 4-1 时序逻辑电路

② 输出方程为

$$Y = \overline{Q_2^n \ \overline{Q_1^n} \ \overline{Q_0^n}}$$

其输出信号仅与存储电路的状态有关，因此这是一个摩尔型时序电路。

③ 驱动方程（激励方程）：

$$
\begin{cases}
J_0 = \overline{Q_2^n}, & K_0 = Q_2^n \\
J_1 = Q_0^n, & K_1 = \overline{Q_0^n} \\
J_2 = Q_1^n, & K_2 = \overline{Q_1^n}
\end{cases}
$$

④ 状态方程：将激励方程代入 JK 触发器的特性方程

$$Q^{n+1} = J \overline{Q^n} + \overline{K} Q^n$$

可得

$$
\begin{cases}
Q_0^{n+1} = J_0 \ \overline{Q_0^n} + \overline{K_0} Q_0^n = \overline{Q_2^n} \ \overline{Q_0^n} + \overline{Q_2^n} Q_0^n = \overline{Q_2^n} \\
Q_1^{n+1} = J_1 \ \overline{Q_1^n} + \overline{K_1} Q_1^n = Q_0^n \ \overline{Q_1^n} + \overline{\overline{Q_0^n}} Q_1^n = Q_0^n \\
Q_2^{n+1} = J_2 \ \overline{Q_2^n} + \overline{K_2} Q_2^n = Q_1^n \ \overline{Q_2^n} + \overline{\overline{Q_1^n}} Q_2^n = Q_1^n
\end{cases}
$$

（2）列状态表。将电路的现态分别代入状态方程组和输出方程，求出相应的次态和输出，列写成真值表的形式，即为状态表，见表 4-8。

表 4-8　例 4-1 的状态表

现态			次态			输出
Q_2^n	Q_1^n	Q_0^n	Q_2^{n+1}	Q_1^{n+1}	Q_0^{n+1}	Y
0	0	0	0	0	1	1
0	0	1	0	1	1	1
0	1	0	1	0	1	1
0	1	1	1	1	1	1
1	0	0	0	0	0	0
1	0	1	0	1	0	1
1	1	0	1	0	0	1
1	1	1	1	1	0	1

（3）画状态图。由表 4-8 可以画出例 4-1 的状态图，如图 4-39 所示。

（4）画时序图。根据由表 4-8 或图 4-39 可以画出例 4-1 的时序图，如图 4-40 所示。

（5）逻辑功能分析。根据对状态表、状态图和时序图的分析可知，电路为六进制计数器。

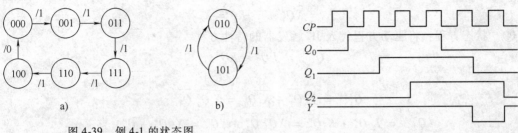

图 4-39 例 4-1 的状态图

a) 有效循环 b) 无效循环

图 4-40 例 4-1 的时序图

在功能分析过程中，会遇到以下几个特殊的概念：

1）有效状态与无效状态：在时序逻辑电路中，凡是被利用了的状态，称为有效状态，有效状态形成的循环称为有效循环；没有被利用的状态，称为无效状态，如果无效状态也能形成循环，就称之为无效循环。

例如，在图 4-39 中 a 中的六个状态被利用，是有效状态，形成的循环为有效循环；图 4-39b 中的两个状态是无效状态，形成循环则为无效循环。

2）自启动：在时序逻辑电路中，如果不存在无效状态，或者虽然存在无效状态，但没有形成无效循环，则称该时序逻辑电路能自启动；存在无效循环的时序逻辑电路被称为不能自启动。

例如，在图 4-39 所示的状态图中，由于存在无效循环，因此电路不能自启动。即电路一旦由于某种原因使状态进入无效循环，就再也回不到有效循环中去了，这时电路就不能正常工作了。

例 4-2 分析图 4-41 所示时序逻辑电路的逻辑功能。设输入 X 的序列为 010001。

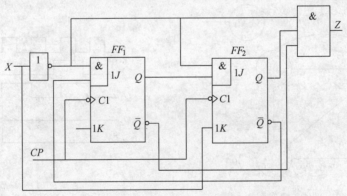

图 4-41 例 4-2 时序逻辑电路

解：（1）列写方程。

① 时钟方程：图 4-41 所示电路为一同步时序逻辑电路，时钟方程可以省去不写。

② 输出方程为

$$Z = \overline{X} Q_2 \overline{Q_1}$$

其输出信号不仅与存储电路的状态有关，还与电路的输入信号有关，因此这是一个米利型时序逻辑电路。

③ 驱动方程（激励方程）：

$$J_1 = \overline{X Q_2^n}, \qquad K_1 = 1$$

$$J_2 = \overline{X}Q_1^n, \qquad K_2 = X$$

④ 状态方程：将驱动方程代入 JK 触发器的特性方程

$$Q^{n+1} = J\overline{Q^n} + \overline{K}Q^n$$

可得

$$Q_1^{n+1} = J_1\overline{Q_1^n} + \overline{K_1}Q_1^n = \overline{X}\,\overline{Q_2^n}\,\overline{Q_1^n}$$

$$Q_2^{n+1} = J_2\overline{Q_2^n} + \overline{K_2}Q_2^n = \overline{X}Q_1^n\,\overline{Q_2^n} + \overline{X}Q_2^n = \overline{X}(Q_1^n + Q_2^n)$$

（2）列状态表。状态表见表 4-9。

表 4-9 例 4-2 状态表

输入	现态		次态		输出
X	Q_2^n	Q_1^n	Q_2^{n+1}	Q_1^{n+1}	Z
0	0	0	0	1	0
0	0	1	1	0	0
0	1	0	1	0	1
0	1	1	1	0	0
1	0	0	0	0	0
1	0	1	0	0	0
1	1	0	0	0	0
1	1	1	0	0	0

（3）画状态图。状态图如图 4-42 所示。

（4）画时序图。根据输入序列，可画出电路的时序图，如图 4-43 所示。

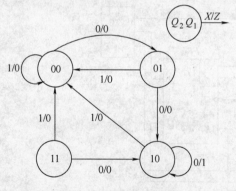

图 4-42　例 4-2 状态图

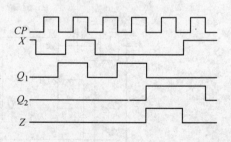

图 4-43　例 4-2 时序图

（5）逻辑功能分析。由状态图可以看出，当 $X = 0$ 时，Q_2Q_1 的状态从 $00 \rightarrow 01 \rightarrow 10 \rightarrow 10$ 变化，每经过三个或三个以上的时钟，电路的状态就停在 10 状态，同时在输出端产生输出信号 1。

当 $X = 1$ 时，不论电路处于什么状态，时钟脉冲作用之后，都变为 00 状态，且输出为 0。因此，当 X 输入连续三个或三个以上的 0 时，则输出信号为 1，否则输出为 0。从时序图中更可以清楚地分析。该电路是三个或三个以上连续 0 的序列脉冲检测器。

描述时序逻辑电路逻辑功能的方式可以用状态图、状态表或时序图三种形式中的任何一种，可以根据实际情况给出其中的某一种形式。

例 4-3 分析图 4-44 所示时序逻辑电路的逻辑功能。

解: (1) 列写方程。

① 输出方程为

$$Z = A \oplus B \oplus Q$$

② 驱动方程(激励方程)为

$$J = AB, \qquad K = \overline{A + B}$$

③ 状态方程为

$$Q^{n+1} = J\overline{Q^n} + \overline{K}Q^n = AB\,\overline{Q^n} + (A + B)Q^n$$

(2) 列状态表。状态表见表 4-10。

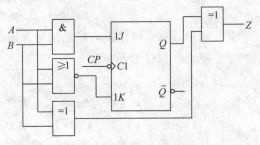

图 4-44 例 4-3 时序逻辑电路

表 4-10 例 4-3 状态表

输入		现态	次态	输出
A	B	Q^n	Q^{n+1}	Z
0	0	0	0	0
0	1	0	0	1
1	0	0	0	1
1	1	0	1	0
0	0	1	0	1
0	1	1	1	0
1	0	1	1	0
1	1	1	1	1

(3) 画状态图。状态图如图 4-45 所示。

(4) 逻辑功能分析。由状态表或状态图可以看出:该电路是一个串行二进制加法器。其中,A、B 为加法器的被加数和加数,JK 触发器存放进位位,Q^n 相当于低位产生的进位,Q^{n+1} 为高位传送的进位。

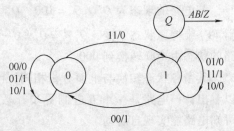

图 4-45 例 4-3 状态图

例 4-4 分析图 4-46 所示时序逻辑电路的逻辑功能。

解: (1) 列写方程。

① 时钟方程:图 4-46 所示电路中,由于触发器的时钟脉冲输入端不统一,因此各触发

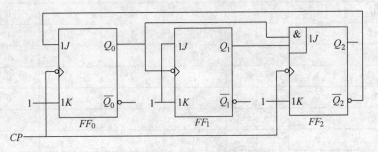

图 4-46 例 4-4 时序逻辑电路

器的状态转换不是同时进行的，该电路是异步时序逻辑电路，时钟方程不可以省去。

$$CP_0 = CP_2 = CP, \qquad CP_1 = Q_0$$

② 输出方程：电路没有输出信号，因此不必列写输出方程。

③ 驱动方程（激励方程）为

$$J_0 = \overline{Q_2^n}, \qquad K_0 = 1$$

$$J_1 = K_1 = 1$$

$$J_2 = Q_0^n Q_1^n, \qquad K_2 = 1$$

④ 状态方程：将驱动方程代入 JK 触发器的特性方程

$$Q^{n+1} = J\overline{Q^n} + \overline{K}Q^n$$

可得

$$Q_0^{n+1} = J_0\overline{Q_0^n} + \overline{K_0}Q_0^n = \overline{Q_2^n}\ \overline{Q_0^n}$$

$$Q_1^{n+1} = J_1\overline{Q_1^n} + \overline{K_1}Q_1^n = \overline{Q_1^n}$$

$$Q_2^{n+1} = J_2\overline{Q_2^n} + \overline{K_2}Q_2^n = \overline{Q_2^n}Q_1^nQ_0^n$$

分析异步时序逻辑电路的状态转换时，要特别注意各触发器的时钟输入端是否有边沿信号，只有当触发器的时钟边沿有效时，该触发器才能翻转，否则触发器将保持原状态不变。

（2）列状态表。电路中的触发器为下降沿触发，所以各状态方程只有在它的时钟下降沿到来时才成立。

假设电路现态为 $Q_2^nQ_1^nQ_0^n = 011$，在计数脉冲 CP 作用下，$Q_0^{n+1} = \overline{Q_2^n}\ \overline{Q_0^n} = 0$，此时 Q_0 由 1 →0，Q_0 产生一个下降沿作用于触发器 FF_1，使 $Q_1^{n+1} = \overline{Q_1^n} = 0$，在计数脉冲 CP 作用下，$Q_2^{n+1} = \overline{Q_2^n}Q_1^nQ_0^n = 1$，因此电路的状态由 011 转换到 100。

若电路的现态为 $Q_2^nQ_1^nQ_0^n = 100$，$Q_0^{n+1} = \overline{Q_2^n}\ \overline{Q_0^n} = 0$，此时 Q_0 端没有产生下降沿，因此触发器 FF_1 维持原状态不变，$Q_1^{n+1} = Q_1^n = 0$；在计数脉冲 CP 作用下，$Q_2^{n+1} = \overline{Q_2^n}Q_1^nQ_0^n = 0$，因此电路的状态由 100 转换到 000。

其余各状态转换与上面分析相同，由此可得到电路的状态表，见表 4-11。由状态表就可以看出，该电路是一个五进制异步计数器。也可画出状态图，更加直观，如图 4-47 所示，可知电路能实现自启动。

表 4-11　例 4-4 的状态表

现态			时钟			次态		
Q_2^n	Q_1^n	Q_0^n	CP_2	CP_1	CP_0	Q_2^{n+1}	Q_1^{n+1}	Q_0^{n+1}
0	0	0	↓	0	↓	0	0	1
0	0	1	↓	↓	↓	0	1	0
0	1	0	↓	0	↓	0	1	1
0	1	1	↓	↓	↓	1	0	0
1	0	0	↓	0	↓	0	0	0
1	0	1	↓	↓	↓	0	1	0
1	1	0	↓	0	↓	0	1	0
1	1	1	↓	↓	↓	0	0	0

（3）画时序图。异步时序逻辑电路与同步时序逻辑电路的时序图表面看相同，实际上各触发器的动作不同。同步时序逻辑电路各个触发器的动作是同时发生的，而异步时序逻辑电路各个触发器的动作不是同时发生的。如图 4-48 所示，异步时序逻辑电路各触发器的动作是有先后的。

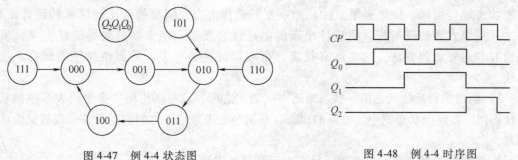

图 4-47 例 4-4 状态图　　　　　　　　　图 4-48 例 4-4 时序图

4.4 时序逻辑电路的设计

设计时序逻辑电路就是根据对电路具体的逻辑功能的要求，求出电路输入、输出之间的逻辑关系，画出逻辑电路，并用最少的器件来实现。

4.4.1 同步时序逻辑电路的设计

同步时序逻辑电路设计的一个特点是无须给每个触发器确定时钟脉冲信号，各个触发器的时钟输入端都同外加时钟脉冲信号连接。

同步时序逻辑电路设计的一般步骤如图 4-49 所示。

图 4-49 同步时序逻辑电路设计的一般步骤

1. 分析设计要求，进行逻辑抽象，画出原始状态图

1）分析设计要求，确定输入变量、输出变量、电路内部状态间的关系和状态数。

2）定义输入变量、输出变量的含义，进行状态赋值，对电路的各个状态进行编号。

3）按照题意建立原始状态图。

2. 进行状态化简，求最简状态图

1）确定等价状态。在原始状态图中，凡是在输入相同时输出相同、且要转换到的次态也相同的状态，就是等价状态。

2）合并等价状态，画最简的状态图。对电路外部特性来说，多个等价状态可以合并为一个状态，将原始状态图进行化简。

3. 进行状态分配，画出编码后的最简状态图

在对状态进行编码时，一般采用二进制编码。

1）确定二进制代码的位数：如果用 M 表示电路的状态数，用 n 表示使用的二进制代码的位数，那么根据编码的原理，由不等式 $2^{n-1} < M \leq 2^n$ 来确定 n。

2）对电路状态进行编码，即状态分配：n 位二进制代码有 2^n 种不同的取值，用来对 M 个状态进行编码，方案有很多种。如果方案选择恰当，则可得到比较简单的设计结果；反之，如果方案选择不好，则设计出来的电路就会复杂。至于如何获得最佳方案，目前还没有普遍有效的方法，这里既有技巧，也和设计经验有关，需要经过仔细研究，反复比较。

3）画出编码后的状态图：状态编码方案确定之后，就可画出用二进制码表示电路状态的状态图。在这个状态图中，电路的次态、输出与初态及输入之间的逻辑关系都被完全确定了。

4. 选择触发器，求输出方程、状态方程及驱动方程

1）选择触发器，包括触发器的类型和个数：在设计时一般选择的是 JK 触发器和 D 触发器，前者功能齐全且使用灵活，后者控制简单、设计容易，应用广泛；至于触发器的个数，就是用于对电路状态进行编码的二进制代码的位数，即为 n 个。

2）根据所得到的状态图，列写状态转换和激励信号的状态表（或称全状态转换表），求输出方程、状态方程及驱动方程。

要注意的是，求解方程时，无效状态对应的最小项应当做约束项处理，并进行化简。在电路正常工作时，这些状态是不会出现的。

5. 画出逻辑电路

根据上述结果画出逻辑电路。

6. 检查设计的电路是否能自启动

1）将电路无效状态依次代入方程进行计算，观察在时钟脉冲 CP 的作用下能否回到有效状态，若能进入有效循环，那么所设计的电路就能自启动；反之则不能自启动。

2）若电路不能自启动，则应修改设计，重新进行状态分配，可以利用触发器的异步输入端强行预置到有效状态，也可以增加辅助电路消灭死循环。

4.4.2 同步时序逻辑电路设计举例

例 4-5 设计一个同步时序逻辑电路，要求实现如图 4-50 所示状态图。

解： 由于题中已给出了二进制编码的状态图，所以时序逻辑电路设计一般步骤中的前面三步可以省去，直接从第四步开始。

（1）选择触发器，求输出方程、状态方程及驱动方程。一般选择的是 JK 触发器和 D 触发器，根据状态图中编码的位数，则可以选用三个下降沿触发的 JK 触发器。

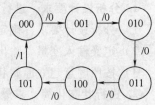

图 4-50 例 4-5 的状态图

由于采用同步时序逻辑电路，因此各触发器的时钟脉冲都选用输入时钟脉冲 CP，即

$$CP_0 = CP_1 = CP_2 = CP$$

根据状态图可列写状态表，见表 4-12。

表 4-12　例 4-5 的状态表

现态			次态			输出
Q_2^n	Q_1^n	Q_0^n	Q_2^{n+1}	Q_1^{n+1}	Q_0^{n+1}	Y
0	0	0	0	0	1	0
0	0	1	0	1	0	0
0	1	0	0	1	1	0
0	1	1	1	0	0	0
1	0	0	1	0	1	0
1	0	1	0	0	0	1

在状态表中，没有出现 110、111 两个状态，这两个状态为无效状态，对应的最小项应按约束项处理。用卡诺图求出输出方程，如图 4-51 所示。

输出方程为

$$Y = Q_2^n Q_0^n$$

同理，画出每个触发器的次态的卡诺图，如图 4-52 所示。

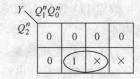

图 4-51　例 4-5 输出信号 Y 的卡诺图

由图 4-52 的各卡诺图可求得状态方程

$$Q_0^{n+1} = \overline{Q_0^n}$$
$$Q_1^{n+1} = \overline{Q_2^n}\ \overline{Q_1^n}Q_0^n + Q_1^n\ \overline{Q_0^n}$$

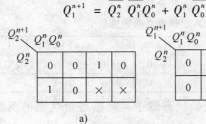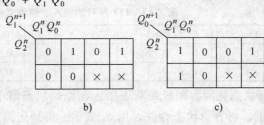

图 4-52　例 4-5 触发器次态卡诺图

a) Q_2^{n+1} 的卡诺图　b) Q_1^{n+1} 的卡诺图　c) Q_0^{n+1} 的卡诺图

$$Q_2^{n+1} = Q_1^n Q_0^n + Q_2^n\ \overline{Q_0^n} = \overline{Q_2^n}Q_1^n Q_0^n + Q_2^n\ \overline{Q_0^n}$$

将状态方程与 JK 触发器的特性方程对比，按照变量相同、系数相等、两个方程必等的原则，可求出驱动方程，即各个触发器输入信号的逻辑表达式

$$J_0 = 1, \qquad K_0 = 1$$
$$J_1 = \overline{Q_2^n}Q_0^n, \qquad K_1 = Q_0^n$$
$$J_2 = Q_0^n Q_1^n, \qquad K_2 = Q_0^n$$

（2）画出逻辑电路。根据所选的触发器和时钟方程、输出方程、驱动方程画出逻辑电路，如图 4-53 所示。

（3）检查逻辑电路是否能自启动。将无效状态 110、111 代入状态方程和输出方程进行计算，求得次态。即

$$110 \overset{/0}{\longrightarrow} 111 \overset{/1}{\longrightarrow} 000$$

可见，在无效状态下可转换为有效状态，进入有效循环，因此所设计的时序逻辑电路能够自启动。

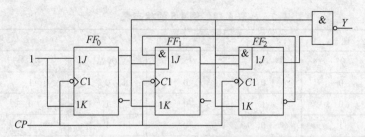

图 4-53 例 4-5 逻辑电路

例 4-6 设计一个 111 序列检测器，要求是：连续输入三个或三个以上 1 时输出为 1，其他情况下输出为 0。

解：按设计要求，电路应该包括串行输入信号 X、串行输出信号 Y，有一个时钟脉冲 CP。用框图表示，如图 4-54 所示。

假定 111 序列可以重叠，则输入、输出之间的关系可举例，见表 4-13。

（1）进行逻辑抽象，建立原始状态图。原始状态图是根据题意分析得出的待设计电路的状态图。设初始状态为 S_0，输入一个 1 信号时的状态为 S_1；连续输入两个 1 信号时的状态为 S_2；连续输入三个 1 信号时的状态为 S_3。画出原始状态图，如图 4-55 所示。

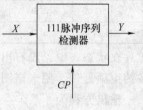

图 4-54 例 4-6 序列检测器框图

表 4-13 111 序列的输入、输出之间的关系

CP	1	2	3	4	5	6	7	8	9	10	11	12	13	14	15	16
X	0	1	1	1	0	1	0	1	1	0	1	1	1	1	0	0
Y	0	0	0	1	0	0	0	0	0	0	0	0	1	1	0	0

（2）进行状态化简，画最简状态图。在原始状态图中，根据等价状态的概念，确定 S_2 和 S_3 是等价的。将等价状态合并，用 S_2 表示，得到化简后的状态图，如图 4-56 所示。

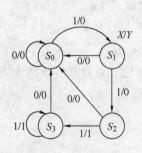

图 4-55 例 4-6 原始状态图

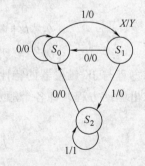

图 4-56 例 4-6 最简状态图

（3）进行状态分配，画出用二进制编码后的状态图。状态分配就是对简化后的状态图中的每个状态分配一个适当的二进制码，以便根据这些二进制码确定电路中各个触发器的状态。

本题中状态数 $M = 3$，应取 $n = 2$。

进行状态编码，取 $S_0 = 00$，$S_1 = 01$，$S_2 = 11$。

得编码后的状态图，如图 4-57 所示。

（4）选择触发器，求输出方程和状态方程。可选用两个下降沿触发的 JK 触发器，根据状态图和触发器的特性方程列写出全状态表，见表 4-14。

表 4-14 例 4-6 的全状态表

输入	现态		次态		输出	激励信号			
X	Q_1^n	Q_0^n	Q_1^{n+1}	Q_0^{n+1}	Y	J_1	K_1	J_0	K_0
0	0	0	0	0	0	0	×	0	×
0	0	1	0	0	0	0	×	×	1
0	1	1	0	0	0	×	1	×	1
1	0	0	0	1	0	0	×	1	×
1	0	1	1	1	0	1	×	×	0
1	1	1	1	1	1	×	0	×	0

根据全状态表，画出输出信号的卡诺图，如图 4-58 所示，直接写出输出方程，没有出现的 010、110 状态作为约束项处理，即

$$Y = XQ_1^n$$

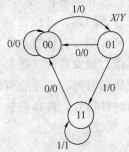

图 4-57 例 4-6 编码后
的状态图

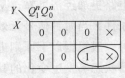

图 4-58 例 4-6 输出信号
Y 的卡诺图

同理，根据全状态表，画出各触发器激励信号的卡诺图，如图 4-59 所示，直接写出激励方程，010、110 状态仍作为约束项处理。

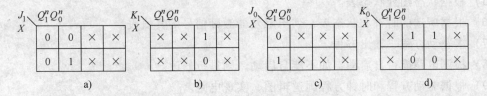

图 4-59 例 4-6 各触发器激励信号的卡诺图
a) J_1 的卡诺图 b) K_1 的卡诺图 c) J_0 的卡诺图 d) K_0 的卡诺图

驱动方程为

$$J_1 = XQ_0^n, \qquad K_1 = \overline{X}$$
$$J_0 = X, \qquad K_0 = \overline{X}$$

（5）画出逻辑电路。根据所选用的触发器和输出方程、驱动方程，画出逻辑电路，如图 4-60 所示。

将无效状态 10 代入方程，求得次态和输出如下：

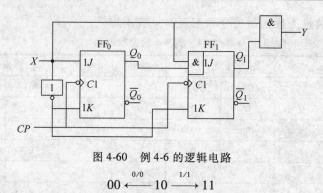

图 4-60　例 4-6 的逻辑电路

$$00 \xleftarrow{\ 0/0\ } 10 \xrightarrow{\ 1/1\ } 11$$

可知无效状态 10 的次态分别为 00 或 11，但当 $X=1$ 时，$Y=1$，不符合电路设计要求，因此需修改 $Y=XQ_1^n Q_0^n$，保证此时 $Y=0$，电路图做相应修改即可。

4.4.3　异步时序逻辑电路的设计

异步时序逻辑电路的设计过程和同步时序逻辑电路的设计过程基本相同。不过，在设计异步时序逻辑电路时，要为各个触发器选择时钟信号，选择合适的话，可以得到一个较简单的电路，使电路更加经济可靠。从触发器的特性可以知道，时钟信号有效是触发器状态发生变化的前提条件，当时钟信号无效时，无论驱动信号取值如何，触发器的状态都不会发生变化。选择时钟一般根据以下原则进行：在触发器状态发生变化的时刻，必须有有效的时钟信号；在触发器状态不发生变化的其他时刻，最好没有有效的时钟信号。选择时钟考虑的对象一般为外部的时钟信号，以及其他触发器的 Q 端和 $\overline{Q}$ 端。

异步时序逻辑电路设计的一般步骤如下：

1）分析逻辑功能要求，画状态图，进行状态化简。

2）确定触发器数目和类型，进行状态分配。

3）根据状态图画时序图。

4）利用时序图给各个触发器选时钟信号。

5）根据状态图列状态表。

6）根据所选的时钟和状态表，列出触发器激励信号的真值表。

7）求驱动方程、输出方程。

8）检测电路能否自启动，如不能自启动，则进行修改。

9）根据驱动方程和时钟方程画逻辑图，实现电路。

异步时序逻辑电路的设计过程相对来说比较复杂，这里就不再仔细分析研究了，有兴趣的读者可参考其他书籍。

4.5　常用时序集成电路

4.5.1　时序集成电路的逻辑符号

时序集成电路的逻辑符号是根据国家标准 GB/T4728.12—2008《电气简图用图形符号—二进制逻辑元件》所规定的原则绘制。该标准与国际电工委员会标准 IEC617—12 是一致的。使用该标准绘出的符号可以不用其他参考文献就能确定所描述的功能性质。

国家标准符号将时序逻辑电路分成两个主要组成部分：控制块与时序块，控制块由组合电路组成，时序块由触发器组成，如图 4-61 所示。控制块接收的输入信号如置数、计数、移位、使能、清零及时钟，同时产生终止计数、进位及借位。时序块接收数据输入，产生计数、移位状态等信号输出。

表 4-15 列出了 GB/T4728.12—2008 符号中输入与输出之间的相互关系。反相输入和反相输出常用小圆圈或三角形表示低电平有效。一般情况下，输入总是放置在符号的左端，输出则放置在右端。

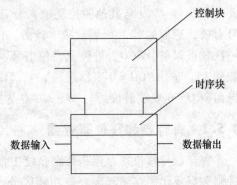

图 4-61　时序集成模块的标准符号组成

表 4-15　GB/T4728.12—2008 符号中输入与输出之间的相互关系

相互关系表示字母	功能
G	与
V	或
N	非
Z	关联
C	控制
S	置位
R	复位
EN	使能
M	模式

图 4-62 所示为 74169 可预置的可逆二进制计数器的逻辑符号，加 1 计数或减 1 计数取决于模式的选择。如图 4-62 所示，CTRDIV16 是总定性符号，一般放在符号的顶部，其中，CTR 表示计数器，DIV16 表示能被 16 整除的计数器。若是十进制计数器则总定性符号为 CTRDIV10。

M1、M2、M3、M4 表示 74169 的四个模式。其中，M1 与 M2 是互补信号，用一个信号就能使芯片处于预置（LOAD）数据或计数（COUNT）的状态，即 $\overline{LOAD}$ 预置端为低电平有效；M3 与 M4 是互补信号，用一个信号控制芯片是加计数还是减计数，即当 $U/\overline{D} = 1$ 时，计数器实现加 1 计数，$U/\overline{D} = 0$ 时，计数器实现减 1 计数。控制输入端 G5（$\overline{ENT}$）、G6（$\overline{ENP}$）是两个使能端，为低电平有效。信号 CLK 为时钟输入，是上升沿触发，用 "＞" 表示。图 4-62 中与时钟输入符号相邻的一组数字，如 "2，3，5，6"，代表与各种输入 M2、M3、G5 和 G6 相互关联，即当 2、3、5、6

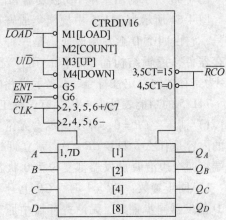

图 4-62　74169 可预置的可逆
二进制计数器的逻辑符号

相关的输入信号有效时，该信号有效，后面的"＋"表示加 1 计数，时钟信号指定为 C7，并使用符号"/"与其他的控制输入分开；同理 2、4、5、6 相关的输入信号有效时，该信号有效，后面的"－"表示减 1 计数。由于两种时钟输入使用相同的时钟信号，C7 只列出一次就可以了。$\overline{RCO}$ 为进位或借位信号，3，5CT＝15 表示如果 M3 和 G5 信号有效时，且计数到 15，输出 $\overline{RCO}$＝0 表示进位；4，5CT＝0 表示如果 M4 和 G5 信号有效时，且计数到 0，输出 $\overline{RCO}$＝0 表示借位。A、B、C、D 为数据输入信号，Q_A、Q_B、Q_C、Q_D 为数据输出端。

4.5.2　寄存器和移位寄存器

寄存器与移位寄存器是数字系统中常见的中规模集成电路之一，寄存器的作用就是把二进制数据或代码存储起来。按功能区分，寄存器可分为基本寄存器（简称寄存器）和移位寄存器。按照内部使用的开关器件不同，寄存器还可分为 TTL 寄存器和 CMOS 寄存器。寄存器分类见表 4-16。

表 4-16　寄存器分类

TTL 寄存器	基本寄存器	多位 D 触发器	74175、74173、74174、74177、74LS374
		锁存器	74LS375、74278、74116、74LS373
		寄存器阵列	74170、74LS170、74LS670、74172
	移位寄存器	单向移位寄存器	74195、74LS195、74LS395、74164、74165
		双向移位寄存器	74194、74LS194、7495、74LS95、74198
CMOS 寄存器	基本寄存器	多位 D 触发器	CC4042、CC40174、CC4508
	移位寄存器	单向移位寄存器	CC14006、CC4015、CC4014、CC40195
		双向移位寄存器	CC40194、CC4034

1. 寄存器

寄存器的功能是存储二进制数码，由具有存储功能的触发器构成。每个触发器能够存放 1 位二进制码，存放 n 位数码就应具备 n 个触发器。除此之外，为保证数据能正常存放，需增加适当的门电路。

图 4-63 所示为由基本 RS 触发器和门电路组成的 2 位代码寄存器。

图 4-64 所示为 74175 中规模集成寄存器的逻辑符号，它由四个 D 触发器构成，是一种典型的逻辑暂存器件，逻辑结构简单，但应用广泛。图 a 中，RG 为寄存器的总定性符号，4 表示寄存的位数。

74175 的功能表见表 4-17，有三种工作模式：

1）清零：$\overline{CR}$＝0，异步清零，无论寄存器中原来的内容是什么，只要 $\overline{CR}$＝0，就立即通过异步清零端将四个边沿 D 触发器都复位为 0 状态。

2）同步置数：$\overline{CR}$＝1 时，CP 上升沿到来，四个 D 触发器同步置数。无论寄存器中原来存储的数

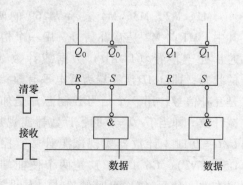

图 4-63　2 位代码寄存器

码是什么，在 $\overline{CR}$＝1 时，只要时钟信号 CP 上升沿到来，加在数据输入端的数码立即被送入寄存器。

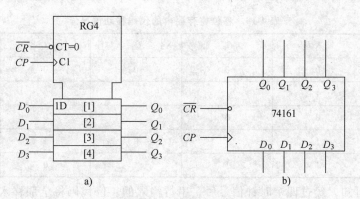

图 4-64 74175 的逻辑符号

a) 国标逻辑符号 b) 用框图表示的逻辑符号

3）保持：当 $\overline{CR}=1$ 时，在 CP 上升沿以外的时间，寄存器保持不变，即输出端的状态与输入无关。

表 4-17 74175 的功能表

输入						输出				备注
$\overline{CR}$	CP	D_0	D_1	D_2	D_3	Q_0^{n+1}	Q_1^{n+1}	Q_2^{n+1}	Q_3^{n+1}	
0	×	×	×	×	×	0	0	0	0	异步清零
1	↑	d_0	d_1	d_2	d_3	d_0	d_1	d_2	d_3	同步置数

2. 移位寄存器

移位寄存器除了存放一组二进制数据以外，还可以在外部时钟信号的作用下将存储的数据依次左移或右移，可简称为移位寄存器。移位寄存器分为单向移位寄存器和多功能双向移位寄存器。

（1）由 D 触发器构成的单向移位寄存器

图 4-65 所示电路是由边沿 D 触发器组成的 4 位移位寄存器，其结构的特点是：第一个触发器 FF_0 的输入端接收输入信号，其余每个触发器输入端与前一个触发器的 Q 端相连。

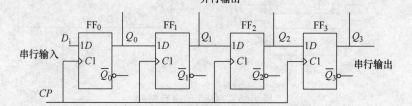

图 4-65 D 触发器构成的 4 位移位寄存器

移位寄存器的工作原理如下：由于从 CP 上升沿到达开始到输出端新状态建立需要经过一段传输延迟时间，所以当 CP 的上升沿同时作用于所有触发器时，加到寄存器输入端 D_i 的代码存入 FF_0，其他触发器输入端 D 的状态还没有改变，即 FF_1 按照 Q_0 原来的状态翻转，FF_2 按照 Q_1 原来的状态翻转，FF_3 按照 Q_2 原来的状态翻转，相当于移位寄存器原有的代码依次右移了一次。

若四个时钟信号内输入的代码依次为 1011，移位寄存器的初始状态为 0000，则在时钟信号的作用下移位寄存器内的代码移动情况见表 4-18。

表 4-18 移位寄存器内的代码移动情况

CP	输入 D_i	Q_0	Q_1	Q_2	Q_3
0	0	0	0	0	0
↑	1	1	0	0	0
↑	0	0	1	0	0
↑	1	1	0	1	0
↑	1	1	1	0	1

由表 4-18 可知，经过四个时钟信号后，串行输入的 4 位代码将全部移入移位寄存器中，同时在四个触发器的输出端可得到并行输出的代码。因此，利用移位寄存器可实现代码的串行/并行转换。再连续加入四个时钟信号，4 位代码将从串行输出 Q_3 端依次移出，实现代码的并行/串行转换。

（2）74195 集成单向移位寄存器

74195 的逻辑符号如图 4-66 所示，其中，图 4-66a 为国标逻辑符号，图 4-66b 为用框图表示的逻辑符号。其中，$D_3 \sim D_0$ 为并行数据输入端；$Q_3 \sim Q_0$ 为并行数据输出端；J、$\overline{K}$ 为串行数据输入端，Q_0 在时钟信号 CP 上升沿接收 J、$\overline{K}$ 串行输入信号，见表 4-19，其余右移一位；$SHIFT/\overline{LOAD}$（$SH/\overline{LD}$）为移位/置位控制端，$\overline{LOAD}=0$ 时，在 CP 上升沿的作用下，执行置位即并行送数功能，$\overline{LOAD}=1$ 时，并行数据禁止送入，执行串行输入功能，在 CP 上升沿的作用下执行右移位寄存。74195 的功能表见表 4-20。

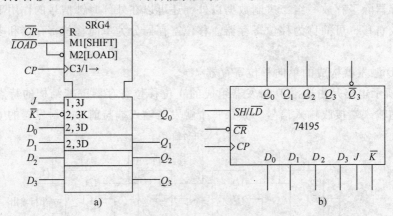

图 4-66 74195 的逻辑符号

a）国标逻辑符号   b）用框图表示的逻辑符号

表 4-19 74195 串行输入情况

J	$\overline{K}$	Q_0^{n+1}
0	0	0
0	1	Q_0^n
1	0	$\overline{Q_0^n}$
1	1	1

表 4-20　74195 的功能表

$\overline{CR}$	$SH/\overline{LD}$	CP	J	$\overline{K}$	D_0	D_1	D_2	D_3	Q_0	Q_1	Q_2	Q_3
0	×	×	×	×	×	×	×	×	0	0	0	0
1	0	↑	×	×	d_0	d_1	d_2	d_3	d_0	d_1	d_2	d_3
1	1	↑	0	1	×	×	×	×	Q_0^n	Q_0^n	Q_1^n	Q_2^n
1	1	↑	0	0	×	×	×	×	0	Q_0^n	Q_1^n	Q_2^n
1	1	↑	1	0	×	×	×	×	$\overline{Q_0^n}$	Q_0^n	Q_1^n	Q_2^n
1	1	↑	1	1	×	×	×	×	1	Q_0^n	Q_1^n	Q_2^n

（3）多功能双向移位寄存器

为了便于扩展逻辑功能，增加使用的灵活性，有时需要对移位寄存器的数据流向加以控制，以实现数据的双向流动。下面简单介绍典型的 74194（74LS194）集成多功能双向移位寄存器。

图 4-67 所示为 74194 的逻辑符号。图中，SRG 为移位寄存器的总定性符号。74194 是一种功能比较齐全的移位寄存器。它具有左移、右移、并行输入数据、保持及清零等五种功能。表 4-21 为 74194 的工作方式控制表。表 4-22 为 74194 的功能表。

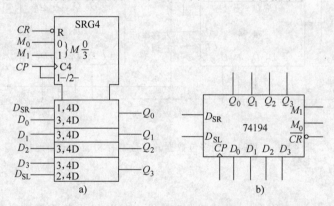

图 4-67　74194 的逻辑符号

a）国标逻辑符号　b）用框图表示的逻辑符号

表 4-21　74194 的工作方式控制表

M_1	M_0	工作方式
0	0	保持
0	1	右移
1	0	左移
1	1	并入

表 4-22　74194 的功能表

输入										输出				功能
CP	$\overline{CR}$	M_1	M_0	D_{SL}	D_{SR}	D_0	D_1	D_2	D_3	Q_0^{n+1}	Q_1^{n+1}	Q_2^{n+1}	Q_3^{n+1}	
×	0	×	×	×	×	×	×	×	×	0	0	0	0	清零
0	1	×	×	×	×	×	×	×	×	Q_0^n	Q_1^n	Q_2^n	Q_3^n	保持

（续）

输入										输出				功能
CP	$\overline{CR}$	M_1	M_0	D_{SL}	D_{SR}	D_0	D_1	D_2	D_3	Q_0^{n+1}	Q_1^{n+1}	Q_2^{n+1}	Q_3^{n+1}	
↑	1	1	1	×	×	d_0	d_1	d_2	d_3	d_0	d_1	d_2	d_3	并入
↑	1	0	1	×	0	×	×	×	×	0	Q_0^n	Q_1^n	Q_2^n	右移
↑	1	0	1	×	1	×	×	×	×	1	Q_0^n	Q_1^n	Q_2^n	右移
↑	1	1	0	0	×	×	×	×	×	Q_1^n	Q_2^n	Q_3^n	0	左移
↑	1	1	0	1	×	×	×	×	×	Q_1^n	Q_2^n	Q_3^n	1	左移
×	1	0	0	×	×	×	×	×	×	Q_0^n	Q_1^n	Q_2^n	Q_3^n	保持

应用 74194 可实现左移、右移、并行输入功能，同时可实现多位数据的移位寄存功能，电路连接如图 4-68 所示。

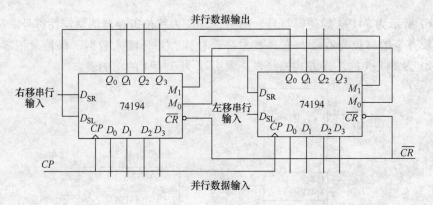

图 4-68　74194 实现多位数据的移位寄存功能的电路连接

4.5.3　计数器

在数字电路中，把记忆输入时钟信号 CP 脉冲个数的操作称为计数，能实现计数功能的时序逻辑电路称为计数器。除此之外，计数器还可用于分频、定时、产生节拍脉冲和脉冲序列以及进行数字运算等。

1. 计数器的分类

1）按时钟作用方式分：同步计数器、异步计数器。

2）按计数方式分：加法计数器、减法计数器、可逆计数器。

3）按计数进制分：二进制（或称模 2^n 计数器）、十进制（或称非模 2^n 计数器）、N 进制。

计数器的容量、长度或模：通常把一个计数器能够记忆输入脉冲的数目叫做计数器的计数容量、长度或模。例如，3 位同步二进制计数器，从 000 开始，输入 8 个 CP 脉冲就计满归零，它的模 $M=8$。模实际上也就是电路的有效状态数。n 位二进制计数器的模为 $M=2^n$。在十进制计数器（1 位）中 $M=10$；在 N 进制计数器（1 位）中 $M=N$。

4）按所用器件分：TTL 计数器，CMOS 计数器。

表 4-23 列出了部分常用集成计数器。

表 4-23　部分常用集成计数器

型号	计数方式	模与码制	逻辑方式	预置方式	复位方式	触发方式
74160	同步	模 10，8421BCD 码	加法	同步	异步	上升沿
74161	同步	模 16，二进制	加法	同步	异步	上升沿
74162	同步	模 10，8421BCD 码	加法	同步	同步	上升沿
74163	同步	模 16，二进制	加法	同步	同步	上升沿
74190	同步	模 10，8421BCD 码	单时钟，加/减	异步		上升沿
74191	同步	模 16，二进制	单时钟，加/减	异步		上升沿
74192	同步	模 10，8421BCD 码	双时钟，加/减	异步	异步	上升沿
74193	同步	模 16，二进制	双时钟，加/减	异步	异步	上升沿
CD4020	异步	模 2^{14}，二进制	加法		异步	上升沿

2. 同步计数器

（1）集成 4 位同步二进制加法计数器

图 4-69 所示为 74161 集成同步二进制加法计数器的国标逻辑符号和用框图表示的逻辑符号。图中，CTRDIV 是总定性符号，16 是计数器的模，有时可写为 CTRm，它表示模为 2^m 的计数器。

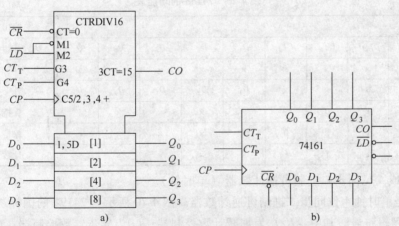

图 4-69　74161 的逻辑符号

a）国标逻辑符号　b）用框图表示的逻辑符号

74161 为异步清零、同步置数、上升沿计数的模 16 同步加法计数器，其功能表见表 4-24。

1）异步清零：当 $\overline{CR} = 0$ 时，计数器的输出端 $Q_0 \sim Q_3$ 就全部被复位为 0，与其他输入信号（包括时钟信号 CP）均无关，$\overline{CR}$ 称为异步复位端，低电平有效。

2）同步置数：当 $\overline{LD} = 0$ 时，计数器处于工作方式 1，即置数工作方式。在数据输入端 $D_0 \sim D_3$ 外加的数据在时钟脉冲上升沿来到时送到触发器输出端。$\overline{LD}$ 为同步置数端，低电平有效。

3）计数：当 $\overline{LD} = 1$ 时，计数器处于工作方式 2，即计数工作方式。当 $CT_P = 1$、$CT_T = 1$ 时，计数器执行加 1 计数。图 4-69a 中，[1]、[2]、[4]、[8] 依次表示各触发器输出端 $Q_0 \sim Q_3$ 的权分别为 1、2、4、8。Q_3 为最高位，Q_0 为最低位。当时钟信号 CP 出现上升沿时，触发器翻转，计数器加 1，在第 15 个计数脉冲作用后，且当 CT_T 有效时，进位输出 CO

$=1$，即 $CO = CT_{\mathrm{T}} \cdot Q_3 Q_2 Q_1 Q_0$，进位信号是高电平有效。在第 16 个计数脉冲作用后，计数器恢复到初始的全零状态。

4）保持：当 $\overline{CR} = \overline{LD} = 1$ 时，只要 CT_{P}、CT_{T} 中有一个为 0，无论时钟信号 CP 是否上升沿到来，各触发器均处于保持状态。

74161 为一种典型的二进制同步加法计数器。

表 4-24 74161 的功能表

输入									输出			
CP	$\overline{CR}$	$\overline{LD}$	CT_{P}	CT_{T}	D_3	D_2	D_1	D_0	Q_3	Q_2	Q_1	Q_0
×	0	×	×	×	×	×	×	×	0	0	0	0
↑	1	0	×	×	D_3	D_2	D_1	D_0	D_3	D_2	D_1	D_0
×	1	1	0	×	×	×	×	×	保持			
×	1	1	×	0	×	×	×	×	保持			
↑	1	1	1	1	×	×	×	×	计数			

74163 除了采用同步清零方式外，逻辑功能、计数工作原理和逻辑符号都与 74161 没有区别，其功能表见表 4-25。

表 4-25 74163 的功能表

输入									输出			
CP	$\overline{CR}$	$\overline{LD}$	CT_{P}	CT_{T}	D_3	D_2	D_1	D_0	Q_3	Q_2	Q_1	Q_0
↑	0	×	×	×	×	×	×	×	0	0	0	0
↑	1	0	×	×	D_3	D_2	D_1	D_0	D_3	D_2	D_1	D_0
×	1	1	0	×	×	×	×	×	保持			
×	1	1	×	0	×	×	×	×	保持			
↑	1	1	1	1	×	×	×	×	计数			

（2）集成 4 位同步二进制可逆计数器（单时钟）

74191 是单时钟 4 位同步二进制可逆计数器。图 4-70 所示为 74191 的国标逻辑符号和用框图表示的逻辑符号。其中，$\overline{U/D}$ 为加减计数控制端；$\overline{LD}$ 为异步置数控制端；$\overline{CT}$ 为使能端；

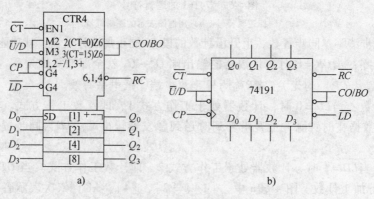

图 4-70 74191 的逻辑符号

a）国标逻辑符号 b）用框图表示的逻辑符号

$D_0 \sim D_3$ 为并行数据输入端；$Q_0 \sim Q_3$ 是输出端；CO/BO 是进位和借位信号输出端；$\overline{RC}$ 是多个芯片级联时级间串行计数使能端，$\overline{RC} = \overline{\overline{CP} \cdot CO/BO \cdot \overline{CT}}$，当 $\overline{CT} = 0$、$CO/BO = 1$ 时，$\overline{RC} = \overline{CP}$，即由 $\overline{RC}$ 端输出进位/借位信号的计数脉冲。

表 4-26 为 74191 的功能表。74191 具有同步可逆计数功能、异步置数和保持功能；没有专门的清零输入端，但可以借助异步并行置入数据 0000，间接实现清零功能。

表 4-26　74191 的功能表

输入								输出			
$\overline{LD}$	$\overline{CT}$	$\overline{U}/D$	CP	D_3	D_2	D_1	D_0	Q_3	Q_2	Q_1	Q_0
0	×	×	×	D_3	D_2	D_1	D_0	D_3	D_2	D_1	D_0
1	1	×	×	×	×	×	×	保持			
1	0	0	↓	×	×	×	×	加计数 $CO/BO = Q_3^n Q_2^n Q_1^n Q_0^n$			
1	0	1	↓	×	×	×	×	减计数 $CO/BO = \overline{Q_3^n}\,\overline{Q_2^n}\,\overline{Q_1^n}\,\overline{Q_0^n}$			

（3）集成 4 位同步二进制可逆计数器（双时钟）

74193 是双时钟 4 位同步二进制可逆计数器。图 4-71 所示为 74193 的图标逻辑符号和用框图表示的逻辑符号。其中，$\overline{LD}$ 为异步置数控制端；CR 为异步清零端，高电平有效；CP_U 为加法计数脉冲输入端；CP_D 为减法计数脉冲输入端；$\overline{CO}$ 是进位脉冲输出端；$\overline{BO}$ 是借位脉冲输出端；$D_0 \sim D_3$ 为并行数据输入端；$Q_0 \sim Q_3$ 是输出端。表 4-27 为 74193 的功能表。74193 具有同步可逆计数、异步置数、异步清零和保持功能。$\overline{BO}$、$\overline{CO}$ 是多个计数器级联时使用的，当 $Q_3^n Q_2^n Q_1^n Q_0^n = 1111$ 时，$\overline{CO} = \overline{CP_U}$；当 $Q_3^n Q_2^n Q_1^n Q_0^n = 0000$ 时，$\overline{BO} = \overline{CP_D}$，当多个 74193 级联时，只要把低位的 $\overline{CO}$ 端和 $\overline{BO}$ 端分别与高位的 CP_U 端、CP_D 端分别相连接即可。

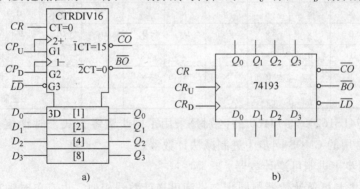

图 4-71　74193 的逻辑符号

a）国标逻辑符号　b）用框图表示的逻辑符号

表 4-27　74193 的功能表

输入								输出			
CR	$\overline{LD}$	CP_U	CP_D	D_3	D_2	D_1	D_0	Q_3	Q_2	Q_1	Q_0
1	×	×	×	×	×	×	×	0	0	0	0
0	0	×	×	D_3	D_2	D_1	D_0	D_3	D_2	D_1	D_0
0	1	1	1	×	×	×	×	保持 $\overline{CO} = \overline{BO} = 1$			
0	1	↑	1	×	×	×	×	加计数 $\overline{CO} = \overline{CP_U\,Q_3^n Q_2^n Q_1^n Q_0^n}$			
0	1	1	↑	×	×	×	×	减计数 $\overline{BO} = \overline{CP_D\,\overline{Q_3^n}\,\overline{Q_2^n}\,\overline{Q_1^n}\,\overline{Q_0^n}}$			

（4）集成同步十进制加法计数器

集成同步十进制加法计数器有很多种类，现以典型的 74160 为例进行介绍。图 4-72 所示为 74160 的国标逻辑符号和用框图表示的逻辑符号。它的引脚排列与 74161 相同。表 4-28 为其功能表。74160 具有异步清零、同步置数、保持、计数功能。

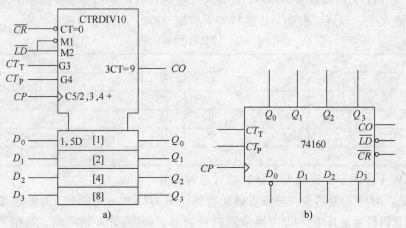

图 4-72　74160 的逻辑符号

a）国标逻辑符号　b）用框图表示的逻辑符号

表 4-28　74160（74LS160）的功能表

输入									输出			
CP	$\overline{CR}$	$\overline{LD}$	CT_P	CT_T	D_3	D_2	D_1	D_0	Q_3	Q_2	Q_1	Q_0
×	0	×	×	×	×	×	×	×	0	0	0	0
↑	1	0	×	×	D_3	D_2	D_1	D_0	D_3	D_2	D_1	D_0
×	1	1	0	×	×	×	×	×	保持			
×	1	1	×	0	×	×	×	×	保持			
↑	1	1	1	1	×	×	×	×	十进制加法计数			

74162（或 74LS162）与 74160 的区别是采用了同步清零方式，时钟信号 CP 上升沿有效；CC4522 是常用的 CMOS 同步十进制减法计数器。

（5）集成同步十进制可逆计数器

集成同步十进制可逆计数器与同步二进制可逆计数器相似，也有单时钟和双时钟两种类型。常用的类型有 74190、74LS190，74192、74LS192，74168、74LS168，CC4510，CC40192 等。现以 74192 为例进行介绍。

74192（或 74LS192）是双时钟同步十进制可逆计数器，具有异步清零和异步置数功能。图 4-73 所示为 74192（或 74LS192）的国标逻辑符号和用框图表示的逻辑符号。表 4-29 是 74192（或 74LS192）的功能表。

表 4-29　74192 的功能表

输入								输出			
CR	$\overline{LD}$	CP_U	CP_D	D_3	D_2	D_1	D_0	Q_3	Q_2	Q_1	Q_0
1	×	×	×	×	×	×	×	0	0	0	0

（续）

输入								输出			
CR	$\overline{LD}$	CP_U	CP_D	D_3	D_2	D_1	D_0	Q_3	Q_2	Q_1	Q_0
0	0	×	×	D_3	D_2	D_1	D_0	D_3	D_2	D_1	D_0
0	1	1	1	×	×	×	×	保持 $\overline{CO}=\overline{BO}=1$			
0	1	↑	1	×	×	×	×	加计数 $CO=\overline{\overline{CP_U}Q_3^nQ_0^n}$			
0	1	1	↑	×	×	×	×	减计数 $BO=\overline{\overline{CP_D}Q_3^nQ_2^nQ_1^nQ_0^n}$			

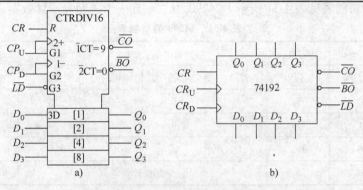

图 4-73 74192 的逻辑符号

a）国标逻辑符号 b）用框图表示的逻辑符号

3. 异步计数器

（1）集成异步二进制计数器

下面以比较典型的 74197 集成异步二进制计数器为例进行介绍。

图 4-74 所示为 74197 的逻辑符号。图中，CR 为异步清零端；$CT/\overline{LD}$ 为计数和置数控制端；CP_0 是触发器 FF_0（图中未示出，下同）的时钟输入端；CP_1 是触发器 FF_1 的时钟输入端；$D_0 \sim D_3$ 为并行数据输入端；$Q_0 \sim Q_3$ 是输出端，其功能表见表 4-30。

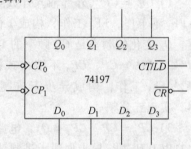

图 4-74 74197 的逻辑符号

表 4-30 74197 的功能表

输入				输出				功　能
$\overline{CR}$	$CT/\overline{LD}$	CP_0	CP_1	Q_0^{n+1}	Q_1^{n+1}	Q_2^{n+1}	Q_3^{n+1}	
0	×	×	×	0	0	0	0	异步清零
1	0	×	×	D_0	D_1	D_2	D_3	异步置数
1	1	无↓	无↓	Q_0^n	Q_1^n	Q_2^n	Q_3^n	保持
1	1	↓	↓	加法计数				$CP_0=CP$　$CP_1=Q_0$

当 $\overline{CR}=1$，$CT/\overline{LD}=1$ 时，74197 进行异步加法计数，计数方式如下：

若 $CP_0=CP$（外部输入计数脉冲）、$CP_1=Q_0$，则构成 4 位二进制即十六进制异步加法计数器；

若 $CP_1=CP$，则 $FF_1 \sim FF_3$ 构成三位二进制，即八进制计数器，FF_0 不工作；

若 $CP_0 = CP$，$CP_1 = 0$ 或 1，则构成 1 位二进制，即二进制计数器，$FF_1 \sim FF_3$ 不工作。因此，也将 74197 称为二—八—十六进制计数器。

（2）集成异步十进制计数器

集成异步十进制计数器，一般也是按照 8421BCD 码计数的电路。下面以 74290 为例进行介绍。

图 4-75 所示为 74290 的逻辑符号。图中，$R_{0A} \cdot R_{0B}$ 为异步清零端，高电平有效；$S_{9A} \cdot S_{9B}$ 为异步置 9 输入端，高电平有效，即当 $S_{9A} \cdot S_{9B} = 1$，输出状态被异步置位 $Q_3Q_2Q_1Q_0 = 1001$。74290 的功能表见表 4-31 所示。74290 为二—五—十进制异步计数器。

表 4-31 74290 的功能表

输入			输出				功能
$R_{0A} \cdot R_{0B}$	$S_{9A} \cdot S_{9B}$	CP	Q_0^{n+1}	Q_1^{n+1}	Q_2^{n+1}	Q_3^{n+1}	
1	0	1	0	0	0	0	异步清零
×	1	×	1	0	0	1	异步置 9
0	0	无↓	Q_0^n	Q_1^n	Q_2^n	Q_3^n	保持
0	0	↓	加法计数				$CP_0 = CP$ $CP_1 = Q_0$

当 $R_{0A} \cdot R_{0B} = 0$，$S_{9A} \cdot S_{9B} = 0$ 时，74290 进行下降沿计数，计数方式主要有以下四种：

1）$CP_0 = CP$（外部输入计数脉冲），$CP_1 = 0$ 或 1，$FF_1 \sim FF_3$ 不工作，FF_0 工作，构成 1 位二进制，即二进制计数器，Q_0 变化的频率是 CP 频率的 1/2，实现二分频。

2）$CP_1 = CP$，CP_0 不接（或接 0 或 1），FF_0 不工作，$FF_1 \sim FF_3$ 工作，构成异步五进制计数器，或称模 5 计数器，实现五分频。

3）$CP_0 = CP$，$CP_1 = Q_0$，电路将对时钟信号 CP 按照 8421BCD 码进行异步加法十进制计数。

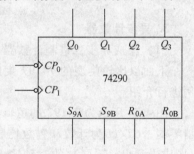

图 4-75 74290 的逻辑符号

4）$CP_1 = CP$，$CP_0 = Q_3$，电路将对时钟信号 CP 按照 5421BCD 码进行异步加法十进制计数。

4.6 常用 MSI 计数模块的应用

应用各种中规模集成（Medium-scale Integration，MSI）计数模块可构成不同功能的计数器和其他时序逻辑电路。

4.6.1 获得任意进制计数器

计数器的功能是计算出计数脉冲（时钟脉冲）的数目，并用计数器的状态编码来表示它们。采用不同的编码方式，可完成同样的计数功能。

获得任意 N 进制计数器的常用方法主要有两种：用触发器和门电路进行设计；用已有集成计数器构成。后者是本节的重点。

假定已有的是 M 进制计数器，要构成的计数器为 N 进制，当 $M > N$ 时，用一个集成计数器模块即可；当 $M < N$ 时，需要用多个集成计数器模块进行级联使用。下面就这两种情况分别进行讨论。

1. $M > N$

当已有计数器的模 M 大于要构成计数器的模 N 时，要设法让计数器绕过其中的 $M - N$ 个状态，提前完成计数循环。实现的方法有清零法和置数法，这两种方法主要是利用计数器的清零端或置数控制端实现，如图 4-76 所示。

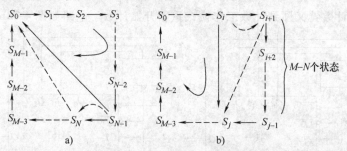

图 4-76 获得任意进制计数器的两种方法

a) 清零法 b) 置数法

清零法是在计数器尚未完成计数循环之前，使其清零端有效，让计数器提前回到全 0 状态；置数法是在计数器计数到某个状态时，给它置入一个新的状态，从而绕过若干个状态。

集成计数器的清零和置数功能有同步和异步两种不同的方式，相应的转换电路也有所不同。

如果计数器是异步清零或异步置数控制方式，则应在 S_N 状态时使计数器的异步清零端或异步置数端有效，这样，计数器立即被清零或置数，而且 S_N 只会维持很短的时间，不是一个稳定的计数状态，从而实现了 N 进制计数器。如果是同步清零或同步置数控制方式，就要在 S_{N-1} 状态时使计数器的同步清零端或同步置数端有效，这样在下一个计数时钟脉冲到来时，计数器转为全 0 状态或预置的状态，同样可实现 N 进制计数器。

例 4-7 用 74163 构成十五进制加法计数器。

解：74163 是具有同步清零和同步置数功能的 4 位二进制加法计数器，因此可用清零法和置数法两种方法实现本题要求。状态图如图 4-77 所示。

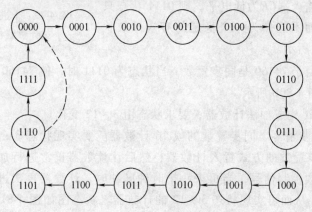

图 4-77 十五进制计数器状态图

已知计数器 $M = 16$；要构成的计数器 $N = 15$。$M > N$，因此只需要一片 74163 即可。

（1）清零法。当状态为 1110 时，应使 74163 的同步清零端 $\overline{CR}$ 有效，即变为低电平，当下一个脉冲到来时，计数器被清零，回到 0000 状态。此时，计数器清零端 $\overline{CR}$ 回到高电平，计数器又回到计数工作模式重新开始计数。电路如图 4-78a 所示。

（2）置数法。当状态为 1110 时，应使 74163 的同步置数端 $\overline{LD}$ 变为低电平，同时并行数据输入端 $D_0 \sim D_3$ 都接 0，当下一个脉冲到来时，计数器被置数为 0000 状态。此时，置数端 $\overline{LD}$ 变回高电平，计数器又回到计数工作模式重新开始计数。电路如图 4-78b 所示。

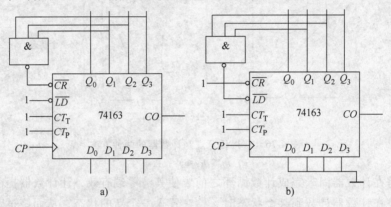

图 4-78　用 74163 构成十五进制计数器

a）同步清零法　b）同步置数法

例 4-8　用 74160 构成八进制加法计数器。

解： 74160 是具有异步清零和同步置数功能的十进制加法计数器，具有十个状态，要构成八进制加法计数器，状态图如图 4-79 所示。同样可采用两种方法实现。

（1）清零法。74160 是异步清零方式，当异步清零端 $\overline{CR}$ 变为低电平时，计数器立即清零，回到 0000 状态，而无须等到下一个脉冲到来。因此，应该在 1000 状态而非 0111 状态时使清零端 $\overline{CR}$ 为低电平，如果在 0111 状态时令清零输入端 $\overline{CR}$ 为低电平，则 0111 状态只能维持很短的时间而不能作为一个稳定的有效计数状态。电路如图 4-80a 所示。

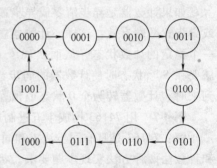

图 4-79　十进制转换为八进制
计数器状态转换图

（2）置数法。由于 74160 是同步置数，当状态为 0111 时，使 74160 的置数输入端 $\overline{LD}$ 变为低电平。电路如图 4-80b 所示。

例 4-9　用 74161 构成加法计数器，要求状态由 3～12 变化。

解： 74161 是异步清零、同步置数的模 16 计数器。要实现状态 3～12 的计数器，首先要把状态 3 通过同步置数的方式置入计数器，然后让计数器正常进行加法计数。直到状态 12 时，产生同步置数控制信号，当再来一个时钟脉冲时，计数器再次进行同步置数，并把状态 3 置入计数器，从而可实现状态 3～12 的计数器。状态图如图 4-81 所示。所构成的计数器的模 $= 12 - 3 + 1 = 10$，即模 10 计数器。电路如图 4-82 所示。

在应用异步清零方法构成计数器时，归零信号时间很短暂，即当归零信号消失时，计数

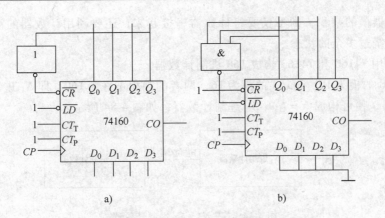

图 4-80 用 74160 构成八进制计数器

a）异步清零法 b）同步置数法

器中可能存在没有来得及翻转的触发器无法归零，有的仍然处在原来的 1 态，最后使计数器不能真正归零。图 4-83 所示为提高归零可靠性的一种电路，原理是用一个基本 RS 触发器将 $\overline{CR}$ 或 $\overline{LD}=0$ 暂存一下，并保持足够的时间，使计数器可靠地归零。通常，在归零可靠性要求不是特别高的地方，一般可以不采用图 4-83 所示的改进电路，而直接使用前面列举的简单电路形式；有时为了提高电路可靠性，同时又不增加电路器件，也可采用同步清零或同步置数的方式。

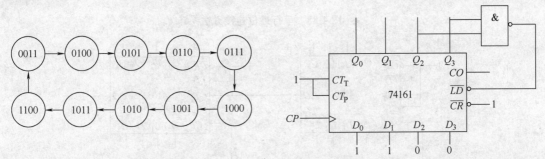

图 4-81 3~12 的计数器状态图

图 4-82 用 74161 构成的状态 3~12 的计数器

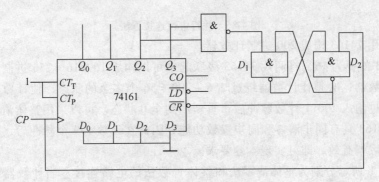

图 4-83 提高归零可靠性的电路

2. M < N

当已有计数器的模 M 小于要构成计数器的模 N 时，如果 N 可以表示为已有计数器模的乘积，则只需将计数器串接起来即可，无须利用计数器的清零端和置数端；如果 N 不能表示为已有计数器模的乘积，则不仅要将计数器串接起来，还要利用计数器的清零端和置数端，使计数器绕过多余的状态。

例 4-10　用 74160 和 74163 构成 160 进制计数器。

解：74160 的模为 10，74163 的模为 16，两者的乘积正好为 160，即 N_1 进制计数器串接 N_2 进制计数器，便可构成 $N = N_1 \times N_2$ 进制计数器，如图 4-84 所示。

图 4-84　$N = N_1 \times N_2$ 进制计数器

连接方法有串行进位和并行进位两种，如图 4-85 和图 4-86 所示。

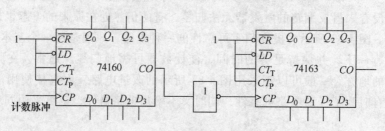

图 4-85　串行进位连接方法

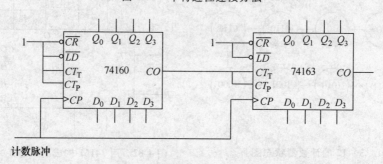

图 4-86　并行进位连接方法

例 4-11　用 74163 构成 200 进制计数器。

解：74163 的模为 16，将两片 74163 级联起来可以构成 $16 \times 16 = 256$ 进制计数器。要构成 200 进制计数器，必须让计数器绕过 $256 - 200 = 56$ 个多余的状态，使计数器从全 0 状态开始计数，经过输入 200 个计数脉冲后，重新回到全 0 状态。可以采用整体清零或整体置数方法。由于 74163 具有同步清零和同步置数功能，因此在计数 199 个脉冲后，使两片计数器的清零端或置数端有效，即可实现本题要求。

图 4-87a、b 所示分别为整体清零法和整体置数法的电路连接。当计数器计到第 199 个脉冲时，状态为 11000111，此时与非门的输出变为低电平，使清零输入端或置数输入端有效。这样，当下一个脉冲（第 200 个脉冲）到来时，计数器被清零或被置数而重新回到全 0 状态，实现了 200 进制计数器的功能。

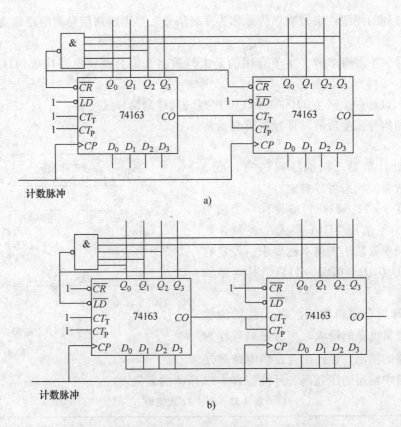

图 4-87　用两片 74163 构成 200 进制计数器

a）整体清零法　b）整体置数法

4.6.2　计数器模块的其他应用

1. 分频器

分频器可降低信号的频率，是数字系统中常用的电路。分频器输入信号的频率 f_i 与输出信号的频率 f_o 之比称为分频比 N，即 $N = f_i/f_o$。

N 进制计数器可以实现 N 分频。图 4-88 所示是一个由三片 74160 构成的分频电路，由于计数器 74160 模为 10，因此，如果在时钟信号输入端加入频率为 f 的信号，则将在（1）、（2）、（3）片的进位输出端分别输出频率为 $f/10$、$f/100$、$f/1000$ 的脉冲信号。

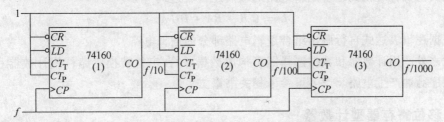

图 4-88　用三片 74160 构成的分频电路

2. 序列信号发生器

在数字信号的传输和数字系统的测试中，有时需要用到一组特定的串行数字信号，这种按一定规则排列的周期性串行数字信号称为序列信号。产生序列信号的电路称为序列信号发生器。

序列信号发生器有多种，本节介绍的是由计数器和组合逻辑电路构成的序列信号发生器。

例 4-12　设计一个产生 110001001110 序列码的序列信号发生器。

解：序列信号发生器的设计过程可分为两个步骤：

（1）设计计数器。根据序列码的长度 S 设计模 S 计数器，状态可以自定。

序列长度 $S = 12$，因此，应设计一个模为 12 的计数器，可选用 74161 集成二进制计数器，再通过同步置数法实现本题要求。设定有效状态为 $Q_3Q_2Q_1Q_0 = 0100 \sim 1111$，其电路如图 4-89 所示。

（2）设计组合逻辑电路。将计数器的输出作为组合逻辑电路的输入，串行序列码作为组合逻辑电路的输出，设计组合逻辑电路部分。

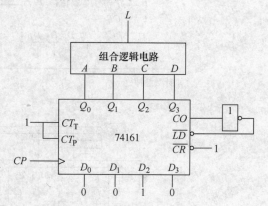

图 4-89　例 4-12 电路

根据题目中给出的序列码，可得到表 4-32 所列的真值表。

表 4-32　例 4-12 真值表

D	C	B	A	L	D	C	B	A	L
0	0	0	0	×	1	0	0	0	0
0	0	0	1	×	1	0	0	1	1
0	0	1	0	×	1	0	1	0	0
0	0	1	1	×	1	0	1	1	0
0	1	0	0	1	1	1	0	0	1
0	1	0	1	1	1	1	0	1	1
0	1	1	0	0	1	1	1	0	1
0	1	1	1	0	1	1	1	1	0

根据真值表，可得到组合逻辑电路的最简逻辑表达式

$$L = C\overline{B} + \overline{B}A + DC\overline{A}$$

可根据逻辑表达式自行画出组合逻辑电路部分的逻辑电路。

除此之外，用计数器和数据选择器可构成数据并行/串行转换电路；用计数器和译码器可构成顺序脉冲产生电路。读者可参考相关书籍。

4.6.3　移位寄存器型计数器

移位寄存器型计数器是在移位寄存器的基础上，通过增加反馈构成的。移位寄存器型计数器的逻辑结构框图如图 4-90 所示。常见的移位型寄存器有环形计数器和扭环形计数器两种。

1. 环形计数器

基本的环形计数器是将移位寄存器中最后一级的输出端 Q 直接反馈连接到串行输入端构成的，即将移位寄存器首尾相连。在连续不断地输入时钟信号时，寄存器里的数据将循环移动。图 4-91 所示为由四个下降沿触发的边沿 D 触发器组成的基本环形计数器。

触发器的状态方程为

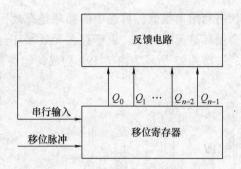

图 4-90　移位寄存器型计数器逻辑结构框图

$$Q_3^{n+1} = Q_2^n \quad Q_2^{n+1} = Q_1^n \quad Q_1^{n+1} = Q_0^n \quad Q_0^{n+1} = Q_3^n$$

环形计数器的状态表见表 4-33，图 4-92 所示为环形计数器的状态图。

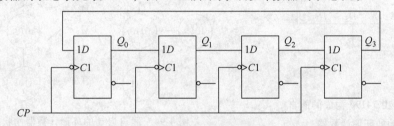

图 4-91　基本环形计数器

表 4-33　环形计数器的状态表

Q_3^n	Q_2^n	Q_1^n	Q_0^n	Q_3^{n+1}	Q_2^{n+1}	Q_1^{n+1}	Q_0^{n+1}	Q_3^n	Q_2^n	Q_1^n	Q_0^n	Q_3^{n+1}	Q_2^{n+1}	Q_1^{n+1}	Q_0^{n+1}
0	0	0	0	0	0	0	0	1	0	0	0	0	0	0	1
0	0	0	1	0	0	1	0	1	0	0	1	0	0	1	1
0	0	1	0	0	1	0	0	1	0	1	0	0	1	0	1
0	0	1	1	0	1	1	0	1	0	1	1	0	1	1	1
0	1	0	0	1	0	0	0	1	1	0	0	1	0	0	1
0	1	0	1	1	0	1	0	1	1	0	1	1	0	1	1
0	1	1	0	1	1	0	0	1	1	1	0	1	1	0	1
0	1	1	1	1	1	1	0	1	1	1	1	1	1	1	1

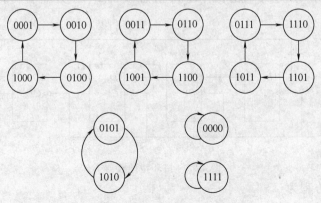

图 4-92　环形计数器的状态图

图 4-92 所示的状态图中共有六个循环，计数器正常工作时只能选用其中的一个循环，

状态利用率很低。被选中的循环是有效循环（如 0001、0010、0100、1000 构成的循环），其余循环是无效循环。由于存在无效循环，因此该计数器不能自启动。

图 4-93 所示为由 74194 构成的能够自启动的环形计数器，状态图如图 4-94 所示。

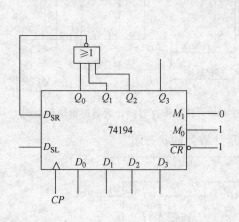

图 4-93　由 74194 构成的能自
启动的环形计数器

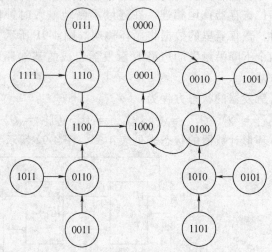

图 4-94　能自启动的环形计数器的状态图

环形计数器的优点是，简单：有效循环的每个状态只含有一个 1 或 0 时，可以用各个触发器的输出端作为电路状态的输出信号，不需要附加译码电路。当连续输入时钟信号时，各个触发器的 Q 端或 $\overline{Q}$ 端将轮流地出现矩形脉冲，所以又常把这种电路称为环形脉冲分配器。

环形计数器的缺点是，触发器浪费：n 位环形计数器需要 n 个触发器，只使用 n 个状态，而 n 位触发器的总状态数为 2^n 个，所以浪费的状态数为（$2^n - n$）个。

2. 扭环形计数器

在环形计数器中，有效循环只包含了很少的状态，其余多数的状态都没有利用，是无效状态，状态的利用率很低。扭环形计数器（也称为 Johnson 计数器）是在不改变移位寄存器内部结构的条件下，为了提高计数器状态的利用率而设计出来的。基本的扭环形计数器和基本环形计数器不同的地方是将移位寄存器中最后一级的 $\overline{Q}$ 而不是输出端 Q 直接反馈连接到串行输入端。图 4-95 所示为一个由四个下降沿触发的 D 触发器组成的基本扭环形计数器。

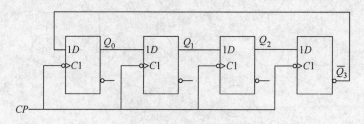

图 4-95　扭环型计数器

触发器的状态方程为

$$Q_3^{n+1} = Q_2^n \quad Q_2^{n+1} = Q_1^n \quad Q_1^{n+1} = Q_0^n \quad Q_0^{n+1} = \overline{Q_3^n}$$

扭环形计数器的状态表见表 4-34，图 4-96 所示为扭环形计数器的状态图。

表 4-34　扭环形计数器的状态表

Q_3^n	Q_2^n	Q_1^n	Q_0^n	Q_3^{n+1}	Q_2^{n+1}	Q_1^{n+1}	Q_0^{n+1}	Q_3^n	Q_2^n	Q_1^n	Q_0^n	Q_3^{n+1}	Q_2^{n+1}	Q_1^{n+1}	Q_0^{n+1}
0	0	0	0	0	0	0	1	1	0	0	0	0	0	0	0
0	0	0	1	0	0	1	1	1	0	0	1	0	0	1	0
0	0	1	0	0	1	0	1	1	0	1	0	0	1	0	0
0	0	1	1	0	1	1	1	1	0	1	1	0	1	1	0
0	1	0	0	1	0	0	1	1	1	0	0	1	0	0	0
0	1	0	1	1	0	1	1	1	1	0	1	1	0	1	0
0	1	1	0	1	1	0	1	1	1	1	0	1	1	0	0
0	1	1	1	1	1	1	1	1	1	1	1	1	1	1	0

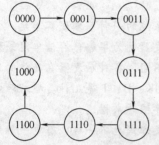 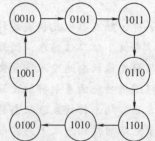

图 4-96　扭环形计数器的状态图

由状态图可以看出，基本扭环形计数器也是不能自启动的。

图 4-97 所示为由 74194 构成的能够自启动的扭环形计数器，状态图如图 4-98 所示。

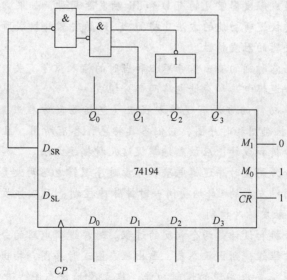

图 4-97　由 74194 构成的能自启动的扭环形计数器

n 位扭环形计数器的优点是，每次状态变化时仅有一个触发器翻转，因此译码时不存在竞争与冒险。它的缺点是，与环形计数器类似，没有能够充分利用计数器的大部分状态，在 n 位（$n \geqslant 3$）计数器中，有（$2^n - 2n$）个状态没有被利用。

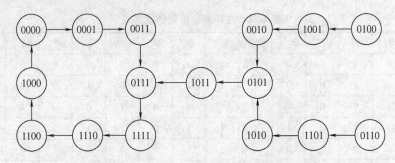

图 4-98 能自启动的扭环形计数器的状态图

本 章 小 结

和门电路一样，触发器也是构成各种复杂数字系统的一种基本逻辑单元。

触发器可以存储 1 位二值信息，因此，又将触发器称为半导体存储单元或记忆单元。由于输入方式以及触发器状态随输入信号变化的规律不同，各种触发器在具体的逻辑功能上是有差别的。根据逻辑功能的差别将触发器分为 RS、JK、D、T 等几种类型。触发器的逻辑功能可以用特性方程、状态转换表、状态转换图和时序图等来描述。

此外，由于电路的结构形式不同，触发器的触发方式也不一样，有电平触发、主从触发和边沿触发之分。不同触发方式的触发器在状态的翻转过程中具有不同的动作特点，本章的目的是在了解触发器内部电路的同时重点掌握各种触发器的动作特点。

触发器的电路结构形式和逻辑功能之间不存在固定的对应关系。同一逻辑功能的触发器可以用不同的电路结构实现；同一电路结构的触发器可以实现不同的逻辑功能。

目前实际生产的集成触发器常见的有 D 和 JK 触发器两种，如果需要使用其他逻辑功能的触发器，可以利用转换逻辑功能的方法，将 D 或 JK 触发器转换成所需功能的触发器。新的触发器具有已有触发器的触发特性。

时序逻辑电路在任意时刻的输出信号不但和当时的输入信号有关，而且还与电路原来的状态有关。通常由组合逻辑电路和存储电路两部分组成。

描述时序逻辑电路功能的方法有逻辑方程组（包括驱动方程或激励方程、状态方程、输出方程）、状态表、状态图和时序图，它们各具特色，各有所用，且可以相互转换。为完成对时序逻辑电路的分析和设计，应该熟练掌握这几种描述方法。

时序逻辑电路可分为同步时序逻辑电路和异步时序逻辑电路两大类，在同步时序逻辑电路的存储电路中，所用触发器的 CP 均受同一时钟脉冲控制；而在异步时序逻辑电路中，各触发器的 CP 端受不同触发脉冲控制。

时序逻辑电路的分析和设计是两个相反的过程。时序逻辑电路的分析就是由给定的时序逻辑电路，写出逻辑方程组，列出状态表，画出状态图或时序图，指出电路的逻辑功能。时序逻辑电路的设计是根据要求实现的逻辑功能，建立原始状态图，进行状态化简和状态分配，再求出所用触发器的驱动方程、时序电路的状态方程和输出方程，最后画出设计好的逻辑电路。

计数器和寄存器都是极具代表性的时序逻辑电路，而且应用十分广泛，几乎是无处不在。尤其是计数器，在本章中对其进行了较为详细的介绍。本章还介绍了用集成计数器构成任意进制计数器的方法。

习 题

4-1 请选择正确答案，填入括号中。

（1）由或非门构成的基本 RS 触发器，输入 S、R 的约束条件是（　　）。

A. $SR = 0$　　　　B. $SR = 1$　　　　C. $S + R = 0$　　　　D. $S + R = 1$

（2）由与非门构成的基本 RS 触发器，为使触发器置于 1 态，其 $\overline{S}\,\overline{R}$ 应为（　　）。

A. $\overline{S}\,\overline{R} = 00$　　B. $\overline{S}\,\overline{R} = 01$　　C. $\overline{S}\,\overline{R} = 10$　　D. $\overline{S}\,\overline{R} = 11$

（3）在 T 触发器中，当 $T = 1$ 时，加入时钟脉冲的有效沿，则触发器（　　）。

A. 保持不变　　　B. 置 0　　　　C. 置 1　　　　D. 翻转

（4）假设 JK 触发器的现态 $Q^n = 0$，要求 $Q^{n+1} = 0$，则应使（　　）。

A. $J = \times$，$K = 0$　B. $J = 0$，$K = \times$　C. $J = 1$，$K = \times$　D. $J = K = 1$

（5）实现 $Q^{n+1} = \overline{Q^n} + A$ 的电路（见图 4-99）是（　　）。

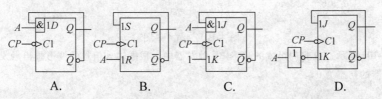

A.　　　　　　　B.　　　　　　　C.　　　　　　　D.

图 4-99　题 4-1（5）图

（6）实现 $Q^{n+1} = \overline{Q^n}$ 的电路（见图 4-100）是（　　）。

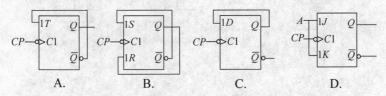

A.　　　　　　　B.　　　　　　　C.　　　　　　　D.

图 4-100　题 4-1（6）图

（7）米利型时序逻辑电路的输出（　　）。

A. 只与输入有关　　　　　　　B. 只与电路当前状态有关

C. 与输入和电路当前状态有关　　　D. 与输入和电路当前状态均无关

（8）摩尔型时序电路的输出（　　）。

A. 只与输入有关　　　　　　　B. 只与电路当前状态有关

C. 与输入和电路当前状态有关　　　D. 与输入和电路当前状态均无关

（9）下列电路中不属于时序逻辑电路的是（　　）。

A. 计数器　　　　B. 全加器　　　　C. 寄存器　　　　D. 分频器

（10）用 n 个触发器组成计数器，其最大计数模为（　　）。

A. n　　　　　　　B. $2n$　　　　　　C. n^2　　　　　　D. 2^n

（11）下列触发器中，不能构成移位寄存器的是（　　）。

A. RS 触发器　　　B. JK 触发器　　　C. D 触发器　　　D. T 触发器

（12）4 位移位寄存器，现态为 1100，经左移 1 位后其次态为（　　）。

A. 0011 或 1011　　　　　　　B. 1000 或 1001

C. 1011 或 1110　　　　　　　D. 0011 或 1111

（13）一个 5 位的二进制加法计数器，由 00000 状态开始，经过 75 个时钟脉冲后，此计数器的状态为

（　　）。

    A. 01011   B. 01100   C. 01010   D. 00111

   （14）一个 4 位串行数据，输入 4 位移位寄存器，时钟脉冲频率为 1kHz，经过（　　）可转换为 4 位并行数据输出。

    A. 8ms   B. 4ms   C. 8μs   D. 4μs

   4-2　如图 4-101 所示，与非门组成的基本 RS 触发器中，根据输入信号的波形画出触发器输出端 Q 和 $\overline{Q}$ 的波形。设触发器的初态为 0。

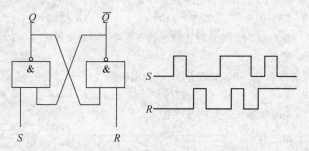

图 4-101　题 4-2 图

   4-3　如图 4-102 所示，或非门组成的基本 RS 触发器中，根据输入信号的波形画出触发器输出端 Q 和 $\overline{Q}$ 的波形。设触发器的初态为 0。

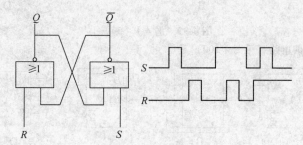

图 4-102　题 4-3 图

   4-4　在图 4-103 中所示同步 RS 触发器中，加入图示的 S、R 和 CP 波形，画出触发器输出端 Q 和 $\overline{Q}$ 的波形。设触发器的初态为 0。

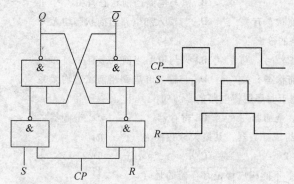

图 4-103　题 4-4 图

   4-5　在图 4-104 所示的主从 RS 触发器中，加入图示输入信号波形，画出触发器输出端 Q 和 $\overline{Q}$ 的波形。

   4-6　图 4-105 所示为主从 JK 触发器，J、K 和 CP 波形如图所示，画出触发器输出端 Q 和 $\overline{Q}$ 的波形。设触发器的初态为 0。

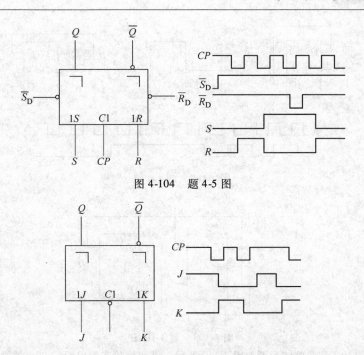

图 4-104 题 4-5 图

图 4-105 题 4-6 图

4-7 在图 4-106 所示的边沿 JK 触发器中，加入图示的输入波形，画出触发器输出端 Q 和 $\overline{Q}$ 的波形。

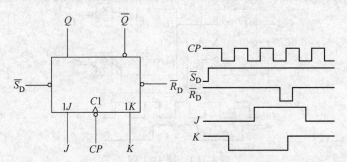

图 4-106 题 4-7 图

4-8 在图 4-107 所示的边沿 T 触发器中，加入图示的输入波形，画出触发器输出端 Q 和 $\overline{Q}$ 的波形。设触发器的初态为 0。

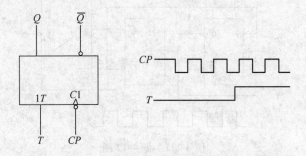

图 4-107 题 4-8 图

4-9 画出图 4-108 中各触发器输出端 Q 和 $\overline{Q}$ 的波形。设触发器的初态为 0。

4-10 时序逻辑电路如图 4-109 所示，写出驱动方程和状态方程，画出电路的状态图。

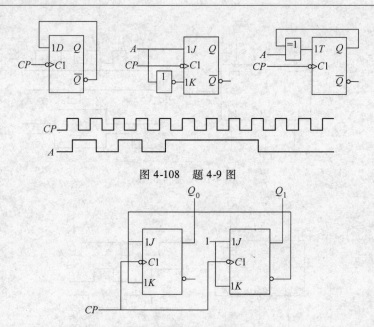

图 4-108　题 4-9 图

图 4-109　题 4-10 图

4-11　电路及其输入信号的波形图如图 4-110 所示，设初始状态为 $Q_1 Q_0 = 00$，试画出 Q_0、Q_1、B、C 的波形。

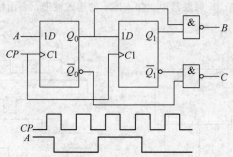

图 4-110　题 4-11 图

4-12　电路如图 4-111 所示，试画出时序逻辑电路部分的状态图，并画出在时钟信号 CP 作用下 2 线—4 线译码器（74LS139）输出 Y_0、Y_1、Y_2、Y_3 的波形。

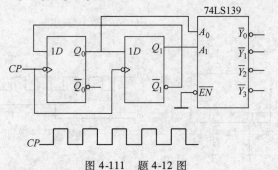

图 4-111　题 4-12 图

4-13　试分析图 4-112 所示电路的逻辑功能。

4-14　分析图 4-113 所示电路，写出电路的时钟方程、驱动方程和状态方程，画出电路的状态图。

4-15　分析图 4-114 所示电路，写出电路的时钟方程、驱动方程和状态方程，画出电路的状态图。

4-16　用 D 触发器设计一个同步五进制加法计数器。

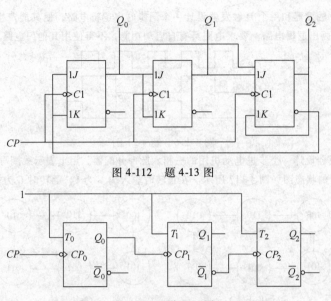

图 4-112 题 4-13 图

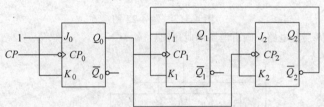

图 4-113 题 4-14 图

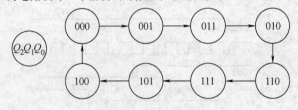

图 4-114 题 4-15 图

4-17 用 JK 触发器设计一个同步七进制加法计数器。

4-18 用 JK 触发器设计一个三分频电路,要求输出信号的占空比为 50% ,画出逻辑电路。

4-19 用 D 触发器和门电路设计一个格雷码计数器,状态图如图 4-115 所示。

图 4-115 题 4-19 图

4-20 用 JK 触发器和门电路按表 4-35 所列循环 BCD 码设计一个十进制同步加法计数器,画出逻辑电路。

表 4-35 循环 BCD 码

十进制数	A	B	C	D	十进制数	A	B	C	D
0	0	0	0	0	5	1	1	1	0
1	0	0	0	1	6	1	0	1	0
2	0	0	1	1	7	1	0	1	1
3	0	0	1	0	8	1	0	0	1
4	0	1	1	0	9	1	0	0	0

4-21 用一个 JK 触发器和一个 D 触发器设计一个同步时序逻辑电路，使其能产生如图 4-116 所示的波形，写出设计过程，画出逻辑电路。要求电路具有自启动功能，不得使用其他门电路。

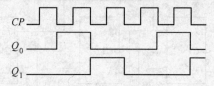

图 4-116 题 4-21 图

4-22 用 JK 触发器设计一个步进电动机用的三相六脉冲分配器，用 1 表示线圈导通，用 0 表示线圈截止，则三个线圈 *ABC* 的状态图如图 4-117 所示。在正转时输入端 *G* 为 1，翻转时 *G* 为 0。

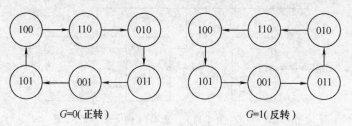

图 4-117 题 4-22 图

4-23 分析图 4-118 所示电路，画出电路的时序图。

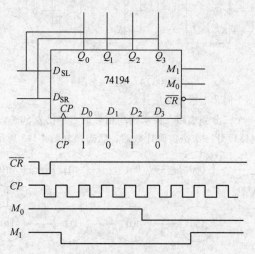

图 4-118 题 4-23 图

4-24 试分析图 4-119 所示电路，指出各计数器的计数长度，并画出相应的状态图。

4-25 分析图 4-120 所示电路，说明电路的计数模值。

4-26 分析图 4-121 所示电路，说明电路的计数模值。

4-27 用 74161 同步二进制计数器构成 11 进制计数器，分别清零法和置数法实现。

4-28 用 74161 同步二进制计数器构成初始状态为 0010 的七进制计数器，画出状态图。

4-29 用两片 74161 集成计数器构成 75 进制加法计数器，画出连接图。

4-30 电路如图 4-122 所示，试分析：（1）74161 接成计数器的模；（2）画出输出 Q_0、Q_1、Q_2、L 的波形（要求时钟信号波形不少于 10 个周期）。

4-31 电路如图 4-123 所示，试分析电路中两个芯片的状态图，74161 的输出 Y 与时钟信号 CP 的分频比是多少？

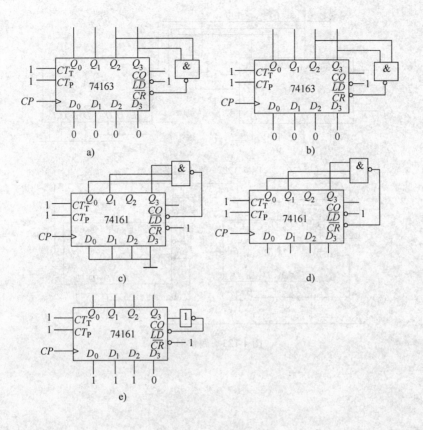

图 4-119 题 4-24 图

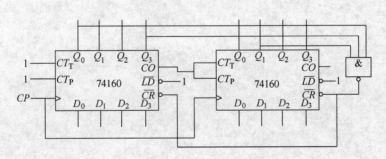

图 4-120 题 4-25 图

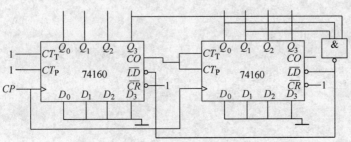

图 4-121 题 4-26 图

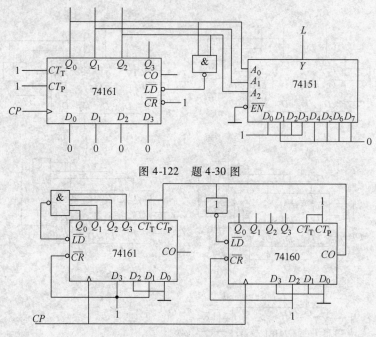

图 4-122　题 4-30 图

图 4-123　题 4-31 图

第5章　脉冲产生与变换电路

在数字电路或数字系统中，常常需要各种脉冲波形，例如矩形脉冲信号就是在第4章所讨论的时序逻辑电路中必不可少且非常重要的时钟信号。这些脉冲波形的获取，通常可采用两种方法：一种是利用脉冲信号产生器直接产生；另一种是通过对已有信号进行变换。本章主要介绍目前广为应用的集成555定时器，以及由555定时器和集成门电路组成的各种脉冲波形的产生与变换电路，如施密特触发器、单稳态触发器和多谐振荡器。

5.1　集成555定时器

555定时器(Timer)是一种多用途的单片中规模集成电路。该电路使用灵活、方便，只需外接少量的阻容元件就可以构成单稳态触发器、多谐振荡器和施密特触发器，因而在波形的产生与变换、测量与控制，以及家用电器和电子玩具等许多领域中都得到了广泛的应用。

目前生产的定时器有双极型和CMOS型两种类型，其型号分别有NE555(或5G555)和C7555等。通常，双极型产品型号最后的三位数码都是555，CMOS产品型号的最后四位数码都是7555，它们的结构、工作原理以及外部引脚排列基本相同。

555定时器工作的电源电压很宽，并可承受较大的负载电流。双极型555定时器电源电压范围为5~16V，最大负载电流可达200mA；CMOS型555定时器电源电压变化范围为3~18V，最大负载电流在4mA以下。

一般说来，在要求定时长、功耗小、负载轻的场合，宜选用CMOS型555定时器，而在负载重、要求驱动电流大、电压高的场合，宜选用TTL型555定时器。CMOS型555定时器的输入阻抗高达$10^{10}\Omega$数量级，远比TTL型高，非常适合于长时间工作的延时电路，RC时间常数一般很大。

5.1.1　555定时器的电路结构

555定时器的内部电路由分压器、电压比较器C_1和C_2、基本RS触发器、放电晶体管VT管和输出缓冲器D四部分组成，其内部结构和图形符号分别如图5-1a、b所示。各引脚名称如下：1脚为接地端，2脚为触发输入端，3脚为输出端，4脚为复位端，5脚为电压控制端，6脚为阈值输入端，7脚为放电端，8脚为正电源端。

1)分压器：分压器由三个$5k\Omega$的电阻构成，为电压比较器C_1和C_2提供基准电压。当电压控制端(5脚)悬空时(可对地接上$0.01\mu F$左右的滤波电容来消除干扰，以保证参考电压的稳定)，比较器C_1和C_2的基准电压分别为$\frac{2}{3}V_{cc}$和$\frac{1}{3}V_{cc}$。如果电压控制端外接电压v_{IC}，则比较器C_1和C_2的基准电压就变为v_{IC}和$\frac{v_{IC}}{2}$。

2)电压比较器：电压比较器C_1和C_2有两个输入端，分别为同相输入端和反相输入端。

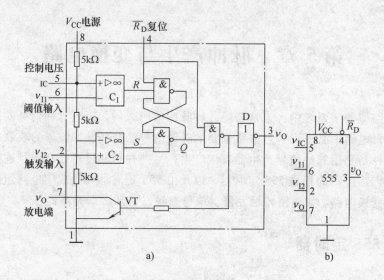

图 5-1　555 定时器的内部结构和图形符号

a) 内部结构　b) 图形符号

当 $V_+ > V_-$ 时，比较器输出为高电平，否则为低电平。

3）基本 RS 触发器：基本 RS 触发器的输入端 R、S 信号取决于电压比较器 C_1 和 C_2 的输出信号。$\overline{R}_D$ 是基本 RS 触发器的直接复位端，当 $\overline{R}_D$ 为低电平时，不管其他输入端的状态如何，输出端 ν_0 为低电平。因此在正常工作时，应将其接高电平。

4）放电晶体管和输出缓冲器：放电晶体管 VT 的工作状态受基本 RS 触发器的状态以及 $\overline{R}_D$ 的控制。当 $Q = 0$，$\overline{Q} = 1$ 时，VT 导通，7 脚和 1 脚之间形成低阻通路，且 ν_0 输出低电平；当 $Q = 1$，$\overline{Q} = 0$ 时，VT 截止，7 脚和 1 脚之间呈现高阻，ν_0 输出高电平。在使用定时器时，VT 的集电极（7 脚）一般都要外接上拉电阻。为了提高 555 定时器的带负载能力，在定时器的输出端设置了输出缓冲器 D，输出缓冲器还可以起隔离作用，隔离负载对定时器的影响。

5.1.2　555 定时器的电路功能

由图 5-1a 可知，当 5 脚悬空时，比较器 C_1 和 C_2 的基准电压分别为 $\frac{2}{3}V_{cc}$ 和 $\frac{1}{3}V_{cc}$。

1）当 $\nu_{I1} > \frac{2}{3}\nu_{cc}$，$\nu_{I2} > \frac{1}{3}\nu_{cc}$ 时，比较器 C_1 输出低电平，C_2 输出高电平，基本 RS 触发器被置 0，放电晶体管 VT 导通，输出端 ν_0 为低电平。

2）当 $\nu_{I1} < \frac{2}{3}V_{cc}$，$\nu_{I2} < \frac{1}{3}V_{cc}$ 时，比较器 C_1 输出高电平，C_2 输出低电平，基本 RS 触发器被置 1，放电晶体管 VT 截止，输出端 ν_0 为高电平。

3）当 $\nu_{I1} < \frac{2}{3}V_{cc}$，$\nu_{I2} > \frac{1}{3}V_{cc}$ 时，比较器 C_1 输出高电平，C_2 也输出高电平，即基本 RS 触发器 $R = 1$，$S = 1$，触发器状态不变，电路也保持原状态不变。

综合上述分析，可得 555 定时器的功能表，见表 5-1。

表 5-1　555 定时器的功能表

输入			输出	
阈值输入(ν_{I1})	触发输入(ν_{I1})	复位($\overline{R}_{\text{D}}$)	输出(ν_{O})	放电晶体管 VT
×	×	0	0	导通
$< \dfrac{2}{3}V_{\text{CC}}$	$< \dfrac{1}{3}V_{\text{CC}}$	1	1	截止
$> \dfrac{2}{3}V_{\text{CC}}$	$> \dfrac{1}{3}V_{\text{CC}}$	1	0	导通
$< \dfrac{2}{3}V_{\text{CC}}$	$> \dfrac{1}{3}V_{\text{CC}}$	1	不变	不变

需要说明的是，若电压控制端（5 脚）外接电压 ν_{IC}，则表中 $2V_{\text{CC}}/3$ 的位置用 ν_{IC} 替换，$V_{\text{CC}}/3$ 的位置用 $\nu_{\text{IC}}/2$ 替换，其他都不变。

下面具体介绍的几种脉冲产生整形电路，都可以用 555 定时器构成。

5.2　施密特触发器

施密特触发器（Schmitt Trigger）是一种应用非常广泛的脉冲电路，它可以将缓慢变化的输入信号波形变换为数字电路中常用的矩形脉冲信号。该电路主要有两个特点：

1）施密特触发器属于电平触发电路，当输入电压达到某个电压值时，输出电压会发生突变，且由于电路内部正反馈的作用，输出电压波形的边沿很陡直。

2）在输入信号增加或减少时，施密特触发器有不同的阈值电压，即正向阈值电压 $V_{\text{T+}}$ 和负向阈值电压 $V_{\text{T-}}$。正向阈值电压和负向阈值电压之差，称为回差电压（Backlash Voltage），用 ΔV_{T} 表示（$\Delta V_{\text{T}} = V_{\text{T+}} - V_{\text{T-}}$），该特性称为回滞特性。根据输入相位、输出相位关系的不同，施密特触发器有同相输出和反相输出两种电路形式。其电压传输特性曲线及逻辑符号分别如图 5-2a、b 所示。从施密特触发器的电压传输特性曲线中可以看出，若要使施密特触发器的输出状态发生变化，其输入电压必须大于 $V_{\text{T+}}$ 或小于 $V_{\text{T-}}$。

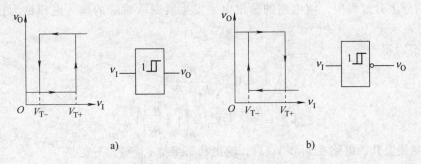

图 5-2　施密特触发器的传输特性及逻辑符号

a）同相输出施密特触发器的传输特性及逻辑符号　b）反相输出施密特触发器的传输特性及逻辑符号

5.2.1　用门电路构成施密特触发器

1. 电路组成

用 CMOS 非门构成的施密特触发器如图 5-3 所示。电路中两个 CMOS 反相器 D_1、D_2 串接，D_1 门的输入电平 ν_{I1} 决定着电路的输出状态。输出电压通过 R_2 反馈到 D_1 门的输入端，从而对电路产生影响。电路中要求 $R_1 < R_2$。

CMOS 非门的电压传输特性可用其输出电压随输入电压变化所得到的曲线来描述，如图 5-4 所示。从其电压传输特性上可以近似认为，$V_{OH} = V_{DD}$，$V_{OL} = 0$，CMOS 的阈值电压 $V_{TH} = 0.5 V_{DD}$。

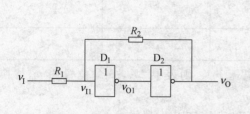

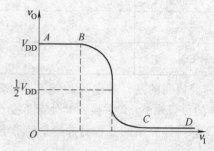

图 5-3　CMOS 非门组成的施密特触发器　　　　图 5-4　CMOS 非门的电压传输特性

2. 工作原理

由图 5-3 可以看出，D_1 门的输入 ν_{I1} 是由输入 ν_I 和 D_2 门的输出 ν_0 共同作用的，若忽略 CMOS 门的输入电流，则由叠加定理可以得到

$$\nu_{I1} = \frac{R_2}{R_1 + R_2} \nu_I + \frac{R_1}{R_1 + R_2} \nu_0 \tag{5-1}$$

设输入信号为三角波，当 $\nu_I = 0V$ 时，$\nu_{I1} \approx 0V$，D_1 门截止，$\nu_{O1} = V_{OH} = V_{DD}$，$D_2$ 门导通，输出 ν_0 为低电平($0V$)。输入信号 ν_I 从 $0V$ 电压逐渐增加，只要 $\nu_{I1} < V_{TH}$，输出保持低电平不变。当 ν_I 上升使 $\nu_{I1} = V_{TH}$ 时，D_1 门进入其电压传输特性转折区，此时 ν_{I1} 的增加在电路中产生如下正反馈过程：

$$\nu_I \uparrow \longrightarrow \nu_{I1} \uparrow \longrightarrow \nu_{O1} \downarrow \longrightarrow \nu_0 \uparrow$$

这样，电路的输出状态很快从低电平跳变到高电平，$\nu_0 \approx V_{DD}$。

输入信号上升过程中，使电路的输出电平发生跳变所对应的输入电压称为正向阈值电压，用 V_{T+} 表示。

由式(5-1)得

$$\nu_{I1} = V_{TH} = \frac{R_2}{R_1 + R_2} V_{T+}$$

$$V_{T+} = \frac{R_1 + R_2}{R_2} V_{TH} = \left(1 + \frac{R_1}{R_2}\right) V_{TH} \tag{5-2}$$

若 ν_{I1} 继续上升，电路在 $\nu_{I1} > V_{TH}$ 后，输出状态维持 $\nu_0 \approx V_{DD}$ 不变。

当 ν_I 从高电平逐渐下降时，ν_{I1} 也下降；当 ν_I 下降使 $\nu_{I1} = V_{TH}$ 时，D_1 门又进入其电压传输特性转折区，此时 ν_{I1} 的下降在电路中产生如下正反馈过程：

$$\nu_I \downarrow \longrightarrow \nu_{I1} \downarrow \longrightarrow \nu_{O1} \uparrow \longrightarrow \nu_0 \downarrow$$

这样，电路迅速从高电平跳变到低电平，$\nu_0 \approx 0V$。

在输入信号下降过程中，使电路的输出电平发生跳变所对应的输入电压称为负向阈值电压，用 V_{T-} 表示。

由式(5-1)得

$$\nu_{I1} = V_{TH} = \frac{R_2}{R_1 + R_2} V_{T-} + \frac{R_1}{R_1 + R_2} V_{DD}$$

将 $V_{DD} = 2V_{TH}$ 代入上式可得

$$V_{T-} = \left(1 - \frac{R_1}{R_2}\right) V_{TH} \tag{5-3}$$

V_{T+} 与 V_{T-} 之差定义为回差电压 ΔV_T，即

$$\Delta V_T = V_{T+} - V_{T-} = 2\frac{R_1}{R_2} V_{TH} \tag{5-4}$$

式(5-4)表明，电路的回差电压与 R_1/R_2 成正比，改变 R_1 和 R_2 的比值就可以调节回差电压的大小，但要保证 $R_1 < R_2$（由于 CMOS 为单电源供电，$V_{T-} > 0$，因此要求 $R_1 < R_2$）。

根据以上分析，可画出电路的工作波形，如图 5-5 所示。从图中可知，如果以 ν_0 端作为电路的输出，电路为同相输出施密特触发器；如果以 ν_{O1} 端作为电路的输出，电路为反相输出施密特触发器。

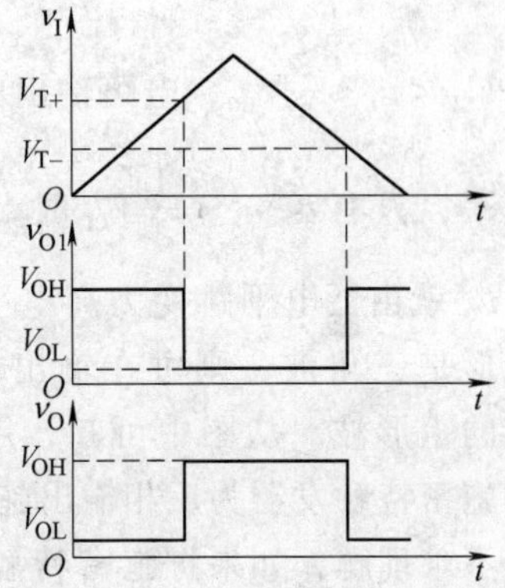

5.2.2　用 555 定时器构成施密特触发器

将 555 定时器的两个输入端 ν_{I1} 和 ν_{I2} 连在一起，即构成施密特触发器，内部结构和简化电路分别如图 5-6a、b 所示。

图 5-5　施密特触发器的工作波形

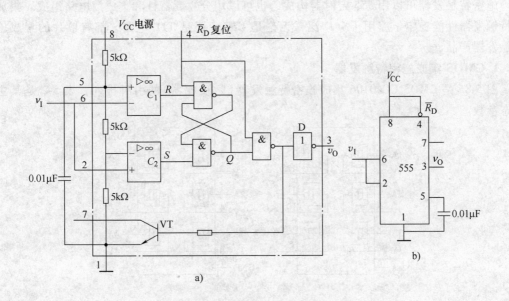

图 5-6　555 定时器构成的施密特触发器

a）内部结构　b）简化电路

图 5-6 中，电压控制端 (5 脚) 连接 $0.01\mu\mathrm{F}$ 的滤波电容，所以可知该电路的正向阈值电压 $V_{\mathrm{T+}} = \frac{2}{3}V_{\mathrm{CC}}$，负向阈值电压 $V_{\mathrm{T-}} = \frac{1}{3}V_{\mathrm{CC}}$，回差电压 $\Delta V_{\mathrm{T}} = \frac{1}{3}V_{\mathrm{CC}}$。如果 ν_{I} 由 0V 开始逐渐增加，当 $\nu_{\mathrm{I1}} < \frac{2}{3}V_{\mathrm{CC}}$ 时，根据 555 定时器功能表可知，输出 ν_0 为高电平；ν_{I} 继续增加，只要 $\frac{1}{3}V_{\mathrm{CC}} < \nu_{\mathrm{I}} < \frac{2}{3}V_{\mathrm{CC}}$，输出 ν_0 维持高电平不变；ν_{I} 再增加，一旦 $\nu_{\mathrm{I}} > \frac{2}{3}V_{\mathrm{CC}}$，$\nu_0$ 就由高电平跳变为低电平；之后 ν_{I} 再增加，仍是 $\nu_{\mathrm{I}} > \frac{2}{3}V_{\mathrm{CC}}$，电路输出端保持低电平不变。

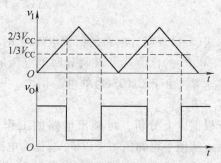

图 5-7　施密特触发器的工作波形

如果 ν_{I} 由大于 $\frac{2}{3}V_{\mathrm{CC}}$ 的电压值逐渐下降，只要 $\frac{1}{3}V_{\mathrm{CC}} < \nu_{\mathrm{I}} < \frac{2}{3}V_{\mathrm{CC}}$，电路输出状态不变，仍为低电平；只有当 $\nu_{\mathrm{I}} < \frac{1}{3}V_{\mathrm{CC}}$ 时，电路才再次翻转，ν_0 就由低电平跳变为高电平。如果输入 ν_{I} 的波形是三角波，则可在输出端得到如图 5-7 所示的矩形波。从图中可知，用 555 定时器构成的施密特触发器为反相输出施密特触发器。

不难理解，如果将施密特触发器电压控制端 (5 脚) 接 ν_{IC}，则 $V_{\mathrm{T+}} = \nu_{\mathrm{IC}}$，$V_{\mathrm{T-}} = \nu_{\mathrm{IC}}/2$，$\Delta V_{\mathrm{T}} = \nu_{\mathrm{IC}}/2$，那么就可以通过改变 ν_{IC} 来调节电路回差电压的大小。

5.2.3　集成施密特触发器

施密特触发器可以用 555 定时器构成，也可以用分立元器件和集成门电路组成。集成施密特触发器性能稳定，应用十分广泛，无论是 CMOS 还是 TTL 电路，都有单片的集成施密特触发器产品。

1. CMOS 集成施密特触发器

图 5-8a 是 CMOS CC40106 集成施密特触发器 (六反相器) 的引脚排列，表 5-2 是其主要静态参数。

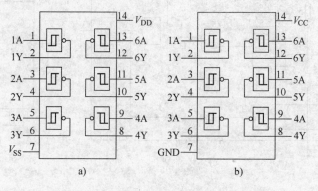

图 5-8　CC40106 和 74LS14 的引脚排列

a) CC40106　b) 74LS14

表 5-2　CC40106 的主要静态参数

电源电压 V_{DD}	V_{T+} 最小值	V_{T+} 最大值	V_{T-} 最小值	V_{T-} 最大值	ΔV_T 最小值	ΔV_T 最大值	单位
5	2.2	3.6	0.9	2.8	0.3	1.6	V
10	4.6	7.1	2.5	5.2	1.2	3.4	V
15	6.8	10.8	4	7.4	1.6	5	V

2. TTL 集成施密特触发器

图 5-8b 所示是 TTL 74LS14 集成施密特触发器的引脚排列。几个 TTL 集成施密特触发器的主要参数的典型值见表 5-3。

集成施密特触发器不仅可以做成单输入端反相缓冲器形式，还可以做成多输入端与非门形式，如 CMOS CC4093 四 2 输入与非门，TTL 74LS132 四 2 输入与非门和 74LS13 双 4 输入与非门等。为了提高电路的性能，有些电路在施密特触发器的基础上，增加了整形级和输出级。整形级可以使输出波形的边沿更加陡峭，输出级可以提高电路的带负载能力。

TTL 施密特触发与非门和缓冲器具有以下特点：

1）输入信号边沿的变化即使非常缓慢，电路也能正常工作。

2）对于阈值电压和滞回电压均有温度补偿。

3）带负载能力和抗干扰能力都很强。

表 5-3　几个 TTL 集成施密特触发器的主要参数的典型值

电路名称	器件型号	延迟时间/ns	每门功耗/mW	V_{T+}/V	V_{T-}/V	ΔV_T/V
六反相缓冲器	74LS14	15	8.6	1.6	0.8	0.8
四 2 输入与非门	74LS132	15	8.8	1.6	0.8	0.8
双 4 输入与非门	74LS13	16.5	8.75	1.6	0.8	0.8

5.2.4　施密特触发器的应用

施密特触发器的用途很广，在数字电路中常用于波形变换、脉冲整形及脉冲鉴幅等。

1. 波形变换

利用施密特触发器将可将三角波、正弦波、锯齿波等边沿变化缓慢的周期性信号，变换为边沿很陡峭的矩形脉冲信号。如图 5-9 所示，在反相施密特触发器的输入端加入正弦波，根据电路的电压传输特性，可在输出端得到同频率的矩形波。改变 V_{T+} 和 V_{T-} 就可调节 ν_0 的脉宽 t_w。

2. 脉冲整形

在数字系统中，矩形脉冲经传输后往往发生波形畸变，或者边沿产生阻尼振荡等。通过施密特触发器整形，可以获得比较理想的矩形脉冲波形，如图 5-10 所示（图示所用的是同相施密特触发器）。

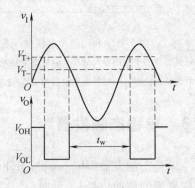

图 5-9　用施密特触发器实现波形变换

采用施密特触发器消除干扰时，回差电压大小的选择尤为重要。例如要消除图 5-11a 所示信号的顶部干扰，选择回差电压较小的 ΔV_{T1}，顶部干扰就不能消除，输出波形如图 5-11b 所示；必须使回差电压选为较大的 ΔV_{T2} 才能消除干扰，得到图 5-11c 所示的理想波形。

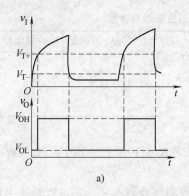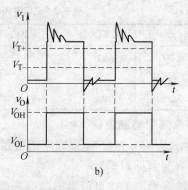

图 5-10　用施密特触发器实现脉冲波形的整形
a)改善上升沿和下降沿　b)消除振荡影响

3. 脉冲鉴幅

利用施密特触发器输出状态取决于输入信号幅度的工作特点，可以用它来作为幅度鉴别电路。例如，将一系列幅度各异的脉冲信号加到同相施密特触发器的输入端，只有那些幅度大于 V_{T+} 的脉冲才会在输出端产生输出信号，如图 5-12 所示。可见，施密特触发器具有脉冲鉴幅能力。

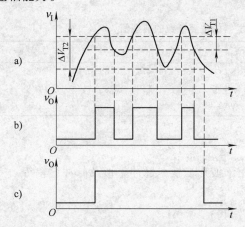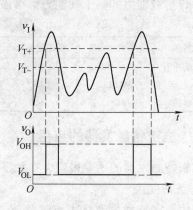

图 5-11　利用回差电压抗干扰

a)具有顶部干扰的输入信号　b)回差电压取值为 ΔV_{T1} 时的输出波形　c)回差电压取值为 ΔV_{T2} 时的输出波形

图 5-12　用施密特触发器进行幅度鉴别

5.3　单稳态触发器

单稳态触发器(Monostable Multivibrator)在数字电路中常用于脉冲整形、定时(产生固定时间宽度的脉冲信号)、延时(产生滞后于触发脉冲的输出脉冲)等领域。其工作特性具有如下的显著特点：

1)具有稳态和暂稳态两个不同的工作状态。无触发信号时，电路处于稳定状态。

2)在外加触发信号作用下，由稳定状态翻转到暂稳态。暂稳态是不能长久保持的状态，经过一段时间后，会自动返回到稳定状态。

3)暂稳态持续时间的长短取决于电路的定时元件参数，与触发脉冲的宽度和幅度无关。

5.3.1　用门电路构成单稳态触发器

1. 电路组成及工作原理

组成单稳态触发器的电路很多，可以用 TTL 或 CMOS 的与非门、或非门外接 R、C 元件组成。根据 RC 电路连接方式的不同，单稳态触发器有微分型单稳和积分型单稳两种电路形式，这里只讨论微分型单稳态触发器。

由 CMOS 或非门构成的微分型单稳态触发器如图 5-13 所示。其中，RC 环节构成微分电路，故称为微分型单稳态触发器。v_I 是输入触发脉冲，高电平触发，v_O 是门 D_2 的输出电压。

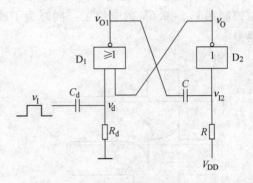

图 5-13　CMOS 或非门构成的
微分型单稳态触发器

对于 CMOS 电路，可近似认为 $V_{OH} = V_{DD}$，$V_{OL} = 0$，CMOS 的阈值电压 $V_{TH} = 0.5 V_{DD}$。

1）没有触发信号时电路工作在稳态：当没有触发信号时，v_I 为低电平。因为门 D_2 的输入端经电阻 R 接至 V_{DD}，v_{I2} 为高电平，因此 v_O 为低电平；门 D_1 的两个输入均为 0，其输出 v_{O1} 为高电平，电容 C 两端的电压接近 0V。这是电路的稳态，在触发信号到来之前，电路一直处于稳态，即 $v_{O1} \approx V_{DD}$，$v_O \approx 0$。

2）外加触发信号使电路由稳态翻转到暂稳态：当正触发脉冲 v_I 到来时，在 v_I 的上升沿，R_d、C_d 微分电路输出正的窄脉冲，当 v_I 上升到 D_1 门的阈值电压 V_{TH} 时，在电路中产生如下正反馈过程：

$$v_I \uparrow \longrightarrow v_{O1} \downarrow \longrightarrow v_{I2} \downarrow \longrightarrow v_O \uparrow$$

这一正反馈过程使 D_1 门瞬间导通，v_{O1} 迅速地从高电平跳变为低电平，由于电容 C 两端的电压不可能突变，v_{I2} 也同时跳变为低电平，D_2 门截止，输出 v_O 跳变为高电平。即使触发信号 v_I 撤除，由于 v_O 的作用，仍能维持门 D_1 的低电平输出。但是电路的这种状态是不能长久保持的，所以称为暂稳态。暂稳态时，$v_{O1} \approx 0$，$v_O \approx V_{DD}$。

3）电容 C 充电使电路由暂稳态自动返回到稳态：在暂稳态期间，V_{DD} 经 R 和 D_1 的导通对 C 充电，随着充电的进行，C 上的电荷逐渐增多，使 v_{I2} 升高。当 v_{I2} 上升到阈值电压 V_{TH} 时，电路又产生如下正反馈过程：

$$v_{I2} \uparrow \longrightarrow v_O \downarrow \longrightarrow v_{O1} \uparrow$$

由于这时 D_1 输入触发信号已经过去，D_1 的输出状态只由 v_O 决定。上述正反馈使 D_1 门迅速截止，D_2 门迅速导通，v_{O1}、v_{I2} 跳变到高电平，输出返回到 $v_O \approx 0V$ 的状态。此后，电容通过电阻 R 和 D_2 门的输入保护电路放电，最终使电容 C 上的电压恢复到稳定状态时的初始值，电路退出暂稳态而进入稳态。

根据以上分析，即可画出单稳态触发器中各点的电压波形，如图 5-14 所示。

需要注意的是，在暂稳态结束的瞬间($t=t_2$)，门 D_2 的输入电压 v_{12} 较高，这时可能会损坏 CMOS 器件。为了避免这种现象的发生，在 CMOS 器件内部设有保护二极管 VD，电路如图 5-15 所示。在电容 C 充电期间，二极管 VD 开路。而当 $t=t_2$ 时，二极管 VD 导通，于是 v_{12} 被钳制在 $V_{DD}+0.6V$ 的电位上。同时为了改善输出波形，一般要在输出端再加上一级反相器 D_3。

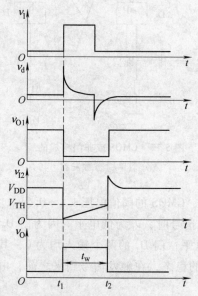

图 5-14　单稳态触发器中各点的电压波形　　　图 5-15　改进后的微分型单稳态触发器

2. 主要参数的计算

通常用输出脉冲宽度 t_w、恢复时间 t_{re} 和最高工作频率 f_{max} 等参数来描述单稳态触发器的性能。

1）输出脉冲宽度 t_w：v_{12} 从 0V 上升到阈值电压 V_{TH} 所需的时间。电源通过电阻 R 及或非门 D_1 低电平时的输出电阻 R_{ON} 对电容 C 充电，由于 R_{ON} 的值远远小于 R，所以电容的充电时间常数 $\tau_1 \approx RC$。由图 5-14 所示 v_{12} 的工作波形不难看出 $v_{12}(0_+) \approx 0V$，$v_{12}(\infty)=V_{DD}$，$v_{12}(t_w)=V_{TH}=\dfrac{V_{DD}}{2}$。根据 RC 电路暂态过程分析的三要素法，可得

$$t_w = \tau_1 \ln \frac{v_{12}(\infty)-v_{12}(0_+)}{v_{12}(\infty)-v_{12}(t_w)} = \tau_1 \ln \frac{V_{DD}-0}{V_{DD}-\frac{1}{2}V_{DD}} = \tau_1 \ln 2 = 0.7RC \tag{5-5}$$

2）恢复时间 t_{re}：从暂稳态结束到电路恢复到稳态初始值所需的时间。暂稳态结束后，电路还需要经过一段时间才能完全恢复到触发前的起始状态。单稳态触发器一般要经过 $(3\sim5)\tau_2$（放电时间常数）放电才基本结束，电路才能达到稳定。由于 τ_2 的值非常小，所以恢复时间 t_{re} 也很小。

3）最高工作频率 f_{max}：若输入触发信号 v_I 是周期为 T 的连续脉冲，为保证单稳态触发器能够正常工作，应满足下列条件：$T>t_w+t_{re}$。即 v_I 周期的最小值 T_{min} 应为 t_w+t_{re}，因此，单稳态触发器的最高工作频率应为

$$f_{max} = \frac{1}{T_{min}} = \frac{1}{t_w+t_{re}} \tag{5-6}$$

5.3.2　用 555 定时器构成单稳态触发器

1. 电路组成及工作原理

用 555 定时器构成的单稳态触发器如图 5-16 所示。图中 R、C 为外接定时元件，触发信号（下降沿有效）加在 555 定时器的 2 脚，输出信号由 3 脚引出，5 脚通过 $0.01\mu F$ 的滤波电容接地，6、7 脚相连通过上拉电阻接电源 V_{CC}。电路的工作波形如图 5-17 所示。

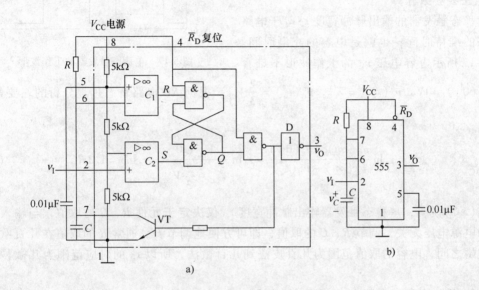

图 5-16　用 555 定时器构成的单稳态触发器

a) 内部结构　b) 简化电路

1) 稳定状态：当电路无触发信号时，ν_I 保持高电平（$\nu_I > \frac{1}{3}V_{CC}$）。在接通电源后，电源通过电阻 R 对电容 C 充电。当电容上的电压 $\nu_C > \frac{2}{3}V_{CC}$ 时，$R=0$，$S=1$，基本 RS 触发器置零（$Q=0$），输出信号 ν_0 为低电平。同时，放电晶体管 VT 导通，电容 C 迅速放电使 ν_C 为 0。此时 $R=1$，$S=1$，基本 RS 触发器保持状态不变，即输出端 ν_0 保持低电平。由上述分析得出，电路通电后在没有触发信号时，电路只有一种稳定状态，$\nu_0=0$。

2) 暂稳态：当 ν_I 下降沿到达时，555 触发输入端（2 脚）由高电平跳变为低电平（$\nu_I < \frac{1}{3}V_{CC}$）。此时 $R=1$，$S=0$，基本 RS 触发器置 1（$Q=1$），输出信号 ν_0 由低电平跳变为高电平，电路由稳态转入暂稳态。同时，VT 截止，电源经电阻 R 向电容 C 充电，充电时间常数 $\tau_1=RC$。在电容电压 ν_C 上升到阈值电压 $\frac{2}{3}V_{CC}$ 之前，电路将保持暂稳态不变。

3) 恢复过程：随着对电容 C 的充电，电容的电压逐渐升高。当 $\nu_C > \frac{2}{3}V_{CC}$ 时（此时 ν_I 已恢复至高电平），$R=0$，$S=1$，则 $Q=0$，输出信号 ν_0 由高电平跳变为低电平，电路由暂稳态恢复到稳定状态，单稳态触发器又可以接收新的触发信号。值得说明的是，当输出电压

ν_0 由高电平跳变为低电平时，VT 由截止转为饱和导通。电容 C 通过饱和导通的 VT 放电，放电时间常数 $\tau_2 = R_{CES}C$，式中 R_{CES} 是 VT 的饱和导通电阻，其阻值非常小，因此 τ_2 之值也非常小。经过 $(3 \sim 5)\tau_2$ 后，电容 C 放电完毕，恢复过程结束。

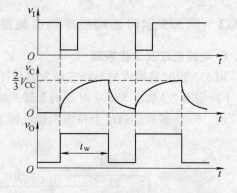

图 5-17　单稳态触发器的工作波形

2. 主要参数计算

单稳态触发器的输出脉冲宽度 t_w 等于电路暂稳态的维持时间，也就是电容的充电时间。由图 5-17 所示电容电压 ν_C 的工作波形不难看出，$\nu_C(0_+) \approx 0V$，$\nu_C(\infty) = V_{CC}$，$\nu_C(t_w) = \dfrac{2}{3}V_{CC}$。根据 RC 电路暂态过程分析的三要素法，可得

$$t_w = \tau_1 \ln \frac{\nu_C(\infty) - \nu_C(0^+)}{\nu_C(\infty) - \nu_C(t_w)} = \tau_1 \ln \frac{V_{CC} - 0}{V_{CC} - \frac{2}{3}V_{CC}} = \tau_1 \ln 3 = 1.1RC \tag{5-7}$$

式(5-7)说明，单稳态触发器输出脉冲宽度 t_w 仅决定于元件 R、C 的取值，与输入触发信号和电源电压无关，调节 R、C 的取值，即可方便地调节 t_w。通常 R 的取值在几百欧姆到几兆欧姆之间，电容的取值范围为几百皮法到几百微法，所以 t_w 的对应范围为几微秒到几分钟。

需要指出的是，在图 5-17 所示电路中，输入触发信号 ν_I 的脉冲宽度（低电平的保持时间）必须小于电路输出 ν_0 的脉冲宽度（暂稳态维持时间 t_w），否则电路将不能正常工作。因为当单稳态触发器被触发翻转到暂稳态后，如果 ν_I 端的低电平一直保持不变，那么输出端将一直保持高电平，电路就不能回到稳态。解决这一问题的一个简单方法，就是在电路的输入端加一个 RC 微分电路。即当 ν_I 为宽脉冲时，让 ν_I 经 RC 微分电路之后再接到 ν_{I2} 端（2 脚），且微分电路的电阻应接到电源 V_{CC}，以保证在 ν_I 下降沿未到来时，ν_{I2} 端为高电平。

5.3.3　用施密特触发器构成单稳态触发器

1. 电路组成及工作原理

单稳态触发器可以由 555 定时器构成，也可以由施密特触发器构成。图 5-18a 所示是用 CMOS 集成施密特触发器构成的单稳态触发器。图 5-18 中，触发脉冲经 RC 微分电路加到施密特触发器的输入端，在输入脉冲作用下，使得施密特触发器的输入电压依次经过 V_{T+} 和 V_{T-} 两个转换电平，从而在输出端得到一定宽度的矩形脉冲。具体工作过程如下：

稳态时，输入 $\nu_I = 0$，$\nu_R = 0$，输出 $\nu_0 = V_{OH}$。当幅度为 V_{DD} 的正触发脉冲加到电路输入端时，ν_R 跳变到 V_{DD}。由于 $V_{DD} > V_{T+}$，所以施密特触发器发生翻转，$\nu_0 = V_{OL}$，电路进入暂稳态。在暂稳态期间，随着电容 C 的充电，ν_R 按指数规律下降，当 ν_R 下降到略低于 V_{T-} 时，施密特触发器再次翻转，电路返回到原来的稳态，输出 $\nu_0 = V_{OH}$。电路各点的波形如图 5-18b 所示。

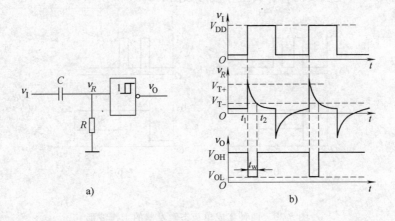

图 5-18 施密特触发器构成的单稳态触发器(上升沿触发)

a)电路结构 b)电压波形

2. 主要参数计算

由图 5-18b 可知，输出脉冲的宽度 t_w 取决于 RC 微分电路中电阻 R 上的电压 ν_R 从初始值 V_{DD} 下降到 V_{T-} 所需的时间。根据 RC 电路暂态过程分析的三要素法，可得

$$t_w = RC\ln\frac{\nu_R(\infty) - \nu_R(0_+)}{\nu_R(\infty) - \nu_R(t_2)} = RC\ln\frac{V_{DD}}{V_{T-}} \tag{5-8}$$

图 5-18a 所示的单稳态触发器是由输入脉冲上升沿触发翻转的。由施密特触发器构成的输入脉冲下降沿触发翻转的单稳态触发器如图 5-19a 所示，其工作波形如图 5-19b 所示。

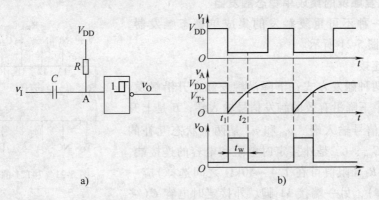

图 5-19 施密特触发器构成的单稳态触发器(下降沿触发)

a)电路结构 b)电压波形

5.3.4 集成单稳态触发器

单稳态触发器应用十分广泛，有多种 TTL 和 CMOS 集成单稳态触发器产品，如 TTL 系列的 74121、74122、74123 等，CMOS 系列的 CC14528、CC4098 等。这些集成器件除了外接定时电阻和电容之外，其他电路都集成在一个芯片之中。它具有定时范围宽、稳定性好、使用方便等优点，因此得到了广泛应用。根据电路工作特性的不同，集成单稳态触发器可分为

可重复触发和不可重复触发两种，其工作波形如图 5-20a、b 所示。

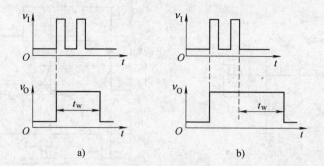

图 5-20　两种集成单稳态触发器的工作波形

a）不可重复触发的工作波形　b）可重复触发的工作波形

不可重复触发的单稳态触发器一旦被触发进入暂稳态以后，再加入触发脉冲不会影响电路的工作过程，必须在暂稳态结束以后，它才能接收下一个触发脉冲而转入下一个暂稳态。不可重复触发的单稳态触发器有 74121、74221 等型号。而可重复触发的单稳态触发器在电路被触发而进入暂稳态以后，如果再次加入触发脉冲，电路将重新被触发，使输出脉冲再继续维持一个 t_w 宽度。可重复触发的单稳态触发器的输出脉宽可根据触发脉冲的输入情况的不同而改变。可重复触发的单稳态触发器有 74122、74123 等型号。有些集成单稳态触发器上还设有复位端（如 74221、74122、74123 等），通过复位端加入低电平信号能立即终止暂稳态过程，使输出端返回低电平。

1. 不可重复触发的集成单稳态触发器

74121 是一种不可重复触发的集成单稳态触发器，其引脚排列如图 5-21 所示。

（1）电路连接

74121 有两种触发方式：下降沿触发和上升沿触发。A_1 和 A_2 是两个下降沿有效的触发信号输入端，B 是上升沿有效的触发信号输入端。v_0 和 $\overline{v_0}$ 是两个状态互补的输出端。R_{ext}/C_{ext}、C_{ext} 是外接定时电阻和电容的连接端，外接定时电阻 R_{ext}（阻值可在 1.4～40kΩ 之间选择）应一端接 V_{CC}（14 脚），另一端接 11 脚。外接定时电容 C（一

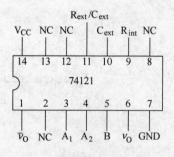

图 5-21　74121 的引脚排列

般在 10pF～10μF 之间选择）一端接 10 脚，另一端接 11 脚。若 C 是电解电容，则其正极接 10 脚，负极接 11 脚。74121 内部已经设置了一个 2kΩ 的定时电阻 R_{int}，（9 脚）是其引出端，使用时只需将 9 脚与 14 脚连接起来即可，不用时则应让 9 脚悬空。图 5-22 表明了 74121 的外接定时电容、电阻的连接方法。图 5-22a 是使用外部电阻 R_{ext} 且电路为上升沿触发连接方式，图 5-22b 是使用内部电阻 R_{int} 且电路为下降沿触发连接方式。

（2）主要参数

1）输出脉冲宽度 t_w

$$t_w = RC\ln2 \approx 0.7RC \tag{5-9}$$

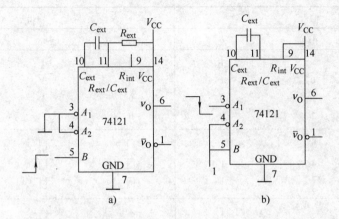

图 5-22　74121 定时电容、电阻的连接方法

a) 使用外接电阻 R_{ext} 的电路连接（上升沿触发）　b) 使用内部电阻 R_{int} 的电路连接（下降沿触发）

使用外接电阻时脉冲宽度为

$$t_w \approx 0.7 R_{ext} C$$

使用内部电阻时脉冲宽度为

$$t_w \approx 0.7 R_{int} C$$

2) 输入触发脉冲最小周期 T_{min}

$$T_{min} = t_w + t_{re}$$

3) 周期性输入触发脉冲占空比 q

定义为

$$q = \frac{t_w}{T}$$

最大占空比为

$$q_{max} = \frac{t_w}{T_{min}} = \frac{t_w}{t_{re} + t_w} \tag{5-10}$$

式中，T 是输入触发脉冲的重复周期；t_w 是单稳态触发器的输出脉冲宽度；t_{re} 是恢复时间。

74121 的最大占空比 q_{max} 与 R 有关，当 $R = 2k\Omega$ 时为 67%；当 $R = 40k\Omega$ 时可达 90%。这一点不难理解，比如，$R = 2k\Omega$ 且输入触发脉冲重复周期 $T = 1.5\mu s$，则恢复时间 $t_{re} = 0.5\mu s$，这是 74121 恢复到稳态所必需的时间。可见，如果占空比超过最大允许值（在恢复时间内又输入新的触发脉冲），电路虽然仍可被触发，但输出脉冲宽度就会小于规定的定时时间 t_w，这一特点限制了 74121 的应用场合。

（3）逻辑功能

表 5-4 是 74121 的功能表，表中的 1 表示高电平，0 表示低电平。

表 5-4　74121 的功能表

输入			输出		
A_1	A_2	B	v_0	$\overline{v}_0$	工作特征
0	×	1	0	1	
×	0	1	0	1	保持稳态
×	×	0	0	1	
1	1	×	0	1	
1	↓	1	⊓	⊔	
↓	1	1	⊓	⊔	下降沿触发
↓	↓	1	⊓	⊔	
0	×	↑	⊓	⊔	上升沿触发
×	0	↑	⊓	⊔	

由 74121 的功能表可见，在下述情况下，电路有正脉冲输出：

1）A_1 和 A_2 两个输入中有一个或两个为低电平，且 B 产生由 0 到 1 的正跳变。

2）B 为高电平，且 A_1 和 A_2 中有一个或两个产生由 1 到 0 的负跳变。

（4）工作波形

根据 74121 的功能表，可画出它的工作波形，如图 5-23 所示。

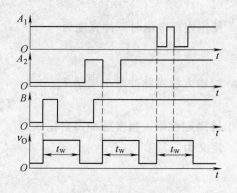

图 5-23　74121 的工作波形

2. 可重复触发的集成单稳态触发器

74123 是可重复触发的集成单稳态触发器，并具有复位功能，其引脚排列如图 5-24 所示。74123 是将两个独立的可重复单稳态触发器集成在一个芯片中。它有两个触发输入端 A 和 B，A 是下降沿触发输入端，B 为上升沿触发输入端。$\overline{R}_D$ 为直接复位端，v_0 和 $\overline{v}_0$ 是两个状态互补的输出端。外接定时电容 C_{ext} 与外接电阻 R_{ext}、内部电阻 R_{int} 的接法和 74121 基本相同。表 5-5 是 74123 的功能表。

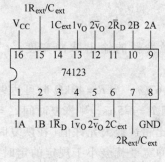

图 5-24　74123 的引脚排列

表 5-5　74123 的功能表

输入			输出	
$\overline{R}_D$	A	B	v_0	$\overline{v}_0$
0	×	×	0	1
×	1	×	0	1
×	×	0	0	1
1	0	↑	⊓	⊔
1	↓	1	⊓	⊔
↑	0	1	⊓	⊔

当定时电容 $C_{ext} > 1000pF$ 时，74123 的输出脉冲宽度为

$$t_w \approx 0.45 R_{ext} C_{ext} \tag{5-11}$$

采用 74123 可以方便地产生持续时间很长的输出脉冲，只要在输出脉冲宽度结束之前，重新输入触发信号，就可以延长输出脉冲宽度。

5.3.5　单稳态触发器的应用

单稳态触发器是常用的单元电路，其应用十分广泛。例如，单稳态触发器的定时功能主要应用在洗衣机、电风扇、微波炉等家电产品中；单稳态触发器的延时功能可以应用在楼道灯等场合，实现延时熄灯的控制。

1. 定时

图 5-25 所示为一个由单稳态触发器和与门构成的定时选通电路框图和工作波形。图中，ν_I、ν_A、ν_B 和 ν_O 分别是触发信号、单稳态输出信号、高频输入信号和与门输出信号。单稳态触发器的输出电压 ν_A 用作与门的输入定时控制信号，当 ν_A 为高电平时与门打开，$\nu_O = \nu_B$，当 ν_A 为低电平时与门关闭，ν_O 为低电平。显然与门打开的时间就是单稳态触发器输出脉冲 ν_A 的宽度 t_w。该电路实现了对高频输入信号 ν_B 定时选通的控制功能。

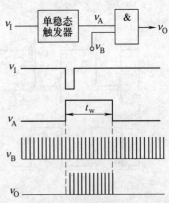

图 5-25　单稳态触发器和与门构成的定时选通电路的原理和工作波形

2. 延时

在许多数字控制系统中，为了完成时序的配合，需要将脉冲信号延时一段时间后输出，可以用两个单稳态触发器来实现。图 5-26 所示为用两片 74121 组成的脉冲延时电路及工作波形。从工作波形可以看出，输出信号 ν_O 的上升沿相对输入信号 ν_I 的上升沿延迟了 t_{w1} 时间。

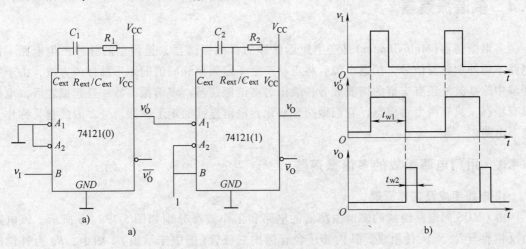

图 5-26　用两片 74121 组成的脉冲延时电路及工作波形
a) 延时电路　b) 工作波形

3. 波形整形

单稳态触发器能够把不规则的输入信号 ν_I 整形为幅度、宽度都相同的矩形脉冲 ν_O，如图 5-27 所示。由于脉冲宽度 t_w 仅取决于 RC 定时元件的参数，因此单稳态触发器还可以改变输入脉冲的占空比。

4. 噪声消除电路

由 74121 和 D 触发器组成的噪声消除电路及工作波形分别如图 5-28a、b 所示。因为有用信号一般都有一定的脉冲宽度，而噪声多表现为尖脉冲形式，所以合理地选择 R、C 的值，使单稳态触发器的输出脉宽大于噪声宽度且小于信号的脉宽，即可消除噪声。

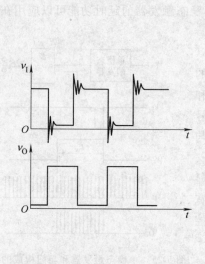

图 5-27　单稳态触发器用于
波形的整形

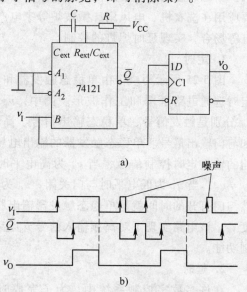

图 5-28　噪声消除电路及工作波形
a) 电路　b) 工作波形

5.4　多谐振荡器

多谐振荡器（Multivibrator）是产生矩形脉冲的自激振荡器，是典型的脉冲产生电路。该电路不用外加触发信号，接通电源后将自动产生一定频率和幅值的矩形脉冲或方波，由于矩形波中除基波外还有丰富的谐波成分，故得名多谐振荡器。多谐振荡器一旦起振之后，电路没有稳态，只有两个暂稳态，它们做交替变化，输出连续的矩形脉冲信号，因此它又称作无稳态电路。

5.4.1　用门电路组成的多谐振荡器

1. 电路组成及工作原理

由 CMOS 门电路组成的多谐振荡器的电路和工作波形分别如图 5-29a、b 所示。该电路由反相器与 R、C 元件组成，其内部还含有保护二极管（图中未示出）。图中，R_S 为补偿电阻，它可以减少电源电压变化对振荡频率的影响，一般取 $R_S = 10R$。

设电路在 $t = 0$ 时接通电源，此时电容尚未充电，且非门的阈值电压 $V_{TH} = 0.5V_{DD}$。

1) 第一暂稳态及电路自动翻转的过程：初始状态为 $v_I = 0$，所以 D_1 截止，$v_{o1} = V_{DD}$，D_2 导通，$v_o = V_{OL}$，v_{o1} 的高电平经 R 向 C 充电，充电路径如图 5-29a 中的实线所示。随着充电时间的增加，电容器上的电压逐渐上升，经 R_S 耦合导致 v_I 增加。只要 $v_I < V_{TH}$，输出就保持

低电平不变，此为第一暂稳态。当 v_I 达到 V_{TH} 时，D_1 门进入其电压传输特性转折区，电路产生如下正反馈过程：

$$v_I \uparrow \longrightarrow v_{O1} \downarrow \longrightarrow v_O \uparrow$$

这一正反馈过程使 D_1 很快导通，D_2 迅速截止，电路进入第二暂稳态，$v_{O1} = V_{OL}$，$v_O = V_{DD}$。

2）第二暂稳态及电路自动翻转的过程：在进入第二暂稳态瞬间，v_O 从 0 跳变到 V_{DD}，电容两端电压不能突变，v_I 也跟着跳变到高电平。v_I 本应升至 $V_{DD} + V_{TH}$，但由于保护二极管的钳位作用，v_I 仅上跳至 $V_{DD} + \Delta V_+$（ΔV_+ 为保护二极管的正向导通电压），如图 5-29b 所示。因为此时电容电压为高电平，所以电容 C 经 R 放电，放电路径如图 5-29a 中的虚线所示。随着放电时间的增加，电容器上的电压逐渐下降，经 R_S 耦合导致 v_I 下降。当 v_I 降至 V_{TH} 时，电路产生如下正反馈过程：

$$v_I \downarrow \longrightarrow v_{O1} \uparrow \longrightarrow v_O \downarrow$$

从而使 D_1 迅速截止，D_2 迅速导通，电路又返回到第一暂稳态，$v_{O1} = V_{DD}$，$v_O = V_{OL}$。此后，电路重复上述过程，周而复始地从一个暂稳态翻转到另一个暂稳态，在 D_2 的输出端得到周期性的方波，如图 5-29b 所示。

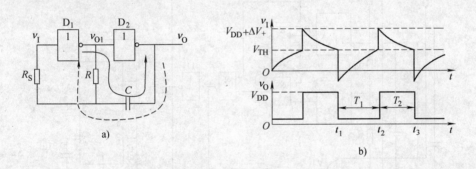

图 5-29 CMOS 门电路构成的多谐振荡器的电路及工作波形

a）电路 b）工作波形

2. 主要参数计算

由以上分析可以看出，多谐振荡器的两个暂稳态的转换过程是通过电容 C 的充放电作用实现的，所以，多谐振荡器的振荡周期是由电容的充、放电时间决定的。而电容的充放电过程又集中体现在 v_I 的变化上，如果设电路的第一暂稳态和第二暂稳态时间分别为 T_1 和 T_2，根据以上分析所得电路状态转换时 v_I 的几个特征值，就可以计算电路振荡周期的值。

1）T_1 的计算：将图 5-29b 中的 t_1 作为第一暂稳态的起点，有 $v_I(0_+) = -\Delta V_+ \approx 0V$，$v_I(\infty) = V_{DD}$，$v_I(t_2) = V_{TH} = 0.5V_{DD}$。根据 RC 电路暂态过程分析的三要素法可知，v_I 由 0V 变化到 V_{TH} 所需的时间

$$T_1 = \tau \ln \frac{V_{DD}}{V_{DD} - V_{TH}} = RC \ln \frac{V_{DD}}{V_{DD} - V_{TH}} \tag{5-12}$$

2）T_2 的计算：同理，将图 5-29b 中的 t_2 作为第二暂稳态的起点，有 $v_I(0_+) = V_{DD} + \Delta V_+$

$\approx V_{DD}$，$v_1(\infty) = 0$，$v_1(t_3) = V_{TH}$，由此可求出

$$T_2 = \tau \ln \frac{V_{DD}}{V_{TH}} = RC \ln \frac{V_{DD}}{V_{TH}} \tag{5-13}$$

所以

$$T = T_1 + T_2 = RC \ln \frac{V_{DD}^2}{(V_{DD} - V_{TH}) V_{TH}} = RC \ln 4 \approx 1.4 RC \tag{5-14}$$

显然，改变 R、C 参数的大小可以改变方波的振荡周期（或振荡频率）。

5.4.2 用 555 定时器构成多谐振荡器

1. 电路组成及工作原理

用 555 定时器构成的多谐振荡器的内部结构和简化电路如图 5-30 所示，其中 R_1、R_2 和 C 是外接定时元件。

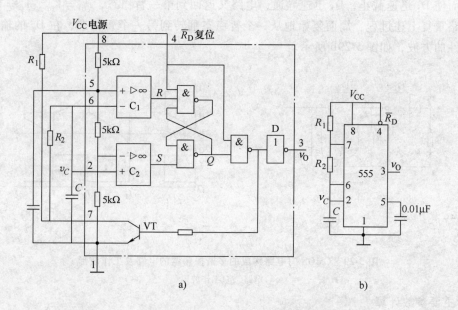

图 5-30 用 555 定时器构成的多谐振荡器

a) 内部结构　b) 简化电路

在接通电源的瞬间，2 脚和 6 脚的电位 $v_C < \frac{1}{3} V_{CC}$（此时电容尚未充电），比较器 C_1、C_2 的输出 $R = 1$，$S = 0$，触发器置 1（$Q = 1$），输出信号 v_0 为高电平。同时，放电晶体管 VT 截止，电源经 R_1、R_2 对 C 充电，v_C 逐渐上升，这时电路处于第一暂稳态。在未达到 $\frac{2}{3} V_{CC}$ 之前，电路将保持第一暂稳态不变。

当 v_C 上升到 $\frac{2}{3} V_{CC}$ 时，比较器 C_1、C_2 的输出 $R = 0$，$S = 1$，触发器置 0（$Q = 0$），v_0 由高

电平跳变为低电平。同时，VT 导通，电容 C 经电阻 R_2 放电，v_C 逐渐降低，这时电路处于第二暂稳态。在未达到 $\frac{1}{3}V_{CC}$ 之前，电路将保持第二暂稳态不变。

当 v_C 下降到 $\frac{1}{3}V_{CC}$ 时，v_O 由低电平跳变为高电平，同时 VT 截止，电源经 R_1、R_2 再次对 C 充电，v_C 上升，电路又返回到第一暂稳态。如此周而复始，在电路的输出端就得到了一个周期性的矩形波，如图 5-31 所示。

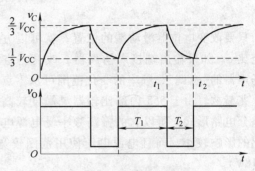

图 5-31　多谐振荡器的工作波形

2. 主要参数计算

1）第一暂稳态的输出脉冲宽度 T_1：电容充电时，时间常数 $\tau_1 = (R_1 + R_2)C$，起始值 $v_c(0_+) = \frac{1}{3}V_{CC}$，稳定值 $v_c(\infty) = V_{CC}$，转换值 $v_c(t_1) = \frac{2}{3}V_{CC}$。根据 RC 电路暂态过程分析的三要素法，可得

$$T_1 = \tau_1 \ln \frac{v_c(\infty) - v_c(0_+)}{v_c(\infty) - v_c(t_1)} = \tau_1 \ln \frac{V_{CC} - \frac{1}{3}V_{CC}}{V_{CC} - \frac{2}{3}V_{CC}} = \tau_1 \ln 2 = 0.7(R_1 + R_2)C \qquad (5-15)$$

2）第二暂稳态的输出脉冲宽度 T_2：电容放电时，时间常数 $\tau_2 = R_2 C$，起始值 $v_c(0_+) = \frac{2}{3}V_{CC}$，稳定值 $v_c(\infty) = 0$，转换值 $v_c(t_2) = \frac{1}{3}V_{CC}$，代入 RC 电路暂态过程计算公式进行计算，可得

$$T_2 = 0.7R_2 C \qquad (5-16)$$

3）电路振荡频率 f

$$f = \frac{1}{T} = \frac{1}{T_1 + T_2} \approx \frac{1.43}{(R_1 + 2R_2)C} \qquad (5-17)$$

4）输出波形占空比 q

$$q = \frac{T_1}{T} = \frac{0.7(R_1 + R_2)C}{0.7(R_1 + 2R_2)C} = \frac{R_1 + R_2}{R_1 + 2R_2} \qquad (5-18)$$

在图 5-30 所示电路中，由于电容 C 的充电时间常数 $\tau_1 = (R_1 + R_2)C$，放电时间常数 $\tau_2 = R_2 C$，所以 T_1 总是大于 T_2，v_O 的波形不仅不可能对称，而且占空比 q 不易调节。利用半导体二极管的单向导电特性，把电容 C 充电回路和放电回路隔离开来，再加上一个电位器，便可构成占空比可调的多谐振荡器，如图 5-32 所示。

由于二极管的引导作用，电容 C 的充电时间常数 $\tau_1 = R_1 C$，放电时间常数 $\tau_2 = R_2 C$。通过与上面相同的分析计算过程可得 $T_1 = 0.7R_1 C$，$T_2 = 0.7R_2 C$，则

$$q = \frac{T_1}{T} = \frac{T_1}{T_1 + T_2} = \frac{0.7R_1C}{0.7R_1C + 0.7R_2C} = \frac{R_1}{R_1 + R_2}$$

(5-19)

只要改变电位器滑动端的位置，就可以方便地调节占空比 q。如果输出端接入扬声器，改变占空比就可改变扬声器的"音调"，频率的变化范围可从零点零几赫兹到上兆赫兹。由于 555 内部比较器灵敏度较高，且采用了差分电路形式，所以它的振荡频率受电源电压和温度变化的影响较小，而且电源电压使用范围较宽（一般为 $3 \sim 18\text{V}$）。

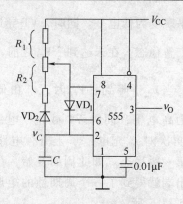

图 5-32 占空比可调的多谐振荡器

5.4.3 用施密特触发器构成多谐振荡器

1. 电路组成及工作原理

利用施密特触发器可以构成多谐振荡器，如图 5-33a 所示。

在接通电源瞬间，电容 C 上的电压 v_C 为 0，输出 v_0 为高电平。v_0 的高电平通过电阻 R 对电容 C 充电，v_C 逐渐上升。当 v_C 上升到 V_{T+} 时，施密特触发器发生翻转，输出 v_0 变为低电平。此后，电容 C 又开始放电，v_C 逐渐降低。当 v_C 下降到 V_{T-} 时，施密特触发器发生翻转，输出 v_0 变为高电平，C 又被重新充电。如此周而复始，在电路的输出端就得到了矩形波。v_C 和 v_0 的波形如图 5-33b 所示。

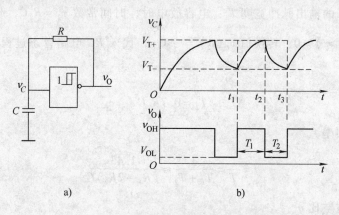

图 5-33 用施密特触发器构成的多谐振荡器

a）电路 b）工作波形

2. 主要参数计算

假设图 5-33a 采用 CC40106 施密特触发器，已知 $V_{OH} \approx V_{DD}$，$V_{OL} \approx 0\text{V}$，则图 5-33b 中的输出电压 v_0 的周期 $T = T_1 + T_2$。

1）T_1 的计算：以图 5-33b 中 t_1 作为时间起点，电容充电时，起始值 $v_C(0_+) = V_{T-}$，稳定值 $v_C(\infty) = V_{DD}$，转换值 $v_C(t_2) = V_{T+}$。根据 RC 电路暂态过程分析的三要素法，可得

$$T_1 = RC\ln\frac{v_C(\infty) - v_C(0_+)}{v_C(\infty) - v_C(t_2)} = RC\ln\frac{V_{DD} - V_{T-}}{V_{DD} - V_{T+}}$$

(5-20)

2）T_2 的计算：以图 5-33b 中 t_2 作为时间起点，电容放电时，起始值 $v_C(0_+) = V_{T+}$，稳定值 $v_C(\infty) = 0$，转换值 $v_C(t_3) = V_{T-}$。根据 RC 电路暂态过程分析的三要素法，可得

$$T_2 = RC\ln\frac{v_C(\infty) - v_C(0_+)}{v_C(\infty) - v_C(t_3)} = RC\ln\frac{V_{T+}}{V_{T-}} \tag{5-21}$$

所以，振荡周期

$$T = T_1 + T_2 = RC\ln\frac{V_{DD} - V_{T-}}{V_{DD} - V_{T+}} + RC\ln\frac{V_{T+}}{V_{T-}} = RC\ln\left(\frac{V_{DD} - V_{T-}}{V_{DD} - V_{T+}} \cdot \frac{V_{T+}}{V_{T-}}\right) \tag{5-22}$$

5.4.4 石英晶体多谐振荡器

在许多数字系统中，都要求时钟脉冲频率十分稳定，例如在数字钟表里，计数脉冲频率的稳定性直接决定着计时的精度。在上面介绍的多谐振荡器中，由于其工作频率取决于电容 C 充、放电过程中电压到达转换值的时间，因此稳定度不够高。这是因为：第一，转换电平易受温度变化和电源波动的影响；第二，电路的工作方式易受干扰，从而使电路状态转换提前或滞后；第三，电路状态转换时，电容充、放电的过程已经比较缓慢，转换电平的微小变化或者干扰对振荡周期影响都比较大。在对振荡器频率稳定度要求很高的场合，一般都需要采取稳频措施，而目前最常用的一种方法，就是在多谐振荡器中接入石英晶体，构成石英晶体多谐振荡器。

图 5-34 所示为石英晶体的图形符号和电抗频率特性。由图 5-34 可看出，当外加电压的频率 $f = f_0$ 时，石英晶体的电抗 $X = 0$，信号最容易通过，而在其他频率下电抗都很大，信号均被衰减掉。石英晶体不仅选频特性好，而且谐振频率也十分稳定。目前，具有各种谐振频率的石英晶体已被制成标准化和系列化的产品出售。

图 5-35 所示是一种典型的由双反相器构成的石英晶体振荡电路。电路中电阻 R 的作用是使两个反相器在静态时都能工作在转折区，使每一个反相器都成为具有很强放大能力的放大器。对 TTL 反相器，常取 $R = 0.7 \sim 2k\Omega$，若是 CMOS 门则常取 $R = 10 \sim 100M\Omega$。电路中，电容 C_1 用于两个反相器间的耦合，C_2 的作用是抑制高次谐波，以保证输出脉冲更加稳定。

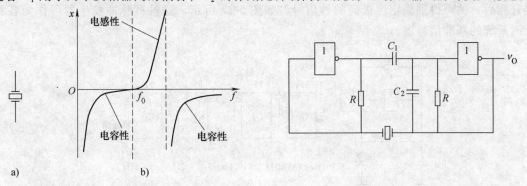

图 5-34　石英晶体的图形符号和电抗频率特性
　　　　a）图形符号　b）电抗频率特性

图 5-35　由双反相器构成的石英晶体振荡电路

因为串联在两级放大器之间的石英晶体具有极好的选频特性，只有频率为 f_0 的信号才能通过，因此一旦接通电源，电路就会在频率 f_0 处形成自激振荡。因为石英晶体的谐振频

率 f_0 仅决定于其体积、形状和材料，而与外接元件 R、C 无关，所以这种电路振荡频率的稳定度很高。实际使用时，常在图 5-35 所示电路的输出端再加一个反相器，以使输出脉冲更接近矩形波，还可以起到缓冲和隔离的作用。

5.4.5　多谐振荡器的应用

1. 双相时钟发生器

作为多谐振荡器的一个应用实例，双相时钟发生器如图 5-36a 所示，它是在石英晶体振荡器的输出端再加一个反相器，经 JK 触发器和与门电路分频后得到的可以产生两相时钟信号的电路，图 5-36b 是其工作波形。

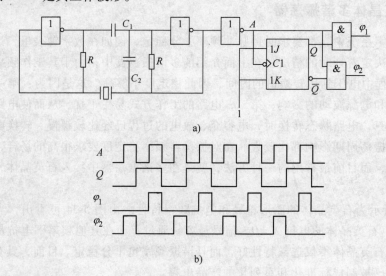

a)

b)

图 5-36　双相时钟发生器

a) 电路　b) 工作波形

2. 秒脉冲发生器

由石英晶体多谐振荡器产生 $f = 32768\,\text{Hz}$ 的基准信号，经 T' 触发器构成的 15 级异步计数器分频后，便可得到稳定度极高的秒信号，如图 5-37 所示。这种秒脉冲发生器可作为各种计时系统的基准信号源。

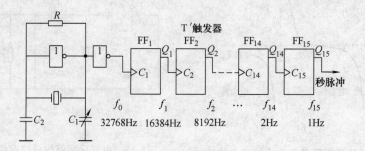

图 5-37　秒脉冲发生器

555 定时器构成的多谐振荡器除了用作矩形波发生器以外，在自动控制领域也有着广泛的应用。

3. 液位监测报警器

图 5-38 所示是一个 555 定时器构成的液位监测电路，液位过低时，有报警声提示。图中，电容 C_1 的两端通过导线与探测电极相连，将探测电极探入到要监测的液体中，555 定时器构成的多谐振荡器的输出端通过耦合电容 C_2 与扬声器相连。液位正常时，探测电极之间导通，电容 C_1 被短路，多谐振荡器不工作，扬声器无声。当液位下降到探测电极以下时，探测电极之间开路，电容 C_1 充电，多谐振荡器开始工作，扬声器发出报警声。

4. 双音门铃

图 5-39 所示为用多谐振荡器构成的双音门铃电路。

当按钮 SB 按下时，开关闭合，V_{CC} 经 VD$_2$ 向 C_3 充电，P 点(4 脚)电位迅速升至 V_{CC}，复位解除；由于 VD$_1$ 将 R_3 旁路，V_{CC} 经 VD$_1$、R_1、R_2 向 C_1 充电，充电时间常数为 $(R_1 + R_2)C_1$，放电时间常数为 R_2C_1，多谐振荡器产生高频振荡，扬声器发出高音。

当按钮 SB 松开时，开关断开，由于电容 C_3 储存的电荷经 R_4 放电要维持一段时间，在 P 点电位降至复位电平之前，电路将继续维持振荡；但此时 V_{CC} 经 R_3、R_1、R_2 向 C_1 充电，充电时间常数增加为 $(R_3 + R_1 + R_2)C_1$，放电时间常数仍为 R_2C_1，多谐振荡器产生低频振荡，扬声器发出低音。当电容 C_3 持续放电，使 P 点电位降至 555 定时器的复位电平以下时，多谐振荡器停止振荡，扬声器停止发声。

调节相关参数，可以改变高、低音发声频率以及低音维持时间。

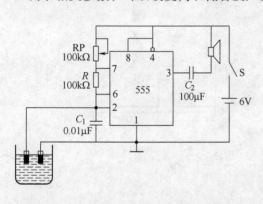 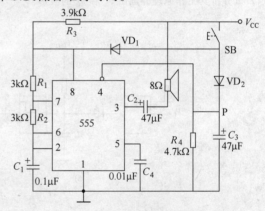

图 5-38　555 定时器构成的液位监测电路　　　　图 5-39　用多谐振荡器构成的双音门铃电路

本 章 小 结

本章介绍了各种脉冲产生电路和整形电路的组成和工作原理。

555 定时器是一种多用途的集成电路。它只需外接少量的阻容元件便可构成施密特触发器、单稳态触发器和多谐振荡器。555 定时器使用方便、灵活，有较强的负载能力和较高的触发灵敏度，应用领域广泛。

施密特触发器是常用的脉冲整形电路。施密特触发器具有回差特性，它有两个稳定状态，有两个不同的触发电平。施密特触发器可将任意波形变换成矩形脉冲，输出脉冲宽度取决于输入信号的波形和回差电压的大小。施密特触发器常用于波形变换、脉冲整形及脉冲鉴幅，还可以构成单稳态触发器和多谐振荡器。

　　单稳态触发器也是常用的脉冲整形电路。它有一个稳态和一个暂稳态，在没有输入触发信号时，电路始终处于稳态。在输入触发信号作用下，电路由稳态翻转为暂稳态，经过一段时间后，电路又自动返回稳态。暂稳态的持续时间取决于外加定时元件的参数。单稳态触发器常用于脉冲信号的整形、定时和延时等。

　　多谐振荡器是常用的脉冲波形产生电路。它是一种自激振荡电路，不需要外加输入信号，就可以自动地产生出矩形脉冲。多谐振荡器没有稳定状态，只有两个暂稳态。暂稳态之间的相互转换完全靠电路本身电容的充电和放电自动完成。输出信号的频率由电路参数 R、C 决定。在频率稳定度要求高的场合通常采用石英晶体振荡器。

习　题

　　5-1　在图 5-6 所示 555 定时器构成的施密特触发器中输入如图 5-40 所示波形图，估算在下列条件下电路的 V_{T+}、V_{T-}、ΔV_T：（1）$V_{CC} = 12V$，v_{IC} 端通过 $0.01\mu F$ 的电容接地；

　　（2）$V_{CC} = 12V$，v_{IC} 端接 5V 电源；

　　（3）如果 v_{IC} 端通过 $0.01\mu F$ 的电容接地，输入电压 v_I 的波形如图 5-40 所示，试画出输出电压 v_o 的波形。

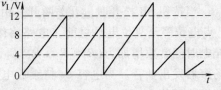

图 5-40　题 5-1 图

　　5-2　由施密特触发器构成的脉冲展宽电路如图 5-41a 所示，试分析其工作原理并画出 v_A 和 v_O 的波形。

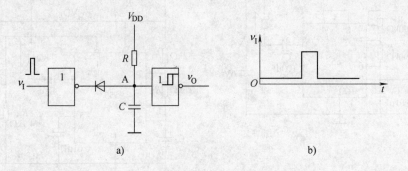

a)　　　　　　　　　　　　b)

图 5-41　题 5-2 图

　　5-3　施密特触发器可作为脉冲鉴幅器。为了从图 5-42 所示的信号中将幅度大于 10V 的脉冲检出，电源电压 V_{CC} 应取几伏？如果规定 $V_{CC} = 10V$，则电路应作哪些修改？

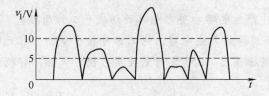

图 5-42　题 5-3 图

　　5-4　由 555 定时器组成的逻辑电平检测装置如图 5-43 所示，其中 v_C 调到 2.4V。试回答以下问题：

　　（1）555 定时器接成了什么电路？

（2）可检测的逻辑高、低电平各是多少？

（3）检测到高、低电平后，两个发光二极管如何点亮？

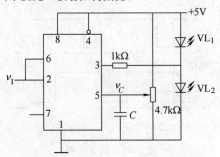

图 5-43　题 5-4 图

5-5　集成施密特触发器和 74121 集成单稳态触发器构成的电路如图 5-44 所示。已知集成施密特触发器的 $V_{DD} = 10V$，$R = 100k\Omega$，$C = 0.01\mu F$，$V_{T+} = 6.3V$，$V_{T-} = 2.7V$，$C_{ext} = 0.01\mu F$，$R_{ext} = 30k\Omega$。试计算 v_{O1} 的周期及 v_{O2} 的脉冲宽度，并根据计算结果画出 v_{O1} 和 v_{O2} 的波形。

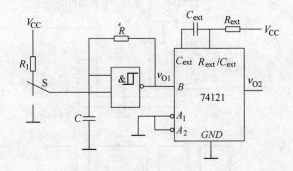

图 5-44　题 5-5 图

5-6　利用单稳态触发器可以构成多谐振荡器。由两片 74121 集成单稳态触发器构成的多谐振荡器如图 5-45 所示。图中，开关 S 为振荡器控制开关。试分析其工作原理，并计算该电路的振荡周期。

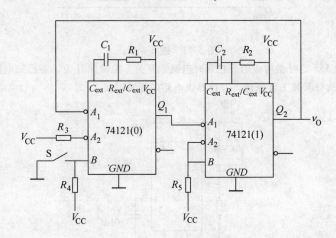

图 5-45　题 5-6 图

5-7　单稳态触发器的输入、输出波形如图 5-46 所示。已知 $V_{CC} = 5V$，给定的电容 $C = 0.47\mu F$，$t_w =$

0.2s，试画出用 555 定时器接成的电路，并确定电阻 R 的取值为多少？

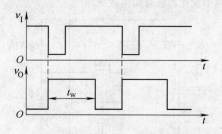

图 5-46　题 5-7 图

5-8　由 555 定时器构成的可重复触发单稳态器及工作波形如图 5-47 所示，试分析其工作原理，并画出 v_0 的波形。

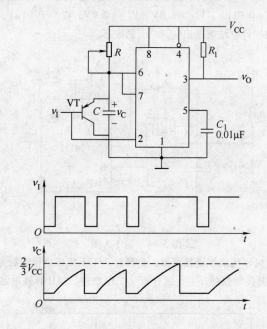

图 5-47　题 5-8 图

5-9　图 5-48 是由 555 定时器构成的开机延时电路，开关 S 为常闭开关。若已知电路参数 $C = 33\mu F$，$R = 59k\Omega$，$V_{cc} = 12V$。试分析其工作原理，并计算该电路的延时时间。

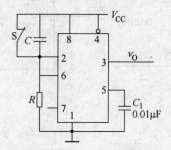

图 5-48　题 5-9 图

5-10　74121 集成单稳态触发器的定时电路如图 5-49 所示。电路参数如下：电容 C 为 $1\mu F$，R 为 $5.1k\Omega$ 的电阻和 $20k\Omega$ 的电位器串联。试估算 t_w 的变化范围，并说明为什么使用电位器时要串联一个电阻？

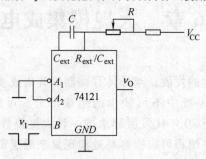

图 5-49　题 5-10 图

5-11　图 5-50 为用 555 定时器组成的电子门铃电路。每按一次按钮 SB 时，电子门铃就以 1KHz 的频率鸣响 5s。试回答以下问题：

（1）555(0) 和 555(1) 各组成什么电路？简要说明电子门铃电路的工作原理；

（2）若图中 $C_1 = 68\mu F$，$C_2 = 0.1\mu F$，$R_3 = 2.4k\Omega$，试确定 R_1 和 R_2 的阻值。

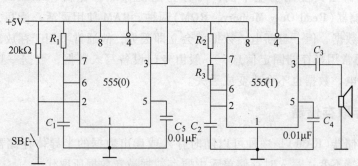

图 5-50　题 5-11 图

5-12　在图 5-30 所示用 555 定时器构成的多谐振荡器中，若 $R_1 = R_2 = 5.1k\Omega$，$C = 0.01\mu F$，$V_{CC} = 12V$，试计算电路的振荡频率和占空比。

5-13　在图 5-32 所示占空比可调的多谐振荡器中，$C = 0.2\mu F$，$V_{CC} = 9V$，要求其振荡频率 $f = 1kHz$，占空比 $q = 0.5$，估算 R_1 和 R_2 的阻值。

第6章 大规模集成电路

随着大规模集成电路技术的发展，半导体存储器以其集成度高、容量大、功耗低、存取速度快等特点，已成为数字系统中不可缺少的组成部分。可编程逻辑器件（Programmable Logic Device，PLD）是 20 世纪 70 年代发展起来的一种大规模数字集成电路，使用者可以自行定义和设置逻辑功能，通过编程可以很容易地实现复杂的逻辑功能，并且设计周期短、可靠性高，因而得到广泛应用。

6.1 半导体存储器

半导体存储器按其使用功能不同，可分为随机存取存储器（Random Access Memory，RAM）和只读存储器（Read Only Memory，ROM）两种。RAM 使用灵活、读写方便，可以随机从中读取或写入数据，但一旦断电，数据就会立即丢失，故通常不用于存放需长期保存的数据信息；ROM 通常用来存储固定信息，一般由专门设备写入数据，数据一旦写入就不能随意修改，即使断电，数据也不会改变或丢失。

6.1.1 随机存取存储器

随机存取存储器（RAM）是一种可以随时存入或读出数据的半导体存储器，读出时存储单元原存数据保持不变；写入时存储单元中原存数据被新数据所取代。

1. RAM 的基本结构

RAM 的基本结构框图如图 6-1 所示，它主要由存储矩阵、地址译码器和读/写控制电路组成，进出存储器的信号线有地址线、数据线和控制线。

（1）存储矩阵

存储矩阵由许多存储单元组成，通常设计成矩阵形式，每个单元存放 1 位二进制码。存储矩阵内部结构以字为单位，一个字中所包含的位数即为字长，它由若干个存储单元构成。

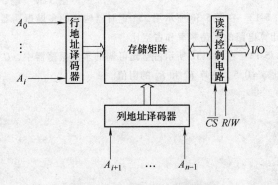

图 6-1 RAM 的基本结构框图

一般以字数和字长的乘积（或字节数）来表示存储器的容量。存储器的存储单元越多，其容量越大。

一个容量为 256×4（256 个字，每个字 4 位，1024 个存储单元）的存储器，其存储单元排成 32×32 的矩阵形式，如图 6-2 所示，每行有 32 个存储单元，每 4 列存储单元连接在一个列地址译码线上，组成一个字列，可见，每行可存储 8 个字，每个字列可存储 32 个字，即需有 32 根行地址选择线 $X_0 \sim X_{31}$ 和 8 根列地址选择线 $Y_0 \sim Y_7$。

（2）地址译码器

地址译码器用来选择欲访问的存储单元，RAM 中数据的读出和写入是以"字"为单位进行的，故在存储矩阵中将存储一个字的若干个存储单元编为一组，并赋予一个号码，称为地址。不同的字单元具有不同的地址，字单元也称为地址单元。

在大容量的存储器中，通常采用双译码结构，即分为行地址和列地址两部分，由行、列地址译码器译码，如图 6-2 所示。行、列地址译码器的输出作为存储矩阵的行、列地址选择线，由它们共同确定欲选择的地址单元。地址单元的个数 N 与二进制地址码的位数 n 满足 $N = 2^n$。

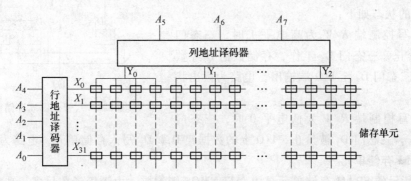

图 6-2　存储矩阵

（3）读/写控制电路

读/写控制电路用来接收外部控制信号，以便决定对存储单元是进行读出还是写入操作。通常它与片选信号一起工作，只有当片选信号有效时，方可进行读/写操作。图 6-3 给出了一个简单的读/写控制电路，当片选信号 CS 有效时，芯片可以进行读/写操作，否则芯片不工作。读/写控制信号 $R/\overline{W}$ 是用来控制芯片的读、写操作的。

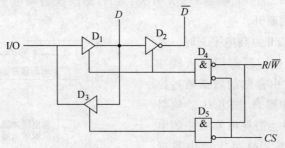

图 6-3　读/写控制电路

按存储矩阵所用的器件不同可分为双极型和 MOS 型 RAM 两大类。双极型 RAM 具有存取速度高的特点，但因其集成度较低、功耗大、成本高，故现在有被 MOS 型 RAM 取代的趋势。

按存储矩阵的存储原理不同可分为静态 RAM（StaticRAM，SRAM）和动态 RAM（DynamicRAM，DRAM）两类。SRAM 存储单元是利用触发器的记忆功能来存储数据的，在不断电的情况下，存入 SRAM 的数据会一直保留直到新的信息写入。DRAM 存储单元是利用 MOS 管栅极电容能够存储电荷的原理制成的，它的电路结构比 SRAM 存储单元简单，集成度更高，但由于电容存储的电荷不能长久保存，必须定时给电容补充电荷，所以存入 DRAM 的数据需要定期刷新，以免数据丢失。

2. SRAM 存储单元

图 6-4 所示是由六只 NMOS 管组成的 SRAM 存储单元。其中，VF_1、VF_3 和 VF_2、VF_4 两个反相器交叉耦合构成触发器，$VF_5 \sim VF_8$ 是门控管，VF_5、VF_6 在 X 行地址线控制下控制触发器的读出与写入操作；VF_7，VF_8 受 Y 列地址线控制。

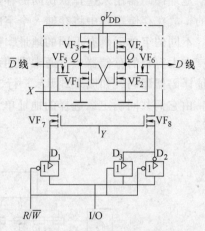

当地址线 X 和 Y 均为高电平时，$VF_5 \sim VF_8$ 均导通，电路的状态如下：

1）当读写控制端 $R/\overline{W}$ 为高电平 1 时，三态门 D_1、D_2 被禁止，三态门 D_3 工作，存储数据 Q 经数据线 D，从三态门 D_3 至 I/O 端输出，电路为读出状态。

2）当读写控制端 $R/\overline{W}$ 为低电平 0 时，三态门

图 6-4　六管 SRAM 存储单元

D_1、D_2 工作，三态门 D_3 被禁止，I/O 上的数据经 D_1，D_2 写入存储单元，电路为写入状态。

3. DRAM 存储单元

图 6-4 所示的 SRAM 存储单元是由六只 NMOS 管构成，由于管子数目多、功耗大，集成度受到限制。DRAM 克服了这些缺点。MOS 管是高阻元件，即它的极间电阻极高，存储在极间电容上的电荷会因放电回路的时间常数很大而不能马上泄放掉，DRAM 正是利用 MOS 管的这一特性来存储数据的。DRAM 存储单元的电路结构有四管、三管和单管等形式。目前，大容量 DRAM 一般都采用单管形式，因为它结构简单、占用芯片面积小、有利于制造大容量存储器。图 6-5 所示为单管 DRAM 存储单元。当电容 C 充电呈高电平时，相当于存有 1 值，反之为 0 值。MOS 管 VF 相当于一个开关，当行选线 X 为高电平时，VF 导通，电容 C 与位线 B 连通，反之则断开。

1）当读写控制端 $R/\overline{W}$ 为高电平 1 时，三态门输出缓冲器 D_1 工作，三态门输入缓冲器 D_2 被禁止，电容 C 中存储的数据通过位线 B 和三态门输出缓冲器 D_1 输出 D_0。值得说明的是，由于读出时会消耗电容 C 中的电荷，存储的数据被破坏，故每次读出数据后，必须及时对读出单元刷新，即此时刷新控制端 R 为高电平，则读出的数据经三态门刷新缓冲器 D_3 和位线 B 对电容 C 进行刷新。

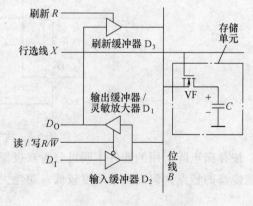

图 6-5　DRAM 存储单元

2）当读写控制端 $R/\overline{W}$ 为低电平 0 时，三态门输入缓冲器 D_2 工作，三态门输出缓冲器 D_1 被禁止，数据 D_1 经三态门输入缓冲器 D_2 和位线 B 写入存储单元。若 D_1 为高电平 1，则向电容 C 充电；反之，电容 C 放电。

4. RAM 存储容量的扩展

当单片 RAM 不能满足存储容量的要求时，可以把多个单片 RAM 连接在一起，以扩展成大容量的存储器。RAM 存储容量的扩展分为位扩展、字扩展和位字同时扩展。

（1）位（字长）扩展

RAM 芯片的字长一般为 1 位、4 位、8 位、16 位和 32 位等，当所用单片 RAM 的位数不够时，就要进行位扩展。位扩展采用芯片的并联方式，即把几片相同 RAM 的地址线、片选信号 CS 和读/写控制端 $R/\overline{W}$ 对应地并联在一起，而各个芯片的数据输入/输出端作为字的各个位线。如图 6-6 所示，用四片 4K×4 位 RAM 芯片可以扩展成 4K×16 位的存储系统。

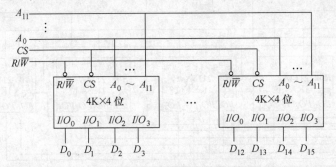

图 6-6　RAM 的位扩展

（2）字扩展

当所用单片 RAM 的字数不够时，需要进行字扩展。字扩展就是把几片相同 RAM 的数据线并联在一起作为共同的输入/输出数据线（即位数不变），读/写控制端 $R/\overline{W}$ 也并联在一起，利用外加译码器，把地址线加以扩展，用扩展的地址线去控制各片 RAM 的片选信号 CS。地址线需扩展几位，由字数扩展的倍数决定。如图 6-7 所示，利用 74139 2 线—4 线译码器将四片 8K×8 位的 RAM 扩展为 32K×8 位的存储系统。图中，存储器字数的扩展需要增加两条地址线 A_{14} 和 A_{13}，它们与 74139 的输入端相连，译码器的输出 $Y_0 \sim Y_3$ 分别接至四片 RAM 的片选信号 CS 端，这样，当输入一个地址 $A_0 \sim A_{14}$ 时，只有一片 RAM 被选中，从而实现了字数的扩展。

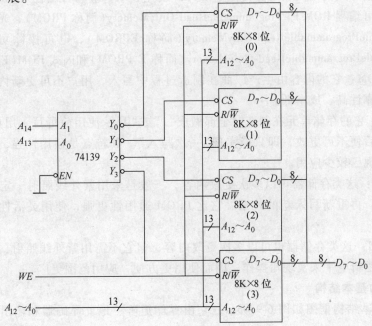

图 6-7　RAM 的字扩展

（3）位字同时扩展

当 RAM 的位数和字数都需要扩展时，一般先进行位扩展，然后再进行字扩展。如图 6-8 所示，用四片 $1K \times 4$ 位的 RAM 扩展为 $2K \times 8$ 位的存储系统。图中，先把每两片进行位扩展，再把位扩展后的两组 $1K \times 8$ 位的 RAM 进行字扩展。

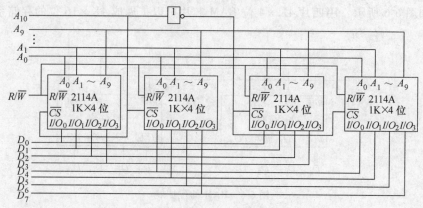

图 6-8　RAM 的位字同时扩展

6.1.2　只读存储器

前面讨论的 RAM 在电源断电后，其存储的数据便随之消失，具有易失性。而只读存储器（ROM）则不同，ROM 一般由专用装置写入数据，数据一旦写入，不能随意改写，切断电源之后，数据也不会消失，即具有非易失性。像计算机中的自检程序、初始化程序等，都是存储在 ROM 中的。

ROM 的种类很多，从制造工艺上可分为二极管 ROM、双极型 ROM 和 MOS 型 ROM 三种；按内容更新方式的不同，可分为固定 ROM（或掩膜 ROM）和可编程 ROM，可编程 ROM 又可分为一次可编程 ROM 即 ProgrammableRead-OnlyMemory（简称 PROM）、光可擦除可编程 ROM 即 ErasableProgrammableRead-OnlyMemory（简称 EPROM）、电可擦除可编程 ROM 即 ElectricalErasableProgrammableRead-OnlyMemory（简称 E^2PROM）和闪式 ROM（FlashMemory）。

1）固定 ROM：它的内容由生产厂商在制造过程中写入，用户不可更新内容。其特点是集成度高、可靠性高、成本低。

2）PROM：它的存储单元在制造时全部做成"1"或"0"，使用前可写入用户编制的程序，一旦内容写入后便不可更改，即只能实现"一次写入"。其特点是通用性强，灵活性大，但是操作麻烦，现已较少应用。

3）EPROM：这类存储器可以多次更改内容，一般是采用紫外线照射一定时间后抹去原先存储的数据，再重新写入新的数据。它比 PROM 通用性更强，使用灵活性更大，所以应用范围较广。

4）E^2PROM：这类存储器也可以多次更改内容，但它不需用紫外线照射，而是用高电压或由控制端的逻辑电平来实现写操作，因而使用更方便，应用范围更广。

1. ROM 的基本结构

ROM 的基本结构框图如图 6-9 所示，它由存储矩阵、地址译码器和输出控制电路三部分组成。

存储矩阵由许多存储单元组成，存储单元可以用二极管构成，也可以用双极型晶体管或 MOS 管构成，每个存储单元可以存放 1 位二值数据（0 或 1）。存储单元以矩阵形式排列，故称为存储矩阵。存储矩阵是以字为单位组织内部结构，每个字由若干个存储单元构成，一个字中所包含的存储单元的个数即为字长。为了区别不同的字，给每个字赋予一个编号，称为地址，字单元也称地址单元。

地址译码器是将输入的地址代码译成相应的地址单元控制信号，控制信号从存储矩阵中选出对应的存储单元，并将其中的数据送到输出控制电路。地址单元的个数 N 与二进制地址码的位数 n 满足 $N = 2^n$。

输出控制电路一般都包含三态门缓冲器，由于设置了三态门缓冲器，因而存储器可以直接与系统的数据总线连接，当有数据读出时，有足够的能力驱动数据总线，当没有数据读出时，输出高阻状态也不会对数据总线产生影响，从而提高了存储器的带负载能力。

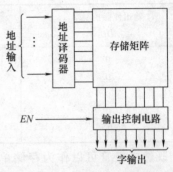

图 6-9 ROM 的基本结构框图

2. 固定 ROM

以二极管 ROM 为例来说明固定 ROM。存储单元由二极管构成的 ROM 称为二极管 ROM。图 6-10 所示为一个二极管 ROM 的电路结构，在字线和位线的交叉点处由二极管构成存储单元，交叉点处接有二极管相当于置"1"，没接二极管相当于置"0"。交叉点的数目就是存储单元数，即存储容量。图 6-10 所示 ROM 有两位地址码输入端 A_1、A_0 和四位数据输出端 $D_3 \sim D_0$，地址译码器的输出分别为 $Y_0 \sim Y_3$，当 $Y_0 \sim Y_3$ 中某根线上有低电平信号时，就会在 $D_3 \sim D_0$ 输出一个 4 位二进制代码。通常将每个输出代码叫做一个"字"，而把 $Y_0 \sim Y_3$ 叫做字线，把 $D_3 \sim D_0$ 叫做位线。该存储器字数为 4 个（有 4 个字线），字长为 4 位（有 4 条位线），存储容量为 4×4。输出控制电路中通过使能控制端 $\overline{OE}$ 实现对输出三态门的控制，便于 ROM 的输出端与系统的数据总线直接相连。

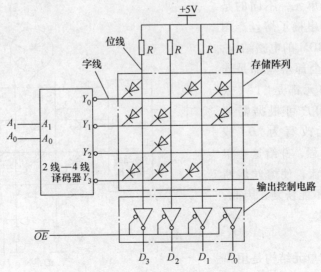

图 6-10 二极管 ROM 的电路结构

若给定的地址码为 $A_1A_0 = 11$ 时，译码器的 $Y_0 \sim Y_3$ 中只有 Y_3 为低电平，则 Y_3 字线与所有位线交叉处的二极管导通，使相应的位线变为低电平，而交叉处没有二极管的位线仍保持高电平。此时，若输出使能控制端 $\overline{OE} = 0$，则位线电平经三态门反相输出，使 $D_3D_2D_1D_0 = 1110$。

此二极管 ROM 地址与内容的关系见表 6-1。

表 6-1 图 6-10 所示二极管 ROM 地址与内容的关系

输出使能控制端 $\overline{OE}$	地址		内容			
	A_1	A_2	D_3	D_2	D_1	D_0
0	0	0	1	0	1	1
0	0	1	1	1	0	1
0	1	0	0	1	0	0
0	1	1	1	1	1	0
1	×	×	高阻			

既然二极管可以作为存储单元构成固定 ROM，同样用双极型晶体管和 MOS 管也可构成 TTL 型 ROM 和 MOS 型 ROM，其工作原理和二极管 ROM 相似，这里不再细述。

3. 可编程 ROM

（1）PROM

PROM 是一种用户可直接向芯片写入数据的存储器，向芯片写入数据的过程称为对存储器编程。PROM 是在固定 ROM 上发展来的，其存储单元的结构仍然是用二极管、晶体管等作为存储单元，不同的是在存储单元电路中串接了熔丝。图 6-11 所示是一个 PROM 的电路结构，PROM 在出厂时，全部熔丝都是连通的，所有存储单元都是"1"（或"0"），使用时，用户可根据需要（如欲使某些单元改写为"0"或"1"），只要通过编程，并给这些单元通以足够大的电流，使熔丝熔断即可。熔丝熔断后不能恢复，因此，PROM 只能改写一次。

（2）EPROM

EPROM 的存储单元结构是用一个浮栅 MOS 管（见图 6-12）替代熔丝，与普通 MOS 管相比，除了控制

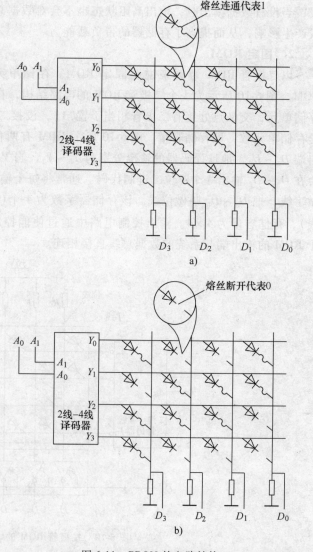

图 6-11 PROM 的电路结构

栅以外还有一个没有外引线的浮栅。其工作原理是，当浮栅上没有累积电子时，控制栅加控制电压，MOS 管导通，存入信息为 1；当浮栅上有累积电子时，则衬底表面感应出正电荷，使 MOS 管的开启电压变高，如果在控制栅加同样的控制电压，则 MOS 管不能导通，存入信息为 0。因此，MOS 管可以通过控制浮栅上的累积电子来决定存入的信息为 0 还是为 1。

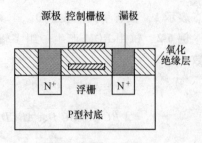

图 6-12　浮栅 MOS 管

EPROM 通过让紫外光透过芯片中央的透明小窗口来擦除全部保存的信息。若要修改个别存储单元的数据，就不必要擦除全部内容，此时可选用 E^2PROM。

（3）E^2PROM

E^2PROM 可以以字为单位来进行擦除和改写。其存储单元的结构和 EPROM 相似，只是它的浮栅上增加了一个隧道二极管，利用它累积和释放电子，而不再需要紫外线照射，编程和擦除用电即可完成，且擦除速度快，可擦写的次数多。

（4）闪式存储器

闪式存储器的存储单元 MOS 管的结构与 EPROM 的存储单元类似，区别在于其源极 N^+ 区要大于漏极 N^+ 区，浮栅与 P 型衬底间的氧化绝缘层做得更薄，这样只要在源极上加正电压，使浮栅放电，即可擦除写入的数据。闪式存储器的擦除与 EPROM 类似，只能整片擦除，而不能像 E^2PROM 那样按字擦除，但它的速度快，仅需几秒钟即可完成整片擦除，并允许擦除百次以上。

4. 用 ROM 实现组合逻辑函数

所有的组合逻辑函数都可变换为标准与一或形式，所以都可以用 ROM 来实现，只要 ROM 有足够的地址线和数据线就行了。

实现的方法就是把逻辑变量从地址线输入，把逻辑函数值写入到相应的存储单元中，而数据输出端就是函数输出端，ROM 有几个输出端就可实现几个逻辑函数。由此可知，用具有 n 位输入地址、m 位数据输出的 ROM 可以实现一组最多 m 个任何形式的 n 变量组合逻辑函数，这也适用于 RAM。

例 6-1　试用 ROM 实现下列逻辑函数。

$$Y_1 = A\overline{C} + \overline{B}C$$

$$Y_2 = AB + AC + BC$$

解：（1）将逻辑表达式化为下列标准与一或形式的最小项表达式：

$$Y_1 = \overline{A}\,\overline{B}C + A\overline{B}\,\overline{C} + A\overline{B}C + AB\overline{C} = \sum m(1, 4, 5, 6)$$

$$Y_2 = \overline{A}BC + A\overline{B}C + AB\overline{C} + ABC = \sum m(3, 5, 6, 7)$$

（2）确定存储单元内容。该 ROM 有三个输入端和两个输出端，把 A、B、C 作为地址输入变量，Y_1、Y_2 作为数据输出。

（3）将 ROM 的存储矩阵画成阵列图。如图 6-13 所示，即在字线和位线的交叉点上用小圆点表示 1，没有小圆点表示 0。

例 6-2 试用 ROM 产生一组多输出的逻辑函数。

$$Y_1 = \overline{A}BC + \overline{A}\ \overline{B}C$$

$$Y_2 = A\ \overline{B}C\ \overline{D} + BC\ \overline{D} + \overline{A}BCD$$

$$Y_3 = ABC\ \overline{D} + \overline{A}B\ \overline{C}\ \overline{D}$$

$$Y_4 = \overline{A}\ \overline{B}C\ \overline{D} + ABCD$$

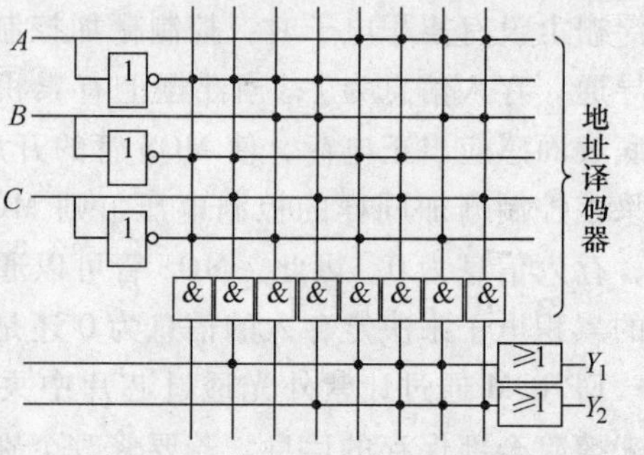

图 6-13 例 6-1 阵列图

解：（1）将逻辑表达式化为下列标准与一或形式的最小项表达式：

$$Y_1 = \overline{A}BCD + \overline{A}BC\ \overline{D} + \overline{A}\ \overline{B}CD + \overline{A}\ \overline{B}C\ \overline{D} = \sum m(2,3,6,7)$$

$$Y_2 = A\ \overline{B}C\ \overline{D} + ABC\ \overline{D} + \overline{A}BC\ \overline{D} + \overline{A}BCD = \sum m(6,7,10,14)$$

$$Y_3 = ABC\ \overline{D} + \overline{A}B\ \overline{C}\ \overline{D} = \sum m(4,14)$$

$$Y_4 = \overline{A}\ \overline{B}C\ \overline{D} + ABCD = \sum m(2,15)$$

（2）确定存储单元内容。该 ROM 有四个输入端和四个输出端，把 A、B、C、D 作为地址输入变量，Y_1、Y_2、Y_3、Y_4 作为数据输出。

（3）将 ROM 的存储矩阵画成阵列图。如图 6-14 所示，即在字线和位线的交叉点上用小圆点表示 1，没有小圆点表示 0。

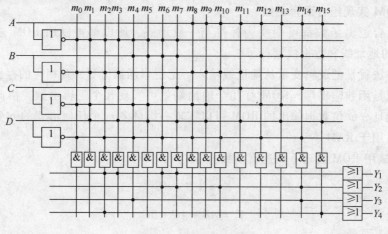

图 6-14 例 6-2 阵列图

6.2 可编程逻辑器件

20 世纪 60、70 年代的数字电路一般都由通用的中、小规模集成电路构成，当电路复杂时，设计和调试都比较麻烦。70 年代后出现了存放用户程序的可编程只读存储器（PROM），可以方便地实现逻辑电路，由此便出现了最早的可编程逻辑器件（ProgrammableLogicDevice，PLD），该类器件具有结构灵活、集成度高、处理速度快和可靠性高等特点，因此发展极其迅速，从早期的仅几百门规模、需专用编程器编程的简单可编程逻辑器件，发展到数百万门规模、可在线直接编程的高密度可编程逻辑器件，在工业控制和产品开发等方面得到了广泛的应用。

可编程逻辑器件的分类，如图 6-15 所示。其中，最早的可编程逻辑器件是 PROM，然后是 PLA（ProgrammableLogicArray）和 PAL（ProgrammableArrayLogic），以后逐步改进到通用阵列逻辑 GAL（GenericArrayLogic）。由于这些器件的电路结构比较简单、规模较小（一般在1000 门以下），故统称为简单可编程逻辑器件 SPLD（SimplePLD）。1000 门以上的可编程逻辑器件称为复杂可编程逻辑器件 CPLD（ComplexPLD），现场可编程门阵列 FPGA（FieldProgrammableGateArray）尽管也称为可编程器件，但与 PLD 属于不同的分支，是门阵列与可编程技术相结合的产物，因此它与 CPLD 具有不同的电路结构，CPLD 和 FPGA 统称为高密度可编程逻辑器件 HDPLD（HighDensityPLD）。

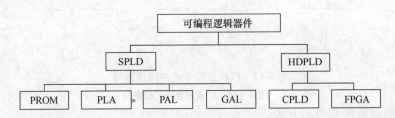

图 6-15　可编程逻辑器件的分类

6.2.1　简单可编程逻辑器件

数字电路分为组合逻辑电路和时序逻辑电路，时序逻辑电路在结构上是由组合逻辑电路和记忆单元组成的，而组合逻辑电路总可以用一组与—或表达式来描述，进而用一组与门和或门来实现。因此，PLD 的核心结构为与门阵列和或门阵列。图 6-16 给出了 PLD 的基本结构框图，用户通过编程对与门、或门阵列进行连线组合，即可完成一定的逻辑功能。为适应各种输入情况，门阵列的输入端都设置有输入缓冲器，从而使输入信号有足够的驱动能力，并产生互补的原变量和反变量。PLD 可以由或门阵列直接输出，即组合方式，也可以通过寄存器输出，即时序方式。输出端一般采用三态输出结构，并设置内部通路，可以把输出信号反馈到与门阵列的输入端。表 6-2 给出了四类简单 PLD 的结构特点。

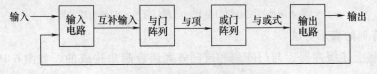

图 6-16　PLD 的基本结构框图

表 6-2　简单 PLD 的结构特点

器件名称	阵列		输出
	与	或	
PROM	固定	可编程	PROM
PLA	可编程	可编程	PLA
PAL	可编程	固定	PAL
GAL	可编程	固定	GAL

1. PLD 的电路表示法

PLD 电路表示法在芯片内部配置和逻辑图之间建立了一一对应关系，并将逻辑图和真值表结合起来，构成了一种紧凑而易于识读的表达形式。

（1）门阵列交叉点连接方法

1）硬线连接：两条交叉线硬线连接是固定的，不可以编程改变，交叉点处用实点"·"表示。

2）编程连接：两条交叉线依靠用户编程来实现接通连接或断开，交叉点处画叉"×"表示。

3）断开：表示两条交叉线无任何连接，既无实点也无画叉。

硬线连接、编程连接和断开的图形符号如图 6-17 所示。

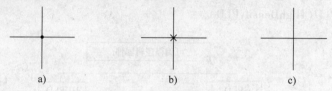

图 6-17　PLD 连接方式的图形符号

a）硬线连接　b）编程连接　c）断开

（2）PLD 的逻辑符号表示方法

PLD 的阵列连接规模十分庞大，为方便起见，常采用简化画法来绘制 PLD 的逻辑图，图 6-18 给出了 PLD 的逻辑符号表示方法。PLD 电路的输入缓冲器采用互补输出结构，如图 6-18a 所示，PLD 电路的输出缓冲器一般采用三态反相输出缓冲器，如图 6-18d 所示，一个 4 输入端与门的 PLD 的表示法如图 6-18b 所示，通常把 A、B、C、D 称为输入项，L_1 称为乘积项，则有 $L_1 = ABCD$。图 6-18c 所示为一个 4 输入端或门的 PLD 表示法，有 $L_2 = A + B + C + D$。

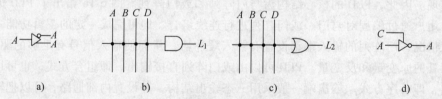

图 6-18　PLD 的逻辑符号表示方法

a）输入缓冲器　b）与门符号　c）或门符号　d）输出缓冲器

（3）PLD 阵列的表示方法

阵列图是将上述缓冲器、与门阵列和或门阵列组合起来构成的，如图 6-19 所示。图中，A、B 为输入信号，F_1、F_2、F_3 为输出信号。与门阵列是固定的，或门阵列是可编程的。

2. 可编程逻辑阵列

在 6.1.2 节中已经了解到 PROM 能够实现逻辑函数的最小项表达式，而最小项表达式是一种非常繁琐的与—或表达式，当变量较多时，PROM 实现逻辑函数的效率极低。但按最简与—或表达式实现逻辑函数的成本最低，为此人们针对 PROM 的缺点设计了专门用来实现逻辑电路的可编程逻辑阵列（Programmable Logic Array，PLA）。PLA 的基本结构类似于 PROM，但它提供了对逻辑功能处理更有效的方法，它的与门阵列和或门阵列都可编程。图 6-20 所示是一个 PLA 的阵列图，其与门阵列可按需要产生任意的与项，因此，用 PLA 可以实现逻辑函数的最简与—或表达式。

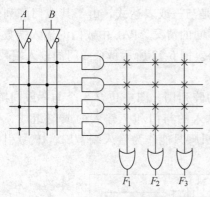

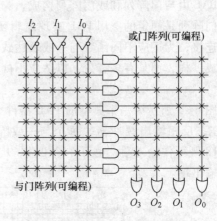

图 6-19　PLD 的阵列图

图 6-20　一个 PLA 的阵列图

例 6-3　用 PLA 实现下列逻辑函数。

$$Y_1 = A\overline{B}C + AB\overline{C} + \overline{A}BC$$

$$Y_2 = \overline{AC + B\overline{C}} + BC$$

解：Y_1 已经是最简与—或表达式。将 Y_2 化简

$$Y_2 = \overline{AC}\ \overline{B\overline{C}} + BC$$

$$= (\overline{A} + \overline{C})(\overline{B} + C) + BC$$

$$= \overline{A}\ \overline{B} + \overline{A}C + \overline{B}\ \overline{C} + BC$$

$$= \overline{B}\ \overline{C} + \overline{A}C + BC$$

阵列图如图 6-21 所示。

3. 可编程阵列逻辑

尽管用 PLA 实现逻辑电路的效率远远高于 PROM，但 PLA 也有不足之处，主要是与门阵列和或门阵列均采用可编程开关，而可编程开关需占用较多的芯片面积，并会引入较大的信号延时，因此，PLA 的结构不利于提高器件的集成度和工作速度。20 世纪 70 年代出现了可编程阵列逻辑（Programmable Array Logic，PAL），图 6-22 所示为一个 PAL 的阵列图。

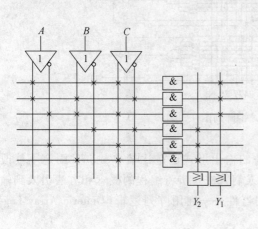

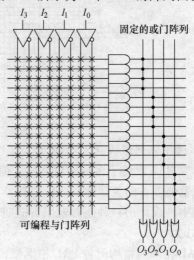

图 6-21　例 6-3 的阵列图

图 6-22　PAL 的阵列图

PAL 由与门阵列和或门阵列构成，与门阵列是可编程的，也采用熔丝编程技术来实现，而或门阵列是固定的。用 PAL 实现逻辑函数的形式是与一或表达式，由于其或门阵列采用固定连接，为适应不同函数与一或表达式中与项数不同的情况，PAL 中或门的输入端数一般不做成一样，而是有多有少，以适应不同函数的需要。图 6-22 所示每个或门的输入端数为 4个。

图 6-23 所示为一个典型的 PAL 器件 PAL16L8 的阵列图，图中包含 8 个与一或门阵列，8 个三态反相输出缓冲器。每个与一或阵列由 32 输入的与门和 7 输入的或门组成，引脚 13 ~ 18 既可作输入端，也可作输出端，1 ~ 9、11 号引脚只能作为输入端，12、19 号引脚只作为输出端。

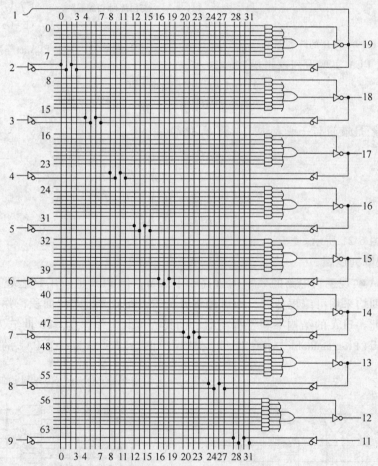

图 6-23　PAL16L8 的阵列图

4. 通用阵列逻辑

尽管 PAL 设置了多种输出结构，但每个器件的输出形式还是比较单一，且固定不能改变，这就使器件的灵活性和适应性较差。为此，人们就进一步将编程的概念和方法引入到输出结构中，设计出一种能对输出方式进行编程的器件——通用阵列逻辑（Generic Array Logic，GAL）。

GAL 在阵列结构上与 PAL 相类似，由可编程的与门阵列和或门阵列组成，差别在于输出部件的不同。GAL 的每一个输出都采用可编程的输出逻辑宏单元（OutputLogicMacroCell，

OLMC)，从而极大地提高了器件灵活性。

（1）GAL 的阵列结构

图 6-24 给出了一种 GAL 器件 GAL18V10 的阵列图，器件型号中的 18 表示最多有 18 个引脚作为输入端，10 表示器件内含有 10 个 OLMC，最多可有 10 个引脚作为输出端。GAL18V10 的阵列图由五部分组成：10 个输入缓冲器、10 个输出缓冲器、10 个输出逻辑宏

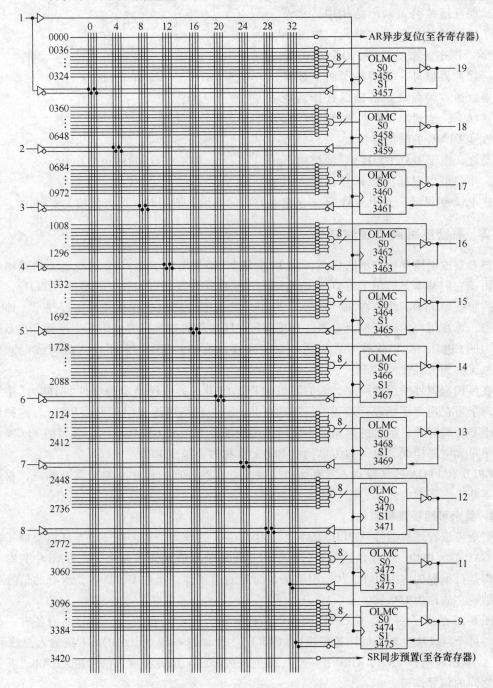

图 6-24　GAL18V10 的阵列图

单元及可编程与门阵列和 10 个输出反馈/输入缓冲器。除此以外，还有时钟信号、三态控制端、电源及地线端。由于 GAL 中各寄存器的时钟信号是统一的，因此单片 GAL 只能实现同步时序逻辑电路。

（2）OLMC 的结构

在 GAL 中可编程方法不但用于与门阵列，而且还被引入输出结构中，从而设计了独特的输出逻辑宏单元，如图 6-25 所示。图中，除了或门、D 触发器和三态门缓冲器以外，还增加了两个数据选择器。通过编程设置各数据选择器地址端的状态，达到控制数据通路的目的，进而改变 OLMC 的输出结构。

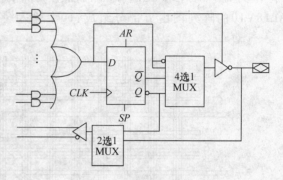

图 6-25　GAL18V10 的 OLMC

总之，由于 GAL 的 OLMC 的结构不固定，用户可以根据需要任意设定，因此它比 PAL 更灵活。关于 GAL 还涉及很多方面的知识，使用时，可查阅相关资料。

6.2.2　高密度可编程逻辑器件

随着集成电路规模的不断提高，在 20 世纪 80 年代出现了比 GAL 规模更大的可编程器件，由于它们基本上沿用了 GAL 的电路结构，故称其为复杂可编程逻辑器件（CPLD），又称为阵列扩展型 PLD。此后在 90 年代初，Lattice 公司率先提出了在系统可编程技术，即无需编程器，可在用户的电路板上对器件直接进行在线编程的技术，并推出了一批具有在系统编程能力的 CPLD，使 PLD 技术发展到了新的高度。由于 CPLD 由若干个大的与或门阵列构成，故又称为大粒度的 PLD。

在可编程器件发展的同时，人们将可编程思想引入另一种半定制器件"门阵列"中，从而出现了可在用户现场进行编程的门阵列产品，称为现场可编程门阵列（FPGA）。这种器件尽管也是可编程的，但它的电路结构及所采用的编程方法和 CPLD 不同。典型的 FPGA 由众多的小单元电路构成，故又称为单元型 PLD，也称为小粒度 PLD。

CPLD 和 FPGA 各具特点，互有优劣，因此在发展过程中也在不断地取长补短，相互渗透，不断出现新型的产品。

1. 复杂可编程逻辑器件

复杂可编程逻辑器件（CPLD）基本上沿用了 GAL 的阵列结构，在一个器件内集成了多个类似 GAL 的大模块，大模块之间通过一个可编程集中布线池连接起来。在 GAL 中只有一部分引脚是可编程的（OLMC），其他引脚都是固定的输入脚；而在 CPLD 中，所有的信号引脚都可编程，故称为 I/O 脚。

图 6-26 给出了一个典型 CPLD 的内部结构框图。在全局布线池（GRP）两侧各有一个巨模块，每个巨模块含 8 个通用逻辑模块（GLB）、1 个输出布线池（ORP）、1 组输入总线和 16 个输入/输出模块（I/OC）。GRP 是一个二维的开关阵列，负责将输入信号送入 GLB，并提供 GLB 之间的信号连接。

（1）GLB

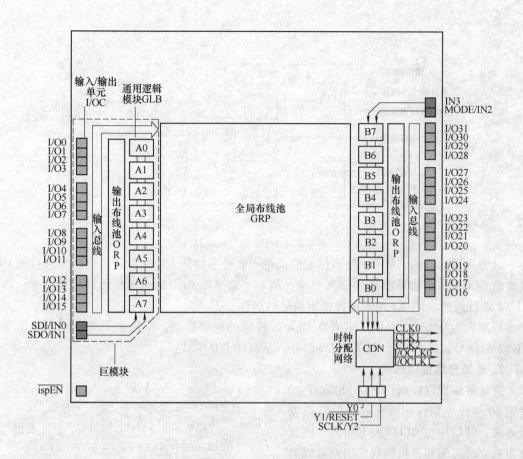

图 6-26 CPLD 的内部结构框图

GLB 的作用主要是实现逻辑功能。它由可编程与门阵列、共享或门阵列及可重构触发器等电路组成，其中最具特色的是共享或门阵列。首先，各或门的输入端固定，属于固定型或门阵列，但各或门的输入端个数不同，既便于实现繁简程度不一的逻辑函数，又可提高与、或门阵列的利用率；其次，四个或门的输出又接到一个 4×4 的可编程或门阵列中，在需要时可实现或门的扩展，以应付特别复杂的逻辑函数。

可重构触发器组可以根据需要构成 D、JK 或 T 触发器，GLB 内部的所有触发器都是同步工作的，时钟信号可以有四种选择。

GLB 与门阵列的输入可能是经 GRP 连接来自其他 GLB 的信号，也可能是经输入总线连接来自 I/OC 的信号。GLB 的输出可能是送至 GRP 以便连到其他 GLB，也可能送至 ORP 以便连到 I/OC。

（2）I/OC

I/OC 的作用主要是确定引脚的输入/输出方式，其逻辑电路如图 6-27 所示。

1）专用输入方式：MUX1 输出恒定的低电平，使输出三态缓冲器呈高阻态，通过 MUX4 和输入总线直接输入信号或经触发器锁存/寄存后接至 GRP，以便连接到 GLB 中。MUX5 和 MUX6 分别选择触发器的时钟信号和触发极性。通过对 R/L 控制信号编程，可使触发器为电平锁存器或边沿寄存器。

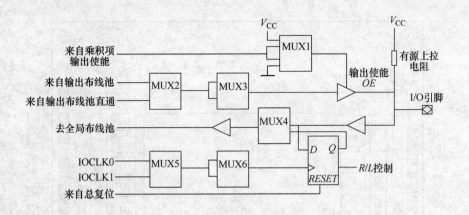

图 6-27　I/OC 的逻辑电路

2）专用输出方式：MUX1 输出恒定的高电平，使引脚作为输出脚，输出信号来自经 ORP 驳接的 GLB，一个信号经 ORP 直通过来，另一个信号经 ORP 的可编程元件转接过来，通过 MUX2 进行选择，MUX3 用于选择输出信号的极性。

3）双向 I/O 方式：MUX1 由来自 GLB 的特定的与项控制。从而使引脚既可以输出来自 MUX3 的信号，又可以经 MUX4 输入信号，呈双向 I/O 方式。

2. 现场可编程门阵列

现场可编程门阵列（FPGA）出现于 20 世纪 80 年代中期，它由普通的门阵列发展而来，其结构与 CPLD 大不相同，内含许多独立的可编程逻辑模块，用户可以通过编程将这些模块连接起来实现不同的设计。由于模块很多，所以在布局上呈二维分布，布线的难度和复杂性较高。FPGA 具有高密度、高速率、系列化、标准化、小型化、多功能、低功耗、低成本，设计灵活方便，可无限次反复编程，并可现场

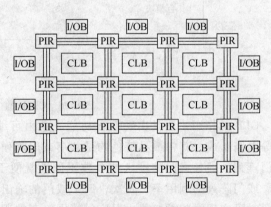

图 6-28　FPGA 的结构框图

模拟调试验证等特点。使用 FPGA，可在较短的时间内完成一个电子系统的设计和制作，缩短了研制周期，达到快速上市和进一步降低成本的要求。目前，FPGA 在我国也得到了较广泛的应用。图 6-28 所示为典型 FPGA 的结构框图。图中，FPGA 由实现逻辑功能的可配置逻辑模块（ConfigurableLogicBlock，CLB）、输入/输出模块（I/OBlock，I/OB）和可编程连线资源（ProgrammableInterconnectResource，PIR）组成。

（1）CLB

CLB 的逻辑框图如图 6-29 所示，其内部包括三个函数发生器、两个 D 触发器和若干个数据选择器。

1）函数发生器：函数发生器实际上就是 SRAM，用于产生逻辑函数，实现特定的逻辑功能。其原理与 PROM 实现逻辑函数的原理相同，只需将欲实现的函数真值表存入 SRAM 中即可。图 6-29 中的三个 SRAM 的规模分别是 $2^4 \times 1$ 的函数发生器 F、$2^4 \times 1$ 的函数发生器 G

和 $2^3 \times 1$ 的函数发生器 H。采用如此小规模的函数发生器是因为 FPGA 中有大量的 CLB，且小规模的 CLB 应用起来更为灵活。函数发生器 G 和函数发生器 F 既可单独使用，也可以与函数发生器 H 一起使用，以实现较复杂的函数。

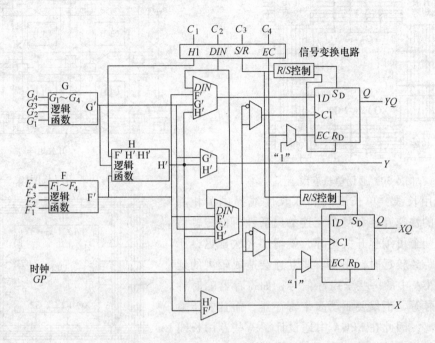

图 6-29　CLB 的逻辑框图

2）触发器：每个 CLB 内部含有两个边沿 D 触发器，其触发极性可通过 MUX 选择，并通过 R/S 控制电路对其复位和预置。

3）输入信号：$G_1 \sim G_4$ 和 $F_1 \sim F_4$ 分别是函数发生器 G 和函数发生器 F 的输入，$C_1 \sim C_4$ 既可以作为函数发生器 H 的输入，又可作为 D 触发器的激励信号、使能信号和复位/预置信号，GP 为触发器的时钟脉冲信号。

4）输出信号：每个 CLB 提供两个组合型输出和两个寄存器输出。

（2）I/OB

I/OB 是 FPGA 内部逻辑模块与器件外部引脚之间的接口。一个 I/OB 与一个外部引脚相连，在 I/OB 的控制下，外部引脚可作输入、输出或者双向信号使用。

（3）PIR

CLB 之间和 CLB 与 I/OB 之间的连接均通过 PIR 来实现。由于 FPGA 内有很多 CLB，因此需要十分丰富的连线资源。FPGA 内的连线至少有三种：通用单长度线、通用双长度线和专用长线。

1）通用单长度线：这种连线的长度最短，相当于一个 CLB 的宽度，如图 6-30 所示。

这些连线是贯穿于 CLB 之间的八条垂直和水平金属线段，在这些金属线段的交叉点处是可编程开关矩阵。CLB 的输入和输出分别接至相邻的单长度线，进而可与开关矩阵相连，通过编程，可控制开关矩阵将 CLB 与其他 CLB 或 I/OB 连在一起。若用单长度线连接两个相距较远的 CLB，则需要多段线经过多个开关矩阵相连，这将大大增加信号的传输延迟。

2）通用双长度线：这种连线的长度相当于单长度线的 2 倍，如图 6-31 所示，它主要用来实现不相邻 CLB 间的连接。

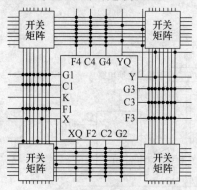

图 6-30　通用单长度线

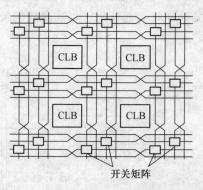

图 6-31　通用双长度线

3）专用长线：单长度线和双长度线提供了相邻 CLB 之间的快速互连和复杂互连的灵活性，但传输信号每通过一个可编程开关矩阵，就增加一次延迟，所以当连接距离较远时，用多段线互连会造成较大的延迟。而 FPGA 中的一些全局性信号，如寄存器的时钟和控制信号等，不仅要驱动多个寄存器，而且要传输较长的距离，因此在 FPGA 中还设计了一些专用长线以满足这一类要求。专用长线连接结构如图 6-32 所示。长线连接不经过可编程开关矩阵而直接贯穿整个芯片，由于长线连接信号延迟时间少，因此主要用于

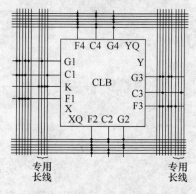

图 6-32　专用长线连接结构

关键信号的传输。每条长线中间有可编程分离开关，使长线分成两条独立的连线通路，每条连线只有阵列的宽度或高度的一半。CLB 的输入可以由邻近的任一长线驱动，输出可以通过三态缓冲器驱动长线。

本 章 小 结

半导体存储器的应用领域极为广泛，凡是需要记录数据或各种信号的场合都离不开它，在现代数字系统尤其在计算机系统中，半导体存储器是必不可少的一个重要组成部分。从读、写功能上半导体存储器可分成 RAM 和 ROM 两大类，绝大多数属于大规模集成电路。掌握各种类型半导体存储器在电路结构和性能上的不同特点，将为合理选用器件提供理论基础。

RAM 是一种时序逻辑电路，具有记忆功能。RAM 存储的数据随电源断电而消失，具有易失性。RAM 包含 SRAM 和 DRAM 两种类型，SRAM 存储单元是利用触发器的记忆功能来存储数据的，在不断电的情况下，存入 SRAM 的数据会一直保留，直到新的信息写入。DRAM 存储单元是利用 MOS 管栅极电容能够存储电荷的原理制成，存入 DRAM 的数据需要定期刷新，以免数据丢失。

ROM 一般由专用装置写入数据，数据一旦写入，不能随意改写，切断电源之后，数据

也不会消失，即具有非易失性。ROM 的种类很多，从制造工艺上可分为二极管 ROM、双极型 ROM 和 MOS 型 ROM 三种；按内容更新方式的不同，可分为固定 ROM 和可编程 ROM，可编程 ROM 又可分为 PROM、EPROM、E^2PROM 和闪式 ROM 等。

可编程逻辑器件 PLD 具有结构灵活、集成度高、处理速度快和可靠性高等特点，在工业控制和产品开发等方面得到了广泛的应用。根据电路结构和规模，PLD 分为 SPLD 和 HDPLD。SPLD 从最早的 PROM 发展到 PLA、PAL 和 GAL。1000 门以上 CPLD 和 FPGA 统称为 HDPLD。

习 题

6-1 半导体存储器有哪几种类型？各有什么特点？

6-2 什么是 RAM？RAM 有哪几种类型？各有什么特点？

6-3 RAM 的电路结构有几部分构成？分别是什么？

6-4 进出 RAM 有三类信号线，分别是哪三类？

6-5 一个 4096 × 8 位的 RAM，其地址线和数据线各为多少？

6-6 一个存储器有 32 位地址线，8 位数据输入/输出线，试计算它的存储容量。

6-7 下列存储器的容量哪个最大？哪个最小？它们的地址线各有几条？

(1) 4086 × 1 位

(2) 2048 × 4 位

(3) 1024 × 8 位

(4) 64K × 4 位

6-8 欲实现 32K × 8 位的 RAM 需几片 8K × 4 位的 RAM？

6-9 容量为 256 × 4 位的 RAM 有多少条地址线？多少条数据线？每个地址有多少个存储单元？试用 256 × 4 位的 RAM 扩展成 1024 × 4 位的 RAM，采用什么方法？画出连线图。

6-10 试用 2K × 4 位的 RAM 扩展成 2K × 16 位的 RAM，采用什么方法？画出连线图。

6-11 什么是 ROM？ROM 有哪几种类型？

6-12 画出用 ROM 实现下述逻辑函数时的阵列图：

(1) $F_1 = \bar{A}\,\bar{B}\,C + A\,\bar{B}C + AB$

(2) $F_2 = A + BC$

6-13 试用 ROM 构成一个全加器电路，画出阵列图。

6-14 试用 PLA 实现下面逻辑函数，并与 ROM 阵列实现比较：

$$F = ABC + AB\,\bar{C} + \bar{A}BC + \bar{A}\,\bar{B}C$$

6-15 试用 PLA 产生下列一组与或逻辑函数，画出 PLA 的阵列图：

$$Y_1 = \bar{A}\,BC + A\,\bar{B}C + AB\,\bar{C} + ABC$$

$$Y_2 = A\,\bar{B}CD + A\,\bar{B}\,\bar{C} + A\,BCD$$

$$Y_3 = A\,\bar{B} + CD + AB\,\overline{CD}$$

$$Y_4 = A\,\bar{B}\,\bar{C} + AB\,\bar{C} + \bar{A}\,BC + \bar{A}\,\bar{B}\,\bar{C}$$

6-16 试用 PAL 设计一个数值比较器，输入是两个 2 位二进制数 $A = A_1A_0$、$B = B_1B_0$，输出是两者比较的结果 Y_1（$A = B$ 时值为 1）、Y_2（$A > B$ 时值为 1）和 Y_3（$A < B$ 时值为 1）。

6-17 简述 CPLD 和 FPGA 的主要异同之处。

第7章 数字信号与模拟信号的转换

随着数字技术和计算机技术的飞速发展，人们对各种信号的处理已经广泛采用了数字计算机。由于计算机处理的是不连续的数字信号，结果也是数字信号；而实际遇到的许多物理量，如温度、压力、流量、速度等都是在数值上和时间上连续变化的模拟信号，因此模拟信号和数字信号之间的相互转换便成了数字控制系统中最基本和最重要的内容。

图7-1所示为一典型的数字控制系统框图，被测量经过传感器变成电信号，这个电信号是一个连续变化的模拟信号，它要先转换成数字信号，才能在数字系统中加工运算；而数字系统输出的数字信号也要变成模拟信号才能去控制执行机构。

图 7-1　数字控制系统框图

将模拟信号转换为数字信号的电路称为模/数转换器(Analog To Digital Converter)，简称A/D转换器；将数字信号转换为模拟信号的电路称为数/模转换器(Digital To Analog Converter)，简称D/A转换器。

7.1　D/A 转换器

7.1.1　D/A 转换器的基本原理

D/A转换器的作用是将输入的数字信号转换为模拟信号，输出的模拟量与输入的数字量成正比。图7-2所示为D/A转换器框图。图中，D是输入的n位数字量；v_A是输出的模拟量；V_{REF}是转换所需的参考电压(或称基准电压)，通常是一恒定的电压。三者的关系为

$$v_A = KDV_{REF}$$

式中，K为常数。

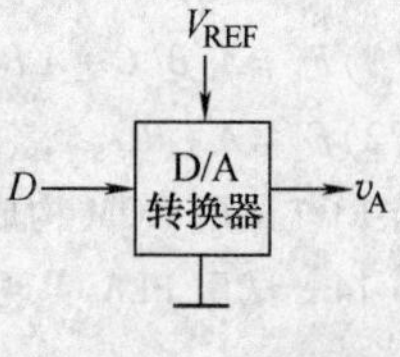

图 7-2　D/A 转换器框图

当输入的数字信号D为n位二进制数$D_{n-1}D_{n-2}\cdots D_0$时，可得

$$v_A = KV_{REF}(D_{n-1} \times 2^{n-1} + D_{n-2} \times 2^{n-2} + \cdots + D_0 \times 2^0) = KV_{REF}\sum_{i=0}^{n-1}(D_i \times 2^i)$$

式中，2^{n-1}、$2^{n-2}\cdots$、2^0为各数位的权。

数字量转换成模拟量，是将输入二进制数中为1的每1位代码按其权的大小，转换成模拟量，然后将这些模拟量相加，其结果就是与数字量成正比的模拟量。

如图7-3所示为n位D/A转换器框图。

D/A转换器由数码寄存器、模拟开关、解码网络、求和电路和基准电压几部分组成。数字量以串行或并行方式输入并存储于数码寄存器中，寄存器输出的每位数码驱动对应数位上的模拟开关，将在解码网络中获得的相应数位权值送入求和电路，求和电路将各位权值相

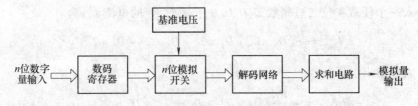

图 7-3　n 位 D/A 转换器框图

加，便得到与输入数字量对应的模拟量。

7.1.2　集成 D/A 转换器及主要技术参数

D/A 转换器按解码网络结构不同分为 T 形电阻网络 D/A 转换器、倒 T 形电阻网络 D/A 转换器、权电流型 D/A 转换器和权电阻网络 D/A 转换器等。根据模拟开关不同可分为 CMOS 开关型和双极型开关 D/A 转换器，双极型开关 D/A 转换器又分为电流开关型和 ECL 电流开关型两种。其中，CMOS 开关型 D/A 转换器的转换速度最低，而 ECL 电流开关型 D/A 转换器的转换速度最高。

1. T 形电阻网络 D/A 转换器

4 位 T 形电阻网络 D/A 转换器如图 7-4 所示，它主要由 T 形电阻网络、模拟开关、电流求和放大器和基准电压四部分组成。

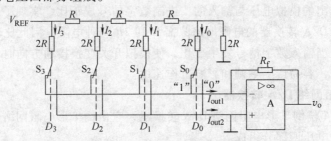

图 7-4　T 形电阻网络 D/A 转换器

T 形电阻网络由若干个阻值为 R 和 $2R$ 的电阻组成。

模拟开关 S_3、S_2、S_1、S_0 的状态分别由 4 位输入信号 D_3、D_2、D_1、D_0 控制，当 $D_i = 0$ 时，S_i 接地；当 $D_i = 1$ 时，S_i 接运算放大器的反相输入端。

运算放大器构成电流求和放大器，它对各位输入数字信号所对应的电流求和，并转换成相应的输出模拟电压 v_o。

基准电压 V_{REF} 一般由稳压电路提供，以获得高精度、高稳定性的电压。

运算放大器采用反相输入方式，反相输入端为"虚地"，因此无论模拟开关接在什么位置，与 S_i 相连的 $2R$ 电阻从效果上看总是"接地"的，流经每条 $2R$ 电阻支路上的电流与模拟开关的状态无关。

由此可知，整个电阻网络的等效电阻为 R，总电流 $I = \dfrac{V_{REF}}{R}$。流过各开关支路的电流分别为

$$I_3 = \frac{I}{2} = \frac{I}{2^4} \times 2^3, \ \ I_2 = \frac{I}{2^2} = \frac{I}{2^4} \times 2^2, \ \ I_1 = \frac{I}{2^3} = \frac{I}{2^4} \times 2^1, \ \ I_0 = \frac{I}{2^4} = \frac{I}{2^4} \times 2^0$$

对于输入一个任意 4 位二进制数 $D_3 D_2 D_1 D_0$，流过 R_f 的电流 I_{out1} 为

$$I_{out1} = \frac{I}{2^4}(D_3 \times 2^3 + D_2 \times 2^2 + D_1 \times 2^1 + D_0 \times 2^0) \tag{7-1}$$

运算放大器输出电压 v_o 为

$$v_o = -R_f I_{out1} = -\frac{R_f I}{2^4}(D_3 \times 2^3 + D_2 \times 2^2 + D_1 \times 2^1 + D_0 \times 2^0)$$

$$= -\frac{V_{REF} R_f}{2^4 R}(D_3 \times 2^3 + D_2 \times 2^2 + D_1 \times 2^1 + D_0 \times 2^0)$$

$$= -\frac{V_{REF} R_f}{2^4 R}\Big[\sum_{i=0}^{3}(D_i \times 2^i)\Big] \tag{7-2}$$

依此类推，n 位 D/A 转换器的输出电压为

$$v_o = -\frac{V_{REF} R_f}{2^n R}(D_{n-1} \times 2^{n-1} + D_{n-2} \times 2^{n-2} + \cdots + D_1 \times 2^1 + D_0 \times 2^0)$$

$$= -\frac{V_{REF} R_f}{2^n R}\Big[\sum_{i=0}^{n-1}(D_i \times 2^i)\Big] \tag{7-3}$$

式中，$\dfrac{V_{REF} R_f}{2^n R}$ 为常数；D_{n-1}、D_{n-2}、$\cdots$、D_1、D_0 为 n 位二进制数。

由此可见，输出的模拟电压与输入的二进制数字信号成正比，实现了 D/A 转换。

T 形电阻网络 D/A 转换器的电阻网络只需 R 和 $2R$ 两种电阻，因此比较容易保证电阻网络的转换精度，但当输入数字信号发生变化，使模拟开关变换接通方向时，流过模拟开关的电流方向发生改变，容易产生毛刺和影响工作速度。

2. 倒 T 形电阻网络 D/A 转换器

图 7-5 所示为 4 位倒 T 形电阻网络 D/A 转换器，它由倒 T 形电阻网络、模拟开关、电流求和放大器和基准电压四部分组成。

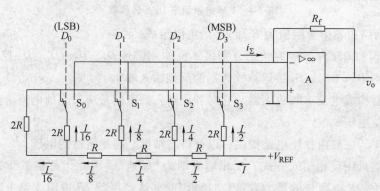

图 7-5　倒 T 形电阻网络 D/A 转换器

倒 T 形电阻网络由若干个阻值为 R 和 $2R$ 的电阻组成。

模拟开关 S_3、S_2、S_1、S_0 的状态分别由 4 位输入信号 D_3、D_2、D_1、D_0 控制，当 $D_i = 0$ 时，S_i 接地；当 $D_i = 1$ 时，S_i 接运算放大器的反相输入端。

运算放大器构成电流求和放大器，它对各位输入数字信号所对应的电流求和，并转换成相应的输出模拟电压 v_o。

基准电压 V_{REF} 一般由稳压电路提供，以获得高精度、高稳定性的电压。

运算放大器采用反相输入方式，反相输入端为"虚地"，因此无论模拟开关接在什么位置，与 S_i 相连的 $2R$ 电阻从效果上看总是"接地"的，流经每条 $2R$ 电阻支路上的电流与模拟开关的状态无关。对电阻网络分析可得以下结果：

电阻网络的等效电阻为 R，总电流 $I = \dfrac{V_{\mathrm{REF}}}{R}$。

流过各开关支路的电流分别为

$$I_0 = \frac{I}{16} = \frac{I}{2^4}, \ \ I_1 = \frac{I}{8} = \frac{I}{2^3}, \ \ I_2 = \frac{I}{4} = \frac{I}{2^2}, \ \ I_3 = \frac{I}{2}$$

对于输入一个任意 4 位二进制数 $D_0 D_1 D_2 D_3$，总电流 i_Σ 为

$$
\begin{aligned}
i_\Sigma &= I_0 D_0 + I_1 D_1 + I_2 D_2 + I_3 D_3 \\
&= \frac{I}{2^4}(D_0 \times 2^0 + D_1 \times 2^1 + D_2 \times 2^2 + D_3 \times 2^3) \\
&= \frac{V_{\mathrm{REF}}}{2^4 R}\Big[\sum_{i=0}^{3}(D_i \times 2^i)\Big]
\end{aligned}
\tag{7-4}
$$

输出电压 v_o 为

$$
v_o = -R_f i_\Sigma = -\frac{V_{\mathrm{REF}} R_f}{2^4 R}\Big[\sum_{i=0}^{3}(D_i \times 2^i)\Big]
\tag{7-5}
$$

由此可知，n 位倒 T 形电阻网络 D/A 转换器的输出电压一般关系式为

$$
\begin{aligned}
v_o &= -\frac{V_{\mathrm{REF}} R_f}{2^n R}(D_{n-1} \times 2^{n-1} + D_{n-2} \times 2^{n-2} + \cdots + D_1 \times 2^1 + D_0 \times 2^0) \\
&= -\frac{V_{\mathrm{REF}} R_f}{2^n R}\Big[\sum_{i=0}^{n-1}(D_i \times 2^i)\Big]
\end{aligned}
\tag{7-6}
$$

式中，$\dfrac{V_{\mathrm{REF}} R_f}{2^n R}$ 为常数；D_{n-1}、D_{n-2}、$\cdots$、D_1、D_0 为 n 位二进制数。

若将常数 $\dfrac{V_{\mathrm{REF}} R_f}{2^n R}$ 用 K 表示，方括号内的 n 位二进制数用 N_B 表示，则式(7-6)可改写为

$$
v_o = -K N_B
\tag{7-7}
$$

式(7-7)表明，对应每一个二进制数 N_B，输出的模拟电压与输入的二进制数成正比，实现了 D/A 转换。

倒 T 形电阻网络 D/A 转换器的突出优点是，无论模拟开关接通何处，流经模拟开关电流的数值及方向均保持不变，有利于提高转换速度，同时也降低了对参考电压源的要求。因此，倒 T 形电阻网络 D/A 转换器是最常用的 D/A 转换器。由于在实际电路中，各电路元件并不是理想的，因此模拟开关的导通电阻会与各支路电阻串联，模拟开关的导通电阻值将附加在各支路的电阻上，从而降低网络中各电阻的精度，使流过各支路的实际电流值与理论值有一定的偏差，这将会降低 D/A 转换器的转换精度。

3. 权电流型 D/A 转换器

为克服模拟开关的导通电阻对 D/A 转换器转换精度的影响，可采用权电流型 D/A 转换器。图 7-6 所示为 4 位权电流型 D/A 转换器，与倒 T 形电阻网络 D/A 转换器相比，其主要

差别表现在两个方面：一是采用恒定电流源，使注入各支路的电流为恒定值；二是模拟开关用电流开关，这种开关工作在放大状态，而不是工作在饱和状态，从而减小了开关转换的延迟时间，提高了工作速度。

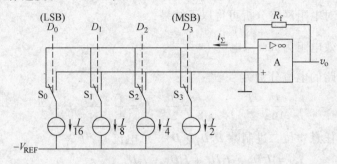

图 7-6　权电流型 D/A 转换器

图 7-6 中，用一组恒流源代替了倒 T 形电阻网络 D/A 转换器中的电阻网络，恒流源从高位到低位电流的大小依次为 $\frac{I}{2}$、$\frac{I}{4}$、$\frac{I}{8}$、$\frac{I}{16}$。

模拟开关 S_3、S_2、S_1、S_0 的状态分别由 4 位输入信号 D_3、D_2、D_1、D_0 控制，当 $D_i = 0$ 时，开关 S_i 接地；当 $D_i = 1$ 时，开关 S_i 接运算放大器的反相输入端，相应的权电流流入求和电路。分析电路可得

$$v_o = i_\Sigma R_f = R_f \left(\frac{I}{2} D_3 + \frac{I}{4} D_2 + \frac{I}{8} D_1 + \frac{I}{16} D_0 \right)$$

$$= \frac{I}{2^4} R_f (D_3 \times 2^3 + D_2 \times 2^2 + D_1 \times 2^1 + D_0 \times 2^0)$$

$$= \frac{I}{2^4} R_f \sum_{i=0}^{3} (D_i \times 2^i) \tag{7-8}$$

对于权电流型 D/A 转换器，各支路上权电流的大小不受开关导通电阻和电压的影响，因而减少了转换误差，提高了转换精度。

4. 权电阻网络 D/A 转换器

权电阻网络 D/A 转换器是在运算放大器反相输入端的各支路中接入不同的权电阻，使在运算放大器的输入端叠加而成的电流与相应的数字量成正比，并在其输出端得到一个与相应的数字量成正比的电压。

图 7-7 所示为 4 位权电阻网络 D/A 转换器，它由权电阻网络、模拟开关和反相求和放大器和基准电压 V_{REF} 组成。

电路工作时，当相应的数字量为 1 时，模拟开关接 V_{REF}，通过权电阻网络产生一个与该位数字量权重成正比的电流值；当相应的数字量为 0 时，模拟开关接地，没有电流产生。这样，在运算放大器的反相输入端 Σ 处就可以得到与输入数字量加权求和值成正比的电流值，经过运算放大器后可以得到相应的模拟电压。

图 7-7 中，运算放大器采用反相输入方式，反相输入端 Σ 为"虚地"，故流过 Σ 的电流为

$$i_\Sigma = V_{REF} \left(\frac{D_3}{R} + \frac{D_2}{2R} + \frac{D_1}{4R} + \frac{D_0}{8R} \right) \tag{7-9}$$

则输出端电压 v_o 为

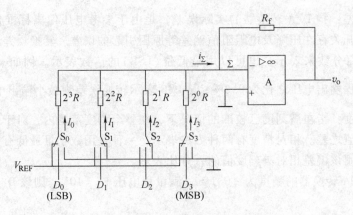

图 7-7　4 位权电阻网络 D/A 转换器

$$v_{o} = -i_{\Sigma}R_{f} = -R_{f}V_{REF}\left(\frac{D_{3}}{R} + \frac{D_{2}}{2R} + \frac{D_{1}}{4R} + \frac{D_{0}}{8R}\right) \tag{7-10}$$

若取 $R_{f} = \dfrac{R}{2}$，则 v_{o} 可变换为

$$v_{o} = -\frac{V_{REF}}{2^{4}}(D_{3}\times 2^{3} + D_{2}\times 2^{2} + D_{1}\times 2^{1} + D_{0}\times 2^{0})$$

$$= -\frac{V_{REF}}{2^{4}}\left[\sum_{i=0}^{3}(D_{i}\times 2^{i})\right] \tag{7-11}$$

对于 n 位的权电阻网络 D/A 转换器，若满足 $R_{f} = \dfrac{R}{2}$，则输出模拟电压可以写成

$$v_{o} = -\frac{V_{REF}}{2^{n}}\left[\sum_{i=0}^{n-1}(D_{i}\times 2^{i})\right] \tag{7-12}$$

输出的模拟电压与输入数字量的值成正比，从而实现了数字量到模拟量的转换。

权电阻网络 D/A 转换器结构简单，所用元器件比较少，但转换精度取决于权电阻网络的相对精度，当二进制数位数比较多时，权电阻种类多，阻值分散性大，所以转换精度低。另外，在数字量由 0 变 1 时，该支路的电流有一个建立的过程，将使输出信号产生尖峰脉冲。

5. D/A 转换器的主要技术参数

1）分辨率：分辨率用于表征 D/A 转换器对输入微小量变化的敏感程度，其为 D/A 转换器模拟输出电压可能被分离的等级数。分辨率是电路所能分辨的最小输出电压 V_{LSB} 与满刻度输出电压 V_{m} 之比，即输入 n 位数字量只有最低有效位为 1（00…01）时的输出电压 V_{LSB} 与输入 n 位数字量全为 1（11…11）时的输出电压 V_{m} 之比

$$分辨率 = \frac{V_{LSB}}{V_{m}} = \frac{-\dfrac{V_{REF}}{2^{n}}}{-\dfrac{V_{REF}}{2^{n}}(2^{n}-1)} = \frac{1}{2^{n}-1} \tag{7-13}$$

由于分辨率仅由输入数字量的位数 n 决定，因此有时也直接把 D/A 转换器的位数称为分辨率，如 8 位（bit）、12 位、16 位等。可见，位数越多，输出电压可分离的等级就越多，分辨率就越高。从理论上讲，分辨率越高，D/A 转换器的转换精度也就越高。

2）转换精度：转换精度用转换误差和相对精度描述。

① 转换误差：指 D/A 转换器的实际误差，是由于参考电压偏离标准值、运算放大器零点漂移、模拟开关存在压降及电阻阻值偏差等原因引起的误差。转换误差通常以输出电压满刻度（FSR）的百分数来表示，也可以用最低位（LSB）的倍数表示。例如，0.2% FSR 表示转换误差与满量程输出电压之比为 0.2%；$\frac{1}{2}$LSB 表示转换误差为最小输出电压的 1/2。

② 相对精度：指在满刻度已校准的情况下，在整个刻度范围内，对于任一数码的模拟量输出与其理论值之差。相对精度有两种方法表示：一种是用数字量最低有效位的位数 LSB 表示，另一种是用该偏差相对满刻度值的百分比表示。

例如，设 D/A 转换器的精度为 ±0.1%，满量程电压 $V_m = 10V$，则该 D/A 转换器的最大线性误差电压为

$$\Delta v = \pm 0.1\% \times 10V = \pm 10mV$$

对于 n 位 D/A 转换器，精度为 $\pm\frac{1}{2}$LSB，其最大线性误差电压

$$\Delta v = \pm \frac{1}{2} \times \frac{1}{2^n} V_m = \pm \frac{1}{2^{n+1}} V_m \tag{7-14}$$

转换精度和分辨率是两个不同的概念，即使 D/A 转换器的分辨率很高，但由于电路的稳定性不好等原因，也可使电路的转换精度不高。

3）转换速度：转换速度由转换时间决定，是指从输入数字信号变化，到输出模拟信号达到稳态值所需要的时间，也称为输出建立时间，一般用 D/A 转换器输入的数字量从全 0 变到全 1 时，输出电压达到规定的 $\pm\frac{LSB}{2}$ 误差范围时所需时间表示。

4）线性度：通常用非线性误差的大小表示 D/A 转换器的线性度。产生非线性误差有两种原因：一是各位模拟开关的压降不一定相等，而且接 V_{REF} 和接地时的压降也未必相等；二是各个电阻阻值的偏差不可能做到完全相等，而且不同位置上的电阻阻值的偏差对输出模拟电压的影响也不一样。

除上述主要参数外，还有电源抑制比、功率消耗、温度系数、输入高、低电平的数值以及输出范围等技术指标。

7.2 A/D 转换器

A/D 转换器是实现将模拟输入量转换成相应的数字量输出的器件。A/D 转换器的种类很多，按其工作原理不同可分为直接 A/D 转换器和间接 A/D 转换器两大类。直接 A/D 转换器直接将模拟信号转换成输出的数字信号，具有较快的转换速度，常用的有并行比较型 A/D 转换器和逐次比较型 A/D 转换器。间接 A/D 转换器是将模拟信号先转换成一个中间量（如时间或频率），然后再将中间量转换成数字量输出。这类 A/D 转换器的转换速度较慢，但精度比较高，常用的有双积分型 A/D 转换器和电压频率转换型 A/D 转换器。

7.2.1 A/D 转换器的基本原理

A/D 转换器的输入电压在时间上是连续的，而输出的数字量是离散的，所以进行转换时必须按一定的频率对输入信号进行取样，并在两次取样之间使取样信号保持不变，从而保

证将取样值转化成稳定的数字量。因此，A/D 转换过程是经过取样、保持、量化和编码四个环节来完成的。

1. 取样与保持

取样就是按一定时间间隔提取模拟输入信号幅值的过程，即把在时间上连续变化的模拟量转换成时间上离散变化的数字量，且输出数字量的幅值取决于输入模拟量的幅值，如图 7-8 和图 7-9 所示。图中，$V_i(t)$ 为输入的模拟信号，$S(t)$ 为周期性取样信号，$V'(t)$ 为取样的输出信号。只有在取样信号作用期间，即 $S(t)$ 为高电平时，取样开关导通，输入信号才能通过取样开关，在输出端得到输入信号的取样值，即 $V'(t) = V_i(t)$。

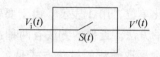

图 7-8   取样电路

由图 7-9 可以看到，为了使取样信号能够准确地表示输入信号，必须有足够高的取样频率 f_s，取样频率 f_s 越高就越能准确地反映输入量的变化。根据取样定理，取样频率应满足

$$f_s \geqslant 2f_{imax}$$

式中，f_{imax} 为输入信号频谱中的最高频率。

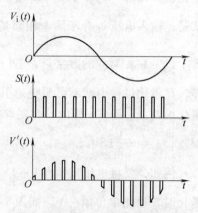

图 7-9   取样过程波形

实际应用中，取样频率常取模拟信号最高频率的 3 ~ 5 倍，即 $f_s = (3 \sim 5)f_{imax}$。此时，取样信号 $V'(t)$ 就能较准确地反映输入信号 $V_i(t)$。

由于要把取样信号数字化需要一定时间，因此在两次取样之间应将取样的模拟信号保存起来以便量化和编码，这就要在取样电路后面加一个保持电路，这一过程称为保持。

取样与保持过程通常是同时完成的。图 7-10 所示为取样-保持电路，电路由输入放大器 A_1、开关驱动电路 S、保持电容 C_H 和输出放大器 A_2 组成。电路要求 $A_{v1}A_{v2} = 1$，且 A_1 具有较高的输入阻抗，以减小对输入信号的影响，A_2 要有较高的输入阻抗和较低的输出阻抗，以提高带负载能力。

当开关 S 闭合时，电容器 C_H 充电，由于 $A_{v1}A_{v2} = 1$，因此 $v_o = v_i$，此时电路处于取样阶段；当开关 S 断开时，由于 A_2 的输入阻抗较大，可认为电容 C_H 没有放电回路，输出电压保持不变，此时电路处于保持阶段。

2. 量化与编码

由于数字信号在时间上是离散的，在幅值上也是不连续的，任何一个数字信号的大小都是某个最小数量单位的整数倍，因此，在将模拟信号转换为数字信号的过程中，必须将取样-保持电路的输出电压按某种近似方式转化成与

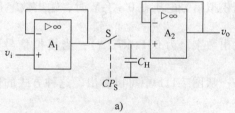

a)

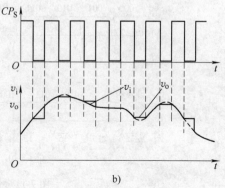

b)

图 7-10   取样-保持电路
a) 工作原理   b) 工作波形

之相应的离散电平，这一转化过程称为量化。

量化过程中的最小数量单位即输出的二进制数字信号最低位的 1 所代表模拟信号的大小称为量化单位，用 Δ 表示。由于要转换的模拟信号不一定是 Δ 的整数倍，因此量化过程只能采用近似的方法。近似的方法有两种：一种是舍尾取整法；另一种是四舍五入法。

舍尾取整法的量化方式是：输入电压 v_i 介于两个相邻量化值之间时，输出结果取较低量化值，即 $(n-1)\Delta \le v_i < n\Delta$ 时，输出结果等于 $(n-1)\Delta$ 对应的数字量。四舍五入的量化方式是：输入电压 v_i 介于两个相邻量化值之间时，若 $(n-1)\Delta \le v_i < \left(n-\dfrac{1}{2}\right)\Delta$ 时，输出结果等于 $(n-1)\Delta$ 对应的数字量，若 $\left(n-\dfrac{1}{2}\right)\Delta \le v_i < n\Delta$ 时，输出结果等于 $n\Delta$ 对应的数字量。这样，在量化过程中就不可避免地引起量化误差，用 ε 表示。采用不同的量化方式产生的最大量化误差 ε_{max} 是不一样的，舍尾取整法的最大量化误差 $\varepsilon_{max} = 1\text{LSB}$，四舍五入法的最大量化误差 $\left|\varepsilon_{max}\right| = \dfrac{1}{2}\text{LSB}$。

例如，要将电压范围在 $0 \sim 1\text{V}$ 的模拟信号转换成 3 位二进制代码。采用舍尾取整法的量化时，量化单位取 $\dfrac{1}{8}\text{V}$。如图 7-11a 所示，当模拟信号电压在 $0 \sim \dfrac{1}{8}\text{V}$ 时，输出数字量为 000（即 0Δ）；当模拟信号电压在 $\dfrac{1}{8} \sim \dfrac{2}{8}\text{V}$ 时，输出数字量为 001（即 1Δ）；当模拟信号电压在 $\dfrac{2}{8} \sim \dfrac{3}{8}\text{V}$ 时，输出数字量为 010（即 2Δ）；……从图 7-11a 中可以看出，这种方式的最大量化误差为 $\dfrac{1}{8}\text{V}$，即 1LSB。采用四舍五入的量化方法时，量化单位为 $\dfrac{2}{15}\text{V}$。如图 7-11b 所示，当模拟信号电压在 $0 \sim \dfrac{1}{15}\text{V}$ 时，输出数字量为 000（即 0Δ）；当模拟信号电压在 $\dfrac{1}{15} \sim \dfrac{3}{15}\text{V}$ 时，输出数字量为 001（即 1Δ）；当模拟信号电压在 $\dfrac{3}{15} \sim \dfrac{5}{15}\text{V}$ 时，输出数字量为 010（即 2Δ）；……从图 7-11b 中可以看出，这种方式的最大最化误差为 $\pm\dfrac{1}{15}\text{V}$，即 $\pm\dfrac{1}{2}\text{LSB}$。

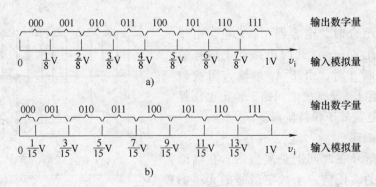

图 7-11 量化的两种不同方法

a）舍尾取整法　b）四舍五入法

量化后的数值经过编码过程，最后用一个二进制代码表示，这个二进制代码就是 A/D

转换器输出的数字信号。显然，量化与编码是在 A/D 转换器中完成的。

7.2.2　集成 A/D 转换器及主要技术参数

1. 并行比较型 A/D 转换器

图 7-12 所示为 3 位二进制数并行比较型 A/D 转换器。它由分压器、比较器、寄存器和编码器组成。

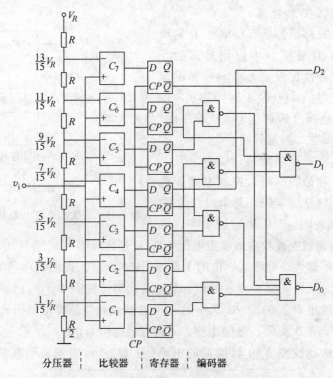

图 7-12　3 位二进制数并行比较型 A/D 转换器

分压器将基准电压分为 $\dfrac{V_R}{15}$、$\dfrac{3V_R}{15}$、$\dfrac{5V_R}{15}$、$\cdots$、$\dfrac{13V_R}{15}$ 不同的电压值，分别作为比较器 $C_1 \sim$ C_7 的参考电压。输入电压 v_i 的大小决定各比较器的输出状态。比较器的输出状态由寄存器（D 触发器）存储，经编码器编码得到数字量输出。

3 位二进制并行比较型 A/D 转换器的输入与输出的关系见表 7-1。

表 7-1　3 位并行二进制比较型 A/D 转换器的输入与输出的关系

模拟输入	比较器输出							数字输出		
	C_7	C_6	C_5	C_4	C_3	C_2	C_1	D_2	D_1	D_0
$0 \leqslant v_i < V_R/15$	0	0	0	0	0	0	0	0	0	0
$V_R/15 \leqslant v_i < 3V_R/15$	0	0	0	0	0	0	1	0	0	1
$3V_R/15 \leqslant v_i < 5V_R/15$	0	0	0	0	0	1	1	0	1	0
$5V_R/15 \leqslant v_i < 7V_R/15$	0	0	0	0	1	1	1	0	1	1
$7V_R/15 \leqslant v_i < 9V_R/15$	0	0	0	1	1	1	1	1	0	0
$9V_R/15 \leqslant v_i < 11V_R/15$	0	0	1	1	1	1	1	1	0	1
$11V_R/15 \leqslant v_i < 13V_R/15$	0	1	1	1	1	1	1	1	1	0
$13V_R/15 \leqslant v_i < V_R$	1	1	1	1	1	1	1	1	1	1

在并行比较型 A/D 转换器中，输入电压 v_i 同时加到所有比较器的输入端，从 v_i 加入，到稳定输出数字量，所经历的时间为比较器、D 触发器和编码器延迟时间的总和。如果不考虑各器件的延时，可以认为输出数字量是与 v_i 输入时刻同时获得的，所以，并行比较型A/D转换器具有最短的转换时间。但也可以看到，若要提高分辨率，就要增加位数 n，一个 n 位的转换器，需用 $2^n - 1$ 个比较器和触发器，随着位数的增加，电路复杂程度也增加，所以对于分辨率很高的并行比较型 A/D 转换器，集成电路工艺指标的要求也很高。

2. 逐次比较型 A/D 转换器

逐次比较型 A/D 转换器是直接型 A/D 转换器，是目前集成 A/D 转换器中应用最多的一种。图 7-13 所示是逐次比较型 A/D 转换器的原理框图。它由比较器、n 位 D/A 转换器、n 位数码寄存器、控制电路及时钟信号 CP 等组成。输入为 v_i，输出为 n 位二进制代码。

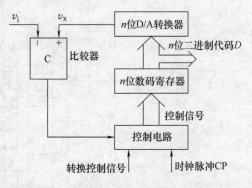

图 7-13　逐次比较型 A/D 转换器的原理框图

转换开始之前将寄存器清零，即 $D_{n-1}D_{n-2} \cdots D_1 D_0 = 00 \cdots 00$，开始转换时，控制电路先将寄存器的最高位置 $1(D_{n-1} = 1)$，其余位全为 0，使寄存器输出为 $D_{n-1}D_{n-2} \cdots D_1 D_0 = 10 \cdots 00$，这组数码被 D/A 转换器转换成相应的模拟电压 v_x 后通过比较器与 v_i 进行比较。若 $v_i > v_x$，说明寄存器中的数字不够大，则将这一位的 1 保留；若 $v_i < v_x$，说明寄存器中的数字太大，则将这一位的 1 清除，从而决定了 D_{n-1} 的值。然后将次高位置 $1(D_{n-2} = 1)$，再通过 D/A 转换器将此时寄存器的输出 $D_{n-1}D_{n-2} \cdots D_1 D_0 = 01 \cdots 00$ 转换成相应的模拟电压 v_x，通过 v_x 与 v_i 比较决定 D_{n-2} 的取值。依次类推，逐位比较，一直到最低位为止。

下面以 4 位逐次比较型 A/D 转换器的电路（见图 7-14）为例说明其转换过程。图 7-14

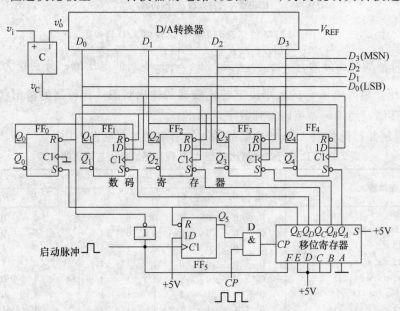

图 7-14　4 位逐次比较型 A/D 转换器的电路

中，移位寄存器可进行并入/并出或串入/串出操作，F 为其并行置数端，高电平有效；S 为高位串行输入端。五个 D 触发器组成数码寄存器，输出数字量为 $D_3 D_2 D_1 D_0 = Q_4 Q_3 Q_2 Q_1$。

在转换开始前将 $FF_0 \sim FF_4$ 清零，Q_5 置 1，与门 D 开启，时钟脉冲信号 CP 进入移位寄存器。

第一个 CP 脉冲到达后，移位寄存器被置数 $Q_A Q_B Q_C Q_D Q_E = 01111$，$Q_A$ 的低电平使数码寄存器的最高位置 1，即有 $Q_4 Q_3 Q_2 Q_1 = 1000$。D/A 转换器将数字量 1000 转换为模拟电压 v'_o，送入比较器 C 与输入模拟电压 v_i 比较，若 $v_i > v'_o$，则比较器 C 输出 v_o 为 1，否则为 0。比较结果送 $FF_4 \sim FF_1$ 的数据输入端 $D_4 \sim D_1$。

第二个 CP 脉冲到达后，移位寄存器的 Q_A 变 1，同时最高位向低位移动 1 位。Q_3 由 0 变 1，这个正跳变作为有效触发信号加到 FF_4 的 $C1$ 端，使第一次比较的结果保存于 Q_4。此时，由于其他触发器无有效触发脉冲信号，其保持状态不变。D/A 转换器的输出 v'_o 再送入比较器 C 与输入模拟电压 v_i 比较，比较的结果在第三个时钟脉冲作用下保存于 Q_3。依次类推，直到 Q_E 由 1 变 0 后将与门 D 封锁，转换完成。于是电路的输出端 $D_3 D_2 D_1 D_0$ 得到与输入电压成正比的数字量。

上述分析表明，比较是逐位进行的。如果输出为 n 位的 A/D 转换器，进行一次转换至少要经过 $(n+2)$ 个时钟脉冲周期才能完成。可见，位数越少，时钟频率越高，转换所需时间越短。逐次比较型 A/D 转换器具有转换速度较快、精度高的特点。

3. 双积分型 A/D 转换器

双积分型 A/D 转换器是间接型 A/D 转换器中最常用的一种，它具有精度高、抗干扰能力强等特点。双积分型 A/D 转换器首先将输入的模拟电压 v_i 转换成与之成正比的时间量 T，再在时间间隔 T 内对固定频率的时钟脉冲计数，则计数的结果就是一个正比于输入模拟电压 v_i 的数字量。

图 7-15 所示为双积分型 A/D 转换器的原理框图，它由积分器、比较器、n 位计数器、控制逻辑、时钟脉冲源以及开关和基准电压等组成。输入为模拟电压 v_i，输出为 n 位二进制代码。

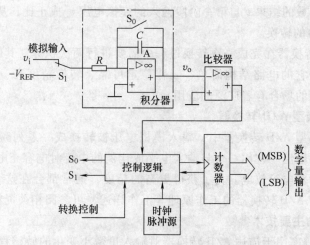

图 7-15　双积分型 A/D 转换器的原理框图

双积分型 A/D 转换器的一次工作过程分为两个积分阶段。积分器的输出波形如图 7-16

所示。

转换开始前开关 S_0 闭合使电容 C 完全放电，计数器清零。

第一阶段的积分时间为 T_1，控制电路将开关 S_1 接通输入电压 v_i，积分结束时积分器的输出电压为

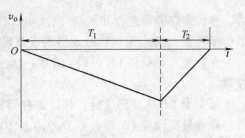

图 7-16　双积分型 A/D 转换器的输出波形

$$v_o = -\frac{1}{RC}\int_0^{T_1} v_i \mathrm{d}t = -\frac{v_i T_1}{RC} \qquad (7\text{-}15)$$

式(7-15)中的 T_1、R 和 C 均为常数，因此 v_o 与 v_i 成正比。

第二阶段的积分时间为 T_2，开关 S_0 保持断开状态，控制电路将开关 S_1 接至基准电压 $-V_{REF}$，积分器对基准电压 $-V_{REF}$ 进行积分，积分器的输出电压为零，即

$$v_o = -\frac{v_i T_1}{RC} - \left(-\frac{1}{RC}\int_{T_1}^{T_1+T_2} V_{REF}\mathrm{d}t\right) = -\frac{v_i T_1}{RC} + \frac{V_{REF}T_2}{RC} = 0 \qquad (7\text{-}16)$$

$$T_2 = \frac{T_1}{V_{REF}}v_i \qquad (7\text{-}17)$$

在 T_2 期间内，时钟脉冲信号的频率为 $f_c = \dfrac{1}{T_c}$，计数器对其计数的结果为 v，即

$$v = T_2 f_c = \frac{T_2}{T_c} = \frac{T_1 v_i}{T_c V_{REF}} \qquad (7\text{-}18)$$

由于在 T_1 期间，计数器也对频率为 $f_c = \dfrac{1}{T_c}$ 的时钟信号计数，设 T_1 与 T_c 有如下关系：

$$T_1 = NT_c \qquad (7\text{-}19)$$

式中，N 为整数。

将式(7-19)代入式(7-18)，得

$$v = \frac{N}{V_{REF}}v_i \qquad (7\text{-}20)$$

可见，计数器计数的结果 v 与第一阶段输入的模拟电压 v_i 成正比，从而实现了输入模拟电压 v_i 到数字量输出的转换。

双积分型 A/D 转换器在完成一次转换过程中需要进行两次积分。其缺点是转换时间长、工作速度低。但由于它的电路结构简单、工作稳定可靠、转换精度高、抗干扰能力强，因此，在转换速度较低的场合有着广泛的应用。

4. 电压频率转换型 A/D 转换器

在电压频率转换型 A/D 转换器中，输入模拟电压被转换成一系列频率与输入电平成比例的脉冲信号以后再输出。它用一个与输入电平成比例的电流对电容充电，当锯齿波达到预设的门限值时就开始对电容放电。为了获得更高的精度，通常都会在这个系统中使用反馈。有关电压频率转换型 A/D 转换器的工作原理等不作详述，可参阅相关资料。

5. A/D 转换器的主要技术参数

1) 分辨率：分辨率用于描述 A/D 转换器对输入量微小变化的敏感程度，它表明了 A/D 转换器对输入信号的分辨能力，可以用输出二进制数或十进制数的位数表示，输出位数越多，量化单位越小，分辨率越高。对输出为 n 位二进制数的 A/D 转换器，其分辨率为

$$分辨率 = \frac{1}{2^n - 1}$$

例如，输出为 8 位的 A/D 转换器，其输入电压的范围为 $0 \sim 5V$，最小分辨电压为

$$\frac{5V}{2^8 - 1} = 19.6mV$$

即该转换器可分辨出 19.6mV 的输入信号变化。

2）转换精度：转换精度通常用转换误差来描述，它表示转换器输出的数字量与理想输出数字量之间的差别，并用最低有效位的倍数表示。量化误差、偏移误差、增益误差都会产生转换误差。量化误差通常是 $\pm\frac{1}{2}$LSB，表明实际输出的数字量和理论上的输出量之间的误差小于最低位的 1/2。

3）转换速度：转换速度用转换时间来描述，A/D 转换器的转换时间是指完成一次转换所需的时间，即从模拟信号输入到输出端得到稳定的数字信号所需要的时间。A/D 转换器的转换速度因转换电路的类型不同而相差很远，并行比较型 A/D 转换器的转换速度最高，逐次比较型 A/D 转换器次之，而间接 A/D 转换器的转换速度最慢。

本 章 小 结

D/A 转换器和 A/D 转换器是连接数字量和模拟量之间的桥梁，是现代数字系统中不可或缺的重要组成部分。

D/A 转换器种类繁多、结构各不相同，但主要由数码寄存器、模拟开关、解码网络、求和电路和基准电压几部分组成。按解码网络结构不同，D/A 转换器分为 T 形电阻网络 D/A 转换器、倒 T 形电阻网络 D/A 转换器、权电流型 D/A 转换器和权电阻网络 D/A 转换器等。

T 形电阻网络 D/A 转换器的电阻网络只需 R 和 2R 两种电阻，因此转换精度高，但当开关变换接通方向时，流过开关的电流方向发生改变，影响工作速度。

倒 T 形电阻网络 D/A 转换器的突出优点是转换速度快，是最常用的 D/A 转换器。但在实际电路中，各电路元器件并不是理想的，会降低 D/A 转换器的转换精度。

权电流型 D/A 转换器，各支路上权电流的大小不受模拟开关导通电阻和电压的影响，因而提高了转换精度。

权电阻网络 D/A 转换器结构简单，所用元器件比较少，但当二进制数位数比较多时，转换精度低。

A/D 转换器是将连续输入的模拟信号转换成离散数字量输出的器件。A/D 转换过程是经过取样、保持、量化和编码四个环节来完成的。A/D 转换器的种类很多，按其工作原理不同可分为直接 A/D 转换器和间接 A/D 转换器两大类。直接 A/D 转换器常用的有并行比较型 A/D 转换器和逐次比较型 A/D 转换器，间接 A/D 转换器常用的有双积分型 A/D 转换器和电压频率转换型 A/D 转换器。

D/A 转换器和 A/D 转换器是用分辨率、转换精度和转换速度等技术参数来描述的。

习 题

7-1 数字信号和模拟信号有什么区别？D/A 转换器和 A/D 转换器在数字系统中有何重要作用？

7-2　D/A 转换器的功能是什么? 它的主要技术参数是什么?

7-3　常见的 D/A 转换器有哪几种? 各有什么特点?

7-4　一个 4 位 T 形电阻网络 D/A 转换器, 若 $V_{REF} = 5V$, $R_f = 3R$, 试计算最大输出电压 v_{max} 是多少?

7-5　一个 10 位 T 形电阻网络 D/A 转换器, 当 $V_{REF} = 10V$ 时, 试求:

(1) 当输入为 1111111111 时的输出模拟电压 v_{max};

(2) 当输入为 0000000001 时的输出模拟电压 v_{LSB};

(3) 当输入为 1101100010 时的输出模拟电压;

(4) 分辨率。

7-6　一个 8 位的 T 形电阻网络 D/A 转换器, $R_f = 3R$, $D_7 \sim D_0$ 为 11111111 时的输出电压 $v_o = 5V$, 则 $D_7 \sim D_0$ 分别为 10101100、00000001 时的输出电压 v_o 各为多少?

7-7　倒 T 形电阻网络 D/A 转换器, 请按下列要求完成题目:

(1) 若 $R_f = R$, $V_{REF} = 5V$, $D_3 \sim D_0 = 1100$, 求 v_o;

(2) 求电路的分辨率。

7-8　5 位倒 T 形电阻网络 D/A 转换器的参考电压 $V_{REF} = 10V$, 模拟开关导通压降为 0, 当 $D_4 D_3 D_2 D_1 D_0 = 10011$ 时, 输出电压为多少? 此电路的分辨率是多少?

7-9　若使分辨率小于 1%, 至少要用多少位的 D/A 转换器?

7-10　将 4 位倒 T 形电阻网络 D/A 转换器扩展为 8 位二进制数输入, 若电路的 $R_f = R = 10k\Omega$, 参考电压 $V_{REF} = -10V$, 试计算:

(1) 电路的最小分辨率;

(2) 输出电压 v_o 的变化范围;

(3) 输出总电流 i_Σ 的变化范围;

(4) 当 $D_7 D_6 D_5 D_4 D_3 D_2 D_1 D_0 = 01101001$ 时的 v_o 和 i_Σ。

7-11　权电阻网络 D/A 转换器如图 7-17 所示, 若 $V_{REF} = -10V$, $R_f = R = 20k\Omega$, 求 v_o 的输出范围。

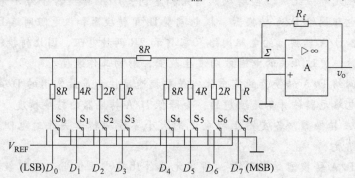

图 7-17　题 7-11 图

7-12　某 D/A 转换器的最低位(LSB)发生变化时, 输出电压变化量 $\Delta v_o = 2mV$, 最大满度值输出电压 $V_{max} = 10V$, 求该电路输入数字量的位数。

7-13　某 10 位 D/A 转换器中, 已知最大满度输出模拟电压 $v_{max} = 10V$, 求分辨率和最小分辨电压 Δv。

7-14　如图 7-18 所示电路, 试画出输出电压 v_o 随计数脉冲 CP 变化的波形, 并计算 v_o 最大值。

7-15　A/D 转换器的功能是什么? 分哪几种类型?

7-16　A/D 转换器需要经过哪几个过程完成转换? 取样周期受什么条件限制?

7-17　若 A/D 转换器的输入电压 v_i 中最高频率分量为 $f_{max} = 100kHz$, 则取样频率 f_s 的下限值是多少?

7-18　一个 6 位逐次比较型 A/D 转换器中, 若 $V_{REF} = 12V$, 输入电压 $v_i = 5V$。试问:

(1) 输出数字量为多少?

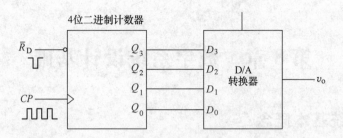

图 7-18　题 7-14 图

（2）若其他条件不变，仅其位数由 6 位改为 8 位，此时输出量为多少？

7-19　在 10 位逐次比较型 A/D 转换器中，已知时钟脉冲的频率为 1kHz，则完成一次转换所需时间是多少？若要求完成一次转换的时间小于 100μs，时钟脉冲的频率应选多高？

7-20　在双积分型 A/D 转换器中，若计数器为 10 位二进制计数器，时钟脉冲信号的频率为 100kHz，试计算转换器的最大转换时间是多少？

7-21　若将一个最大幅值为 6V 的模拟信号转换为数字信号，要求模拟信号每变化 15mV 能使数字信号最低位发生变化，试确定所用 A/D 转换器至少要多少位。

7-22　试比较并行比较型 A/D 转换器、逐次比较型 A/D 转换器和双积分型 A/D 转换器的特征和优缺点。

7-23　一个 10 位的 A/D 转换器，其输入满量程电压是 10V，试计算该 A/D 转换器能分辨的最小电压是多少？

7-24　A/D 转换器的主要技术参数有哪几项？简述含义。

第 8 章　数字系统设计基础

8.1　数字系统基本概念

在当今的数字时代，数字技术与数字电路组成的数字系统已经成为大到空间雷达、地球卫星定位系统、移动通信、医用断层扫描设备，小到家用计算机、数码照相机、数字录音笔、数码微波炉等现代电子系统的重要组成部分。那么，什么是数字系统呢？

所谓数字系统（Digtal System），是指由若干数字电路和逻辑部件构成的，能够实现某种数据存储、传送和处理等复杂功能的数字设备。数字系统一般由数据子系统和控制子系统构成，基本结构如图 8-1 所示。

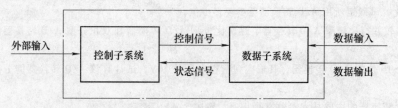

图 8-1　数字系统的基本结构

数据子系统（也称数据处理器 Data Processor）由寄存器和组合逻辑电路构成，寄存器用于暂存信息，组合逻辑电路实现对数据的加工和处理。在一个操作步骤中，控制子系统发出命令信号给数据子系统，数据子系统完成命令信号所规定的操作。在下一个操作步骤中，控制子系统发出另外一组命令信号，命令数据子系统完成相应的操作。通过多步操作（也称操作序列），数字系统完成一个操作任务，控制子系统接收数据子系统的状态信息及外部输入来选择下一个操作步骤。

控制子系统（也称控制器 Controller）决定数据子系统的操作和操作序列。控制子系统决定操作步骤，它根据外部输入控制信号和数据子系统的状态信号来确定下一个操作步骤。控制子系统控制数字系统的整个操作进程。控制子系统是数字系统的核心，有无控制子系统是区分数字系统和逻辑功能部件的重要标志。凡是有控制子系统、且能按照一定时序进行操作的，不论规模大小，均称为数字系统。凡是没有控制子系统，不能按照一定时序操作，不论规模有多大，均不能作为一个独立的数字系统，只能作为一个完成某一特定任务的逻辑功能部件，如加法器、译码器、寄存器、存储器等。

8.2　数字系统设计的一般过程

数字系统的设计方法有两种，即"自底向上"和"自顶向下"的设计方法。现分别介绍如下。

1."自底向上"的设计方法

这是一种传统的设计方法，其主要的设计过程是根据系统对硬件的要求，从整体上规划整个系统的功能，编写出详细技术规格书和系统控制流程图。根据所给的技术规格书和控制流程图，对系统的功能进行细化，合理地划分功能模块，确立它们之间的相互关系。这种划分过程不断进行，直到划分得到的单元可以直接映射到实际的物理器件。完成上述划分后再进行各功能模块的设计与调试工作。最后进行各个模块电路的连接并进行系统联调，从而完成整个系统的硬件设计。

这种设计方法没有明显的规律可循，主要依靠设计者的实践经验和熟练的设计技巧，用逐步试探的方法最终设计出一个完整的数字系统。如果系统设计存在比较大的问题，也有可能要重新设计，使得设计周期加长、资源浪费增加。早期的数字系统设计多采用这种方法。

2."自顶向下"的设计方法

随着微电子技术的发展，硬件描述语言 VHDL 应用越来越广，VHDL 可以在各抽象层次上对电子系统进行描述，且借助于 EDA 设计工具自动地实现从高层次到低层次的转换，使"自顶向下"的设计过程得以实现。目前这种设计方法已被工程界广泛采用。"自顶向下"设计的总过程是从系统总体要求出发，从系统顶层开始，自上而下地逐步将系统设计内容进行细化，借助 VDHL 进行编程，将系统硬件设计转化成软件编程。在此基础上再利用相应的逻辑综合工具 EDA 以及在线可编程 ISP 技术，对各种 PLD 如 CPLD、FPGA 进行逻辑划分与适配，并将所产生的配置文件映射到相应的可编程芯片内，最后完成硬件的整体设计。利用"自顶向下"设计方法实现数字系统的基本流程如图 8-2 所示。

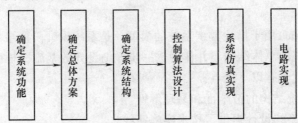

图 8-2　"自顶向下"设计数字系统的基本流程

1）确定系统功能：确定系统功能是对要设计的系统的任务、要求、原理以及使用环境等进行充分调研，进而明确设计目标，确定系统功能。

2）确定总体方案：数字系统总体方案将直接影响整个数字系统的质量与性能，总体方案需要综合考虑以下几个因素：系统功能要求、系统使用要求和系统性能价格比，考虑不同的侧重点，可以得出不同的设计方案。同一功能的系统可以有多种工作原理和实现方法，应根据实际问题以及工作经验对各个方案进行比较，从中选出最优方案。

3）确定系统结构：系统总体方案确定以后，再从结构上对系统进行逻辑划分，确定系统的结构框图。具体方法是，根据数据子系统和控制子系统各自功能特点，把系统从逻辑上划分为数据子系统和控制子系统两部分。逻辑划分的依据是，怎样更有利于实现系统的工作原理，就怎样进行逻辑划分。逻辑划分以后，就可以画出系统的粗略结构框图。然后，对数据子系统进行进一步结构分解，将其分解为多个功能模块，再将各个功能模块分解为更小的模块，直至可用逻辑功能模块，如寄存器、计数器、加法器、比较器等实现为止。最后，画出由基本功能模块组成的数据子系统结构框图，数据子系统中所需的各种控制信号将由控制子系统产生。

4）控制算法设计：控制算法是建立在给定的数据子系统的基础上的，它直接地反映了数字系统中控制子系统对数据子系统的控制关系和控制过程。控制算法设计的目的是为了获得控制操作序列和操作信号，为设计控制子系统提供基础。

5）系统仿真实现：上述步骤完成之后，可以得到一个抽象的数字系统。经过细分后，数据子系统是逻辑功能部件的逻辑符号的集合，这些逻辑功能部件可以运用逻辑电路的设计方法进行设计。控制子系统经过控制算法设计后得到了控制操作序列和操作信号。数字系统中的控制子系统涉及的状态信号、外部输入信号、控制信号比较多，因此，控制子系统的具体电路设计是数字系统设计的重点之一。在完成两个子系统设计后，可用 EDA（Electronic Design Automation）软件对所设计的系统进行仿真，验证数字系统设计的正确性。

6）电路实现：通过 EDA 软件仿真，如果设计的数字系统满足总体要求，就可以用芯片实现数字系统。首先实现各个逻辑功能电路，调试正确后，再将它们互连成子系统，最后进行数字系统总体调试。

8.3 数字系统设计的描述方法

设计一个数字系统时，应首先明确该系统的任务、要求、原理和使用环境，搞清楚外部输入、输出信号特性，系统要完成的逻辑功能和技术指标等，然后确定初步方案。这部分的描述方法有框图、时序图、逻辑流程图和 MDS 图。

1. 框图

框图（Block Diagram）用于描述数字系统的模型，是系统设计阶段最常用的重要手段。它可以详细描述数字系统的总体结构，并作为进一步详细设计的基础。框图不涉及过多的技术细节，直观易懂，因此具有以下优点：

1）大大提高了系统结构的清晰度和易理解性。

2）为采用层次化系统设计提供了技术实施路线。

3）使设计者易于对整个系统的结构进行构思和组合。

4）便于发现和补充系统可能存在的错误和不足。

5）易于进行方案比较，以达到总体优化设计。

6）可作为设计人员和用户之间交流的手段和基础。

框图中每一个方框定义了一个信息处理、存储或传送的子系统，在方框内用文字、表达式、通用符号或图形来表示该子系统的名称或主要功能。方框之间采用带箭头的直线相连，表示各子系统之间数据流或控制流的信息通道，箭头指示了信息传送的方向。图 8-1 就是用框图来表示数字系统结构的。

框图的设计是一个自顶向下、逐次细化的层次化设计过程。同一种数字系统可以有不同的结构。由于在总体结构设计（以框图表示）中的任何优化设计都会比具体逻辑电路设计的优化产生更多的效益，因此，虽然采用 EDA 等设计工具进行设计，许多逻辑化简、优化的工作都可以完成，但总体结构的设计是这些工具所不能替代的。可以说，总体结构设计是数字系统设计过程中最具创造性的工作之一。

总体结构设计框图需要有一份完整的系统说明书，在系统说明书中，不仅需要给出表示各个子系统的框图，同时还需要给出每个系统功能的详细描述。

2. 时序图

时序图(Sequence Chart)是用来定时地描述系统各模块之间、模块内部各功能组件之间，以及组件内部各门电路或触发器之间输入信号、输出信号和控制信号的对应时序波形及特征的时间关系图。时序图的描述也是一个逐次细化的过程。即由描述系统输入、输出信号之间的简单时序图开始，随着系统设计的不断深入，时序图也不断地反映新出现的系统内部信号的时序关系，直到最终得到一个完整的时序图。时序图精确地定义了系统的功能，在系统调试时，借助 EDA 工具，建立系统的模型仿真波形，以判定系统中可能存在的错误；或在硬件调试及运行中，可通过逻辑分析仪或示波器对系统中重要节点处的信号进行观测，以判定系统中可能存在的错误。

3. 逻辑流程图

逻辑流程图简称流程图，又叫做 ASM(Algorithmic State Machine)图，它是描述数字系统功能的常用方法之一。它是用特定的几何图形(如矩形、菱形、椭圆等)、指向线和简练的文字说明，来描述数字系统的基本工作过程。ASM 图的描述对象是控制单元，并以系统时钟来驱动整个流程，它与软件设计中的流程图十分相似。但 ASM 图有表示事件比较精确的时间间隔序列，而一般软件流程图没有时间概念。

ASM 图一般有三种基本符号：矩形状态框、菱形条件判别框和椭圆形条件输出框，如图 8-3 所示。

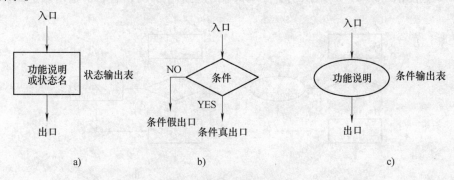

图 8-3 ASM 图基本符号

a) 矩形状态框 b) 菱形条件判别框 c) 椭圆形条件输出框

1) 状态框：状态框用于表示控制单元的一个状态，其左上角是该状态名称，而其右上角的一组数字是用来表示该状态的二进制编码(若已经编码的话，则写；若没有进行编码，则可不写)。在时钟作用下，ASM 图的状态由现状态转换到次状态。状态框内可以定义在该状态时的输出信号和命令。如图 8-4 所示 ASM 图中，状态框为 A、B、C，A 框内的 Z_1 是指在状态 A 时，无条件的输出命令 Z_1。箭头表示控制单元状态的流向，在时钟脉冲触发沿的触发下，控制单元进入状态 A，在下一个时钟脉冲触发沿的触发下，控制单元离开状态 A，因此一个状态框占用一个时钟脉冲周期。

2) 条件判别框：条件判别框表示 ASM 图的状态分支，它有一个入口和多个出口，框内填判断条件，如果条件为真，那么选择一个出口，若条件为假，则选择另一个出口。条件判别框的入口来自某一个状态框，在该状态占用的一个时钟周期内，根据条件判别框中的条件，以决定下一个时钟脉冲触发沿来到时，该状态从条件判别框的哪个出口出去，因此条件判别框不占用时间。图 8-4 中，菱形条件判别框内的 X 表示在状态 A 时，如果输入 $X = 1$，

则状态转移到 C ；如果 $X = 0$ ，则状态转移到 B 。条件判别框属于状态框 A ，在时钟的作用下，由于输入不同，次态可能是状态 B 或 C ，而状态的转换是在状态 A 结束时完成。

3）条件输出框：在某些状态下，输出命令只有在一定条件下才能输出，为了和状态框内的输出有所区别，用椭圆形框表示条件输出框，且其入口必定与条件判别框的输出相连。如图 8-4 所示，状态框 A 中的输出 Z_1 是无条件输出，而在条件输出框内的 Z_2 是只有在状态 A 而且输入 $X = 0$ 时，才输出 Z_2 。条件输出框属于状态框 A ，因此条件输出框也不占用时间。

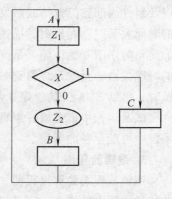

图 8-4　ASM 图示例

状态框表示系统必须具备的状态；条件判别框和条件输出框不表示系统状态，而只是表示某个状态框在不同的输入条件下的分支出口及条件输出（即在某状态下输出量是输入量的函数）。一个状态框和若干个判别框，或者再加上条件输出框就组成了一个状态单元。ASM 图可以描述整个数字系统对信息的处理过程，以及控制单元所提供的控制步骤，它便于设计者发现和改进信息处理过程中的错误和不足，又是后续电路设计的依据。

例 8-1　指出图 8-5a、b 所示的两个 ASM 图的差别，并写出各自的输出表达式。

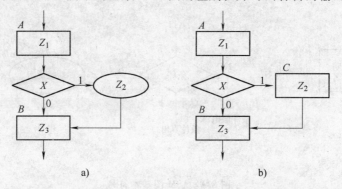

a)　　　　　　　　　　　　b)

图 8-5　例 8-1 图

解： 在图 8-5a 中，当系统进入状态 A 时，若条件 $X = 1$ 则输出 Z_2 ，然后进入 B 状态输出 Z_3 。显然，无论 X 为何值，系统的下一个状态都是 B 。输出方程为

$$Z_1 = A$$

$$Z_2 = AX$$

$$Z_3 = B$$

在图 8-5b 中，当系统进入状态 A 时，若条件 $X = 1$ 则进入 C 状态输出 Z_2 ，然后进入 B 状态输出 Z_3 。即 $X = 1$ 时，系统先进入状态 C ，然后再进入状态 B 。输出方程为

$$Z_1 = A$$

$$Z_2 = C$$

$$Z_3 = B$$

4. MDS 图

MDS（Mnemonic Documented State Diagrams）图是设计数字系统控制器的一种简洁的方法。

MDS 图类似于状态图，但由于它利用符号和表达式来表示状态的转换条件和输出，使其比通常的状态图更具有一般性。

MDS 图是用一个圆圈表示一个状态，状态名标注在圆圈内，圆圈外的符号或逻辑表达式表示输出，用定向线表示状态转换方向，定向线旁的符号或逻辑表达式表示转换条件。

MDS 图中符号的含义如下：

Ⓐ：表示状态 A。

Ⓐ→Ⓑ：表示状态 A 无条件转换到状态 B。

Ⓐ$\xrightarrow{x}$Ⓑ：表示状态 A 在满足条件 x 时转换到状态 B。x 表示输入条件，它可以是一个字母，也可以是一个乘积项，还可以是一个复杂的布尔表达式。

Ⓐ $Z\uparrow$：表示进入状态 A 时，Z 变为有效。如果 Z 的有效电平是 H，则可以表示为Ⓐ $Z = H\uparrow$。

Ⓐ $Z\downarrow$：表示进入状态 A 时，Z 变为无效。如果 Z 的有效电平是 H，则可以表示为Ⓐ $Z = H\downarrow$。

Ⓐ $Z\uparrow\downarrow$：表示进入状态 A 时，Z 变为有效。推出状态 A 时，Z 变为无效。如果 Z 的有效电平是 H，则可以表示为Ⓐ $Z = H\uparrow\downarrow$。

Ⓐ $Z\uparrow\downarrow = A \cdot x$：表示如果满足条件 x，则进入 A 时 Z 有效，推出 A 时 Z 无效。

Ⓐ$\xrightarrow{x}$：表示 A 在异步输入作用下推出 A 状态，其中 x 是一个异步输入变量。

MDS 图和一般状态图的不同在于输入、输出变量的表示方法。在 MDS 图中，标注在定向线旁的输入变量是用简化项表示。例如图 8-6 所示，当输入 $x_2 x_1 = 01$ 和 11 时，状态都由 A 转换到 B，则在 MDS 图中从 A 到 B 的定向线旁就标注一个 x_1。对于输出 $Z_2 Z_1$ 来说，在状态 A 到状态 B 时，$Z_2 Z_1$ 由 10 变为 11，而由状态 B 到状态 C 时，$Z_2 Z_1$ 由 11 变为 00。因此，对于 Z_1 来说，它只有进入状态 B 时有效，推出状态 B 时无效。而在 MDS 图中，在状态 B 的外侧标为 $Z_1 \uparrow\downarrow$。对于输出 Z_2 来说，进入状态 A 有效，只有进入状态 C 无效。因此，在状态 A 外标注 $Z_2 \uparrow$，在状态 C 外标注 $Z_2 \downarrow$。

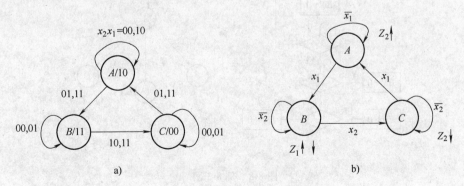

图 8-6　状态图和 MDS 图

a) 状态图　b) MDS 图

例 8-2　试分析图 8-7 所示的 MDS 图。

解：根据 MDS 图的符号及其定义，分析出 MDS 图共四个状态 S_0、S_1、S_2 和 S_3。

（1）S_0 状态。进 S_0 状态时，$DONE$ 有效，C_2、$INVERT$ 无效，退出 S_0 时 $DONE$ 无效。

当 *start* 无效时，在 S_0 状态不变；当 *start* 有效时，转到 S_1 状态。

（2）S_1 状态。进入 S_1 状态时，C_1、C_2 有效，退出 S_1 时 C_1 无效。在 S_1 状态不停留，直接转向 S_2 状态。当 $CNT = 8$ 有效时，返回到 S_0 状态。

（3）S_2 状态。在 S_2 状态时，CP 为低电平，则 CNP 有效，否则无效。此时，若 $A = 1$ 无效，且 $CNT = 8$ 无效，则 S_2 状态保持不变。当 $A = 1$ 有效，且 $CNT = 8$ 为低电平时，转向 S_3 状态。

（4）S_3 状态。进入 S_3 状态时，$INVERT$ 有效。在 S_3 状态时，CP 为低电平，则 CNP 有效，否则无效。当 $CNT = 8$ 有效时，返回到 S_0 状态；当 $CNT = 8$ 无效时，保持 S_3 状态不变。

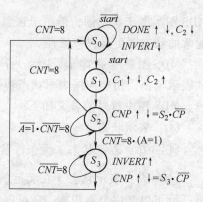

图 8-7　例 8-2 图

5. 由 ASM 图导出 MDS 图

用 ASM 图来描述数字系统的工作原理，并规定了控制器的功能，可从 ASM 图导出与之对应的 MDS 图，使 MDS 图成为描述数字系统的工具。ASM 图转换 MDS 图的原则如下：

1）ASM 图中的状态框对应 MDS 图中的一个状态，将状态框的操作和输出放在 MDS 图的状态圈旁。

2）ASM 图中的条件判别框对应 MDS 图的分支，把判别条件写在 MDS 图的状态转移线旁。

3）ASM 图中的条件输出框对应 MDS 图的条件输出，把条件输出和条件操作所需控制信号写在 MDS 图的对应状态圈旁。

例 8-3　试用以上原则将图 8-8 所示的 ASM 图转换成 MDS 图。

解： 此题共有四个状态，三个输入信号，一个使能。初始状态起于 A，按不同的条件进入不同的状态。条件的书写是按条件的串联作"与"处理，条件的并联作"或"处理。

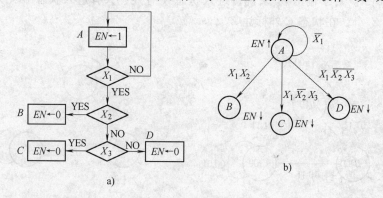

图 8-8　例 8-3 图
a) ASM 图　b) MDS 图

8.4　用可编程逻辑器件进行数字系统设计

从 20 世纪 90 年代开始，EDA 技术的发展和普及使数字系统的设计发生了根本性的变化。在器件方面，各种 PLD 已进入工业化生产，价格大大降低，因此采用 PLD 并利用 EDA 工具已成为数字系统设计的主流。采用 PLD，通过对器件内部的设计来实现数字系统的功能，是一种基于芯片的设计方法。现在的 ASIC 芯片规模已经达到几百万个元器件，一个复杂的数字系统只要一片或几片 ASIC 即可实现。设计师可以通过定义器件的内部逻辑和引脚，而将传统电路板设计的大部分工作放在芯片的设计中进行，通过对芯片的设计来实现数字系统的逻辑功能，因为可以灵活地优化内部功能块的组合及定义引脚，所以可以大大地简化电路设计和减少电路板设计的工作量，从而极大地提高数字系统设计的工作效率并提升了系统工作的可靠性。

通常，PLD 的集成软件开发环境支持两种设计输入方式或两种输入的混合输入方式，即图形输入方式或硬件描述语言输入。设计者可以采用任何一种输入方式输入系统设计方案，利用计算机软件开发环境，对输入文件进行编译、综合、验证等，然后将正确的设计生成供器件编程使用的编程文件，并利用编程文件将数字系统的设计编程到 PLD 中。

利用硬件描述语言（Hardware Description Language）来描述硬件电路的功能、信号连接关系及定时关系，能比电路原理图更有效地表示硬件电路的特性。硬件描述语言在硬件设计领域的作用与 C 或 C++在软件设计领域的作用类似，不同的是，软件语言在某一时刻只需执行一条语句，而硬件描述语言可能同时要执行几条语句，因为实际系统中许多操作是并行的。现在比较流行的硬件描述语言有 ABEL、Verilog HDL 和 VHDL 等。相比较而言，ABEL 是用来描述相对简单的数字系统，而 Verilog HDL 和 VHDL 则是用来描述更复杂的数字系统。目前，绝大多数的 EDA 软件工具都支持 VHDL，因其简明的语言结构、多层次的功能描述以及良好的移植性，VHDL 获得了广泛的应用。VHDL 描述包括以下几项：

1）顶层实体 VHDL 描述：这一步是描述顶层的系统接口，包括输入信号、输出信号以及所需传输的某些信息，如信号的方向、信号的类型等。

2）顶层结构体的 VHDL 描述：顶层结构体和顶层实体一起，是整个设计的行为功能事件。顶层结构体的描述就是根据结构图（或系统的功能）确定数据处理部分由哪些功能模块组成以及这些模块与控制器之间的关系。

3）控制子系统（控制器）的设计与 VHDL 描述：控制子系统的设计是根据系统的功能要求，建立控制子系统的 ASM 图。关键在于控制子系统的状态建立和在各个状态条件下的输入、输出指令以及各状态之间的关联。有了 ASM 图就可以方便地用 VHDL 进行描述。ASM 图的建立是设计控制子系统的关键，必须充分分析系统的工作过程和时序关系，这也是系统设计的核心。

4）数据子系统的设计与 VHDL 描述：数据子系统通常由逻辑功能模块组成，如计数器、译码器、全加器、移位寄存器等。这些都是成熟的功能模块，关键在于各功能模块之间的连接以及在控制器作用下如何操作。

下面以一个十字路口交通灯控制系统为例，说明用可编程逻辑器件进行数字系统设计的方法。

例 8-4 设计一个主干道和支干道十字路口的交通灯控制电路，其技术要求如下：

（1）南北向为主干道，每次通行时间为30s；东西向为支干道，每次通行时间为20s；

（2）绿灯转红灯过程中，先由绿灯转为黄灯，5s 后再由黄灯转为红灯，同时对方才由红灯转为绿灯，所以主干道绿灯实际亮25s，支干道绿灯实际亮15s；

（3）按下 S 键后，能实现特殊状态的功能：计数器停止计数并保持在原来的状态，东西、南北路口均显示红灯状态；特殊状态解除后能继续计数；

（4）能实现全清零功能：按下复位键 Reset 后，系统实现全清零，由初状态计数，对应状态的指示灯亮。

交通灯示意图如图 8-9 所示。

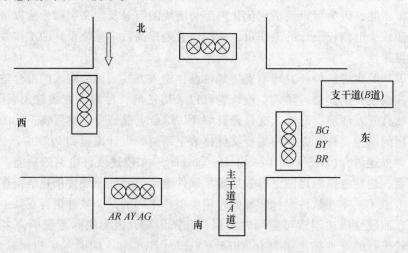

图 8-9 交通灯示意图

解：（1）确定系统功能。交通灯控制系统主要是实现城市十字交叉路口红绿灯的控制。在现代化的大城市中，十字交叉路口越来越多，在每个交叉路口都需要使用红绿灯进行交通指挥和管理，红、黄、绿灯的转换要有一个准确的时间间隔和转换顺序，这就需要有一个安全、自动的系统对红、黄、绿灯的转换进行管理。

（2）确定总体方案。根据交通灯控制系统的功能，确定如下总体方案：

1）设黄灯 5s 时间到时 $T_5 = 1$，时间未到时 $T_5 = 0$；设主干道绿灯 25s 时间到时，$T_{25} = 1$，时间未到时 $T_{25} = 0$；设支干道绿灯 15s 时间到时 $T_{15} = 1$，时间未到时 $T_{15} = 0$。

2）设主干道由绿灯转为黄灯的条件为 AK，当 $AK = 0$ 时绿灯继续，当 $AK = 1$ 时立即由绿灯转为黄灯。设支干道由绿灯转为黄灯的条件为 BK，当 $BK = 0$ 时绿灯继续，当 $BK = 1$ 时立即由绿灯转为黄灯。AK、BK 与 T_{25}、T_{15} 有关。设控制子系统的初始状态为 S_0，此时主干道 A 道为绿灯、支干道 B 道为红灯。要想脱离该状态转入主干道 A 黄灯、支干道 B 红灯的 S_1 状态，必须满足条件：25s 定时时间到（$T_{25} = 1$），即 $AK = T_{25}$。若 25s 定时时间未到，则仍保持 S_0 状态不变。当控制子系统进入 S_1 状态后，若黄灯亮足规定的时间间隔 T_5 时，输出从状态 S_1 转换到 S_2。同样，在 S_2 状态，此时主干道 A 道为红灯、支干道 B 道为绿灯。要想脱离该状态转入支干道 B 黄灯、主干道 A 红灯的 S_3 状态，只需满足条件：15s 定时时间到（$T_{15} = 1$），即 $BK = T_{15}$。若 15s 定时时间未到，则仍保持 S_2 状态不变。当控制子系统进入 S_3 状态后，若黄灯亮足规定的时间间隔 T_5 时，则输出从状态 S_3 回到状态 S_0。

3）设主干道的绿灯、黄灯、红灯分别用 AG、AY、AR 表示，支干道的绿灯、黄灯、红灯分别用 BG、BY、BR 表示。用 0 表示灭、1 表示亮，则两个方向的交通灯有四种输出状态，见表 8-1。

表 8-1　交通灯输出状态

输出状态	AG	AY	AR	BG	BY	BR
S_0	1	0	0	0	0	1
S_1	0	1	0	0	0	1
S_2	0	0	1	1	0	0
S_3	0	0	1	0	1	0

交通灯控制单元的流程如图 8-10 所示。

（3）确定系统结构图。交通灯控制系统的原理框图如图 8-11 所示。其中，核心部分是控制器，它根据定时器的信号，决定是否进入状态转换；定时器以秒为单位倒计时，当定时器为零时，主控电路改变输出状态，电路进入下一个状态的倒计时。定时器向控制器发出定时信号，译码器和显示器则在控制器的控制下改变交通灯信号。

本例通过两组交通灯来模拟控制东西、南北两条通道上的车辆通行，所有功能在实验操作平台上进行模拟通过。顶层设计采用自顶向下的设计方法，利用 Quartus II 的原理图输入法进行顶层设计的输入，系统顶层设计原理图如图 8-12 所示。

（4）控制算法设计。整个系统采用模块化（包括控制模块、显示模块和分频模块）设计，在 Altera 公司的 Quartus II 软件平台下，使用 VHDL 语言对各个功能模块进行编程。

1）控制部分（见图 8-13）的设计如下：

```
library ieee;
use ieee. std_logic_1164. all;
use ieee. std_logic_unsigned. all;
entity ledcontrol is
    port(reset, clk, urgen: in std_logic;
        state: out std_logic_vector(1 downto 0);
        sub, set1, set2 : out std_logic);
end ledcontrol;
architecture a of ledcontrol is
```

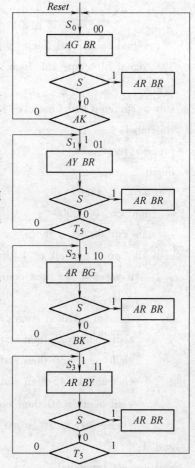

图 8-10　交通灯控制单元流程

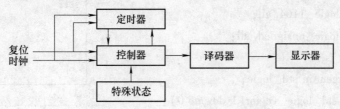

图 8-11　交通灯控制系统的原理框图

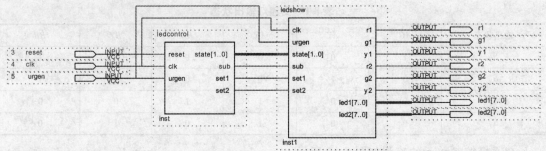

图 8-12 交通灯控制系统的顶层设计原理图

signal count：std_logic_vector(6 downto 0)；

signal subtemp：std_logic；

begin

sub <= subtemp and (not clk)；

statelabel：

process(reset，clk)

begin

if reset = ' 1 ' then

　count <= " 0000000 "；

　state <= "00 "；

elsif clk ' event and clk = ' 1 ' then

　if urgen = ' 0 ' then count <= count + 1；subtemp <= ' 1 '；else subtemp <= ' 0 '；end
　　if；

　if count = 0 then state <= "00 "；set1 <= ' 1 '；set2 <= ' 1 '；

　elsif count = 25 then state <= "01 "；set1 <= ' 1 '；

　elsif count = 30 then state <= "10 "；set1 <= ' 1 '；set2 <= ' 1 '；

　elsif count = 45 then state <= "11 "；set2 <= ' 1 '；

　elsif count = 50 then count <= " 0000000 "；

　　else set1 <= ' 0 '；set2 <= ' 0 '；end if；

end if；

end process statelabel；

end a；

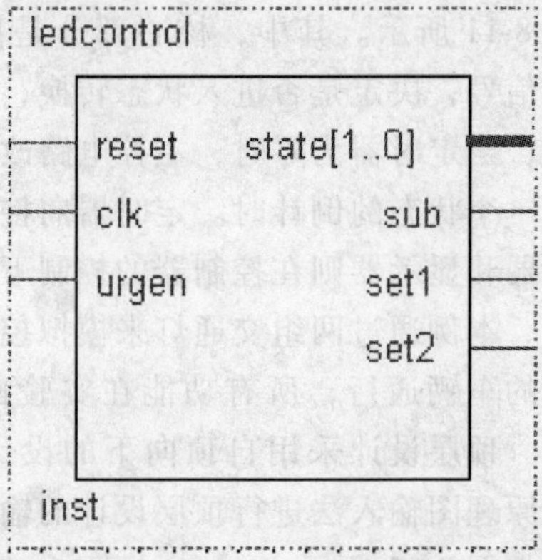

2）显示部分（见图 8-14）的设计如下：

library ieee；

use ieee. std_logic_1164. all；

use ieee. std_logic_unsigned. all；

entity ledshow is

　port(clk，urgen：in std_logic；

　　state ：in std_logic_vector(1 downto 0)；

　　sub，set1，set2 ：in std_logic；

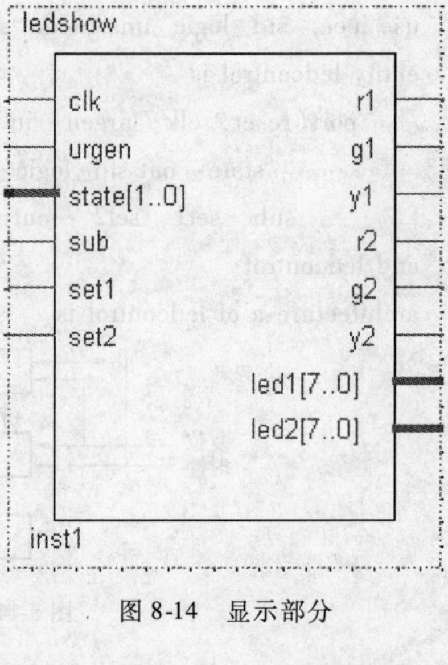

图 8-13 控制部分

图 8-14 显示部分

```
        r1,g1,y1,r2,g2,y2:out std_logic;
        led1,led2:out std_logic_vector(7 downto 0));
end ledshow;
architecture a of ledshow is
    signal count1,count2:std_logic_vector(7 downto 0);
    signal setstate1,setstate2:std_logic_vector(7 downto 0);
    signal tg1,tg2,tr1,tr2,ty1,ty2 :std_logic;
begin
led1 <= "11111111" when urgen = '1' and clk = '0' else count1;
led2 <= "11111111" when urgen = '1' and clk = '0' else count2;
tg1 <= '1' when state = "00" and urgen = '0' else '0';
ty1 <= '1' when state = "01" and urgen = '0' else '0';
tr1 <= '1' when state(1) = '1' or urgen = '1' else '0';
tg2 <= '1' when state = "10" and urgen = '0' else '0';
ty2 <= '1' when state = "11" and urgen = '0' else '0';
tr2 <= '1' when state(1) = '0' or urgen = '1' else '0';
setstate1 <=  "00100101" when state = "00" else
              "00000101" when state = "01" else
              "00100000";
setstate2 <=  "00010101" when state = "10" else
              "00000101" when state = "11" else
              "00110000";
label2:
process(sub)
begin
if sub'event and sub = '1' then
if set2 = '1' then
    count2 <= setstate2;
elsif count2(3 downto 0) = "0000" then count2 <= count2 - 7;
else count2 <= count2 - 1; end if;
    g2 <= tg2;
    r2 <= tr2;
    y2 <= ty2;
end if;
end process label2;
label1:
process(sub)
begin
if sub'event and sub = '1' then
```

```
if set1 = ' 1 ' then
    count1 <= setstate1 ;
elsif count1(3 downto 0) = " 0000 " then count1 <= count1 - 7 ;
else count1 <= count1 - 1 ; end if ;
  g1 <= tg1 ;
  r1 <= tr1 ;
  y1 <= ty1 ;
end if ;
end process label1 ;
end a ;
```

3）分频部分（见图 8-15）的设计如下：

```
library ieee ;
use ieee. std_logic_1164. all ;
use work. p_alarm. all ;
entity divider is
        port( clk_in: std_logic ;
          reset: in std_logic ;
          clk: out std_logic ) ;
end divider ;
architecture art of divider is
constant divide_period: t_short: = 1000 ;
begin
        process( clk_in, reset) is
        variable cnt: t_short ;
        begin
          if( reset = ' 1 ') then
            cnt: = 0 ;
            clk <= ' 0 ';
          elsif rising_edge( clk_in) then
            if( cnt <= ( divide_period/2)) then
              clk <= ' 1 ';
              cnt: = cnt + 1 ;
            elsif( cnt < ( divide_period - 1)) then
              clk <= ' 0 ';
              cnt: = cnt + 1 ;
            else
              cnt: = 0 ;
            end if ;
          end if ;
```

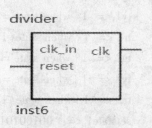

图 8-15　分频部分

　　　　end process；

end art；

p_alarm 程序包

library ieee；

use ieee. std_logic_1164. all；

package p_alarm is

subtype t_digital is integer range 0 to 9；

subtype t_short is integer range 0 to 65535；

type t_clock_time is array(5 downto 0)of t_digital；

type t_display is array(5 downto 0)of t_digital；

end package p_alarm；

（5）系统仿真实现。

1）对交通灯控制部分进行仿真：在 QuartusII 软件中导入交通灯控制程序，对此程序编译无错误后，建立 Vector waveform file 文件。保存时，仿真文件名要与设计文件名一致。在其中，设计的开始时间为 0，结束时间为 5μs，周期为 50ns。仿真波形如图 8-16、图 8-17 所示。

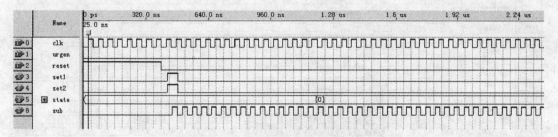

图 8-16　交通灯控制部分仿真波形(1)

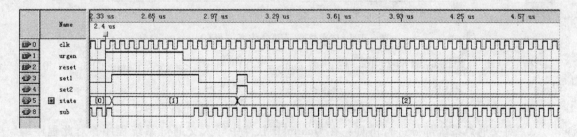

图 8-17　交通灯控制部分仿真波形(2)

　　当 reset = ' 1 ' state <= " 00 " count <= " 0000000 "；

　　当 reset = ' 0 '在上升沿到来时执行当 count = 0 则 state <= " 00 "；set1 <= ' 1 '；set2 <= ' 1 '；count = 25 state <= " 01 "；set1 <= ' 1 '；count = 30 then state <= " 10 "；set1 <= ' 1 '；set2 <= ' 1 '；

　　count = 45 then state <= " 11 "；set2 <= ' 1 '；

count = 50 then count <= " 0000000 "，否则 set1 <= ' 0 '；set2 <= ' 0 '

仿真的结果正确。

2）对交通灯显示部分进行仿真：在 QuartusII 软件中导入交通灯显示程序，对此程序编译无错误后，建立 Vector waveform file 文件。保存时，仿真文件名要与设计文件名一致。将控制仿真的结果贴到显示仿真中，其中设计的开始时间为 0，结束时间为 5μs，周期为 50ns。仿真波形如图 8-18、图 8-19 所示。

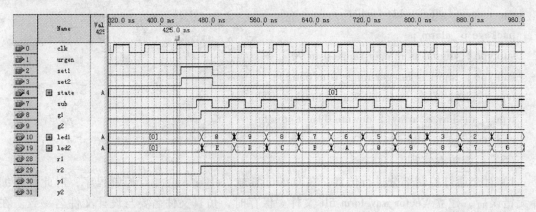

图 8-18　交通灯显示部分仿真波形(1)

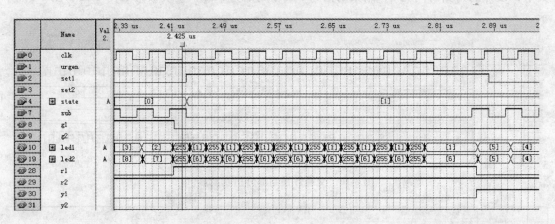

图 8-19　交通灯显示部分仿真波形(2)

仿真结果与程序所要的结果一样。当 state = " 00 " 时 g1 <= 1；当 state (1) <= ' 0 ' 时 r2 <= ' 1 '。

当 urgen = ' 1 ' 时 r1 <= ' 1 '，r2 <= ' 1 '；仿真结果与程序设计符合。

3）对交通灯系统部分进行仿真：在 QuartusII 软件中导入交通灯系统程序，对此程序编译无错误后，建立 Vector waveform file 文件。保存时，仿真文件名要与设计文件名一致。在其中，设计的开始时间为 0，结束时间为 5μs，周期为 50ns。仿真波形如图 8-20、图 8-21 所示。

系统仿真的结果符合设计要求，与前面仿真的结果也一致。

（6）电路实现。选定目标器件，将输入、输出信号分配到器件相应的引脚上，见表 8-2。然后重新编译设计项目，生成下载文件。

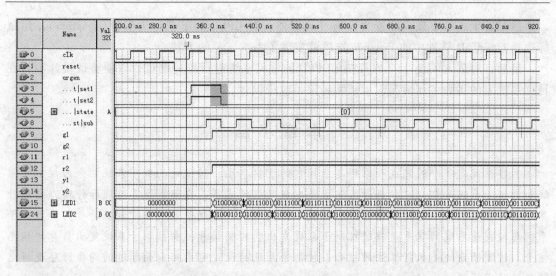

图 8-20　交通灯系统部分仿真波形(1)

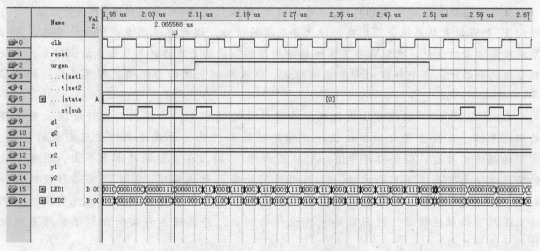

图 8-21　交通灯系统部分仿真波形(2)

表 8-2　交通灯控制系统引脚分配

输入	芯片脚号	输出	芯片脚号	输出	芯片脚号
Clk	Pin_93	led2[7]	Pin_121	led1[4]	Pin_126
reset	pin_41	led2[6]	Pin_120	led1[3]	Pin_125
urgen	Pin_42	led2[5]	Pin_114	led1[2]	Pin_124
		led2[4]	Pin_113	led1[1]	Pin_123
		led2[3]	Pin_112	led1[0]	Pin_122
		led2[2]	Pin_111	g1	Pin_142
		led2[1]	Pin_110	g2	Pin_132
		led2[0]	Pin_109	r1	Pin_140
		led1[7]	Pin_129	r2	Pin_139
		led1[6]	Pin_128	y1	Pin_141
		led1[5]	Pin_127	y2	Pin_133

适配后生成的下载或配置文件通过编程器，对 CPLD 的下载称为编程（Program）。用鼠标选择 QuartusII 软件中的 Program 选项就实现了本次试验的下载。

最后，对载入了设计的 FPGA 或 CPLD 的硬件系统进行统一测试，以便验证设计项目在目标系统上的实际工作情况，以排除错误，改进设计。

本 章 小 结

数字系统是一个能完成一系列复杂操作的逻辑单元。待设计的数字系统划分为控制子系统和数据子系统两部分。数据子系统主要完成数据的采集、存储、运算处理和传输，它与外界进行数据交换，而它所有的存取、运算等操作都是在控制子系统的控制下进行的。数据子系统与控制子系统的联系是接收控制子系统发出的控制信号，向控制子系统发出自身的状态信号。控制子系统是执行算法的核心。控制子系统的设计可采用前面学过的同步时序逻辑电路的设计方法。

数字子系统的设计方法有两种，"自底向上"的设计方法和"自顶向下"的设计方法。"自顶向下"的设计是从系统全局出发，逐次分层次的设计，因此要根据系统的设计要求，进行系统顶层方案的设计，也就是确定系统的结构框图，包括系统的输入信号、输出信号，系统划分为几个部分，各个部分由哪些模块组成，以及根据系统的功能确定各模块之间的关系等。

在用"自顶向下"设计方法进行数字系统设计的过程中，在不同的设计阶段采用适当的描述手段，正确地定义和描述设计目标的功能和性能，是设计工作正确实施的依据。常用的描述工具有：框图、时序图、ASM 图和 MDS 图。在目前的技术水平上，数字系统的实现方法大概有以下几种方法：①采用通用的集成电路实现；②采用可编程逻辑器件和硬件描述语言实现；③采用单片微处理器作为核心实现；④采用片上系统实现。本书给出了用可编程逻辑器件进行数字系统设计的例子，并通过具体实例介绍了数字系统设计的方法和过程。

习 题

8-1 数字系统由哪几部分组成？

8-2 说明用"自顶向下"设计方法实现数字系统的基本流程。

8-3 ASM 图由哪些符号组成？各符号的含义是什么？

8-4 ASM 图状态框中的输出信号与条件输出框中的输出信号有什么不同？

8-5 初始状态为 S_0 的数字系统，有两个控制信号 X 和 Y。当 $XY = 10$ 时，寄存器 R 加 1，系统转入第二个状态 S_1。当 $XY = 01$ 时，寄存器 R 清零，同时系统从 S_0 转入第三个状态 S_2。其他情况下系统处于初始状态 S_0。试画出该数字系统的 ASM 图。

8-6 一个数字系统的数据处理单元由触发器 E 和 F、4 位二进制计数器 A 以及必要的门电路组成。计数器的各位为 A_4、A_3、A_2、A_1。系统开始处于初始状态，当信号 $S = 0$ 时，系统保持在初始状态；当信号 $S = 1$ 时，计数器 A 和触发器 F 清零。从下一个时钟脉冲开始，计数器进行加 1 计数，直到系统操作停止。A_4 和 A_3 的值决定了系统的操作顺序。当 $A_3 = 0$ 时，触发器 E 清零，计数器继续计数。当 $A_3 = 1$ 时，触发器 E 置 1，并检测到 A_4。当 $A_4 = 0$ 时，继续计数；当 $A_4 = 1$ 时，触发器 F 置 1，并停止计数，回到系统初始状态。

（1）试画出该系统的 ASM 图；

（2）画出该系统控制单元的 MDS 图。

8-7　设计一彩灯控制器。彩灯共有 16 支，排成方形，系统可控制彩灯每一分钟的规则变化，控制方法有四种：

（1）当第一个 1min 时，彩灯顺时针方向运行，且每秒只有一支灯发光；

（2）当第二个 1min 时，彩灯逆时针方向运行，且每秒只有一支灯发光；

（3）当第三个 1min 时，彩灯顺时针方向运行，且每秒有两支灯发光；

（4）当第四个 1min 时，彩灯逆时针方向运行，且每秒有两支灯发光。

附　　录

附录 A　集成逻辑门电路的内部结构简介

目前生产和使用的集成逻辑门电路种类很多，按照使用的元器件不同，使用最广泛的是 TTL（Transistor-Transistor Logic）电路、CMOS（Complementary Metal-Oxide Semiconductor）电路。

TTL 门电路由双极型晶体管构成，它的特点是速度快、抗静电能力强、集成度低、功耗大，目前广泛应用于中、小规模集成电路中。TTL 门电路有 74（商用）和 54（军用）两大系列，每个系列中又有若干个子系列。两个系列的参数基本相同，主要在电源电压范围和工作环境温度上有所不同，54 系列适应的范围更大些。74 系列的子系列有 74（标准 TTL）、74H（高速 TTL）、74S（肖特基 TTL）、74AS（先进肖特基 TTL）、74LS（低功耗肖特基 TTL）、74ALS（先进低功耗肖特基 TTL）。TTL 门电路采用 5V 电源供电。

CMOS 门电路由场效应晶体管构成，它的特点是集成度高、功耗低、速度慢、抗静电能力差。目前，CMOS 门电路的速度已大大提高，加之具有功耗低、集成度高的优点，得到了广泛的应用，特别是在大规模集成电路和微处理器中已经占据支配地位。从供电电源区分，CMOS 门电路有 5V 电源和 3.3V 电源两种，3.3V 的功耗更低。

集成逻辑门电路的品种类型是用代码表示的，例如代码"00"，表示的品种类型是"四2 输入与非门"。具有相同品种类型代码的集成逻辑门电路，不管属于哪个系列，它们的逻辑功能相同，引脚也兼容，例如 7400、74HC00 等，都是引脚兼容的四 2 输入与非门。

附录 A 中主要介绍半导体器件的开关特性及经常使用的逻辑门电路的电路组成、工作原理及其外部特性和电路之间的连接问题，为设计电路时合理选用、正确使用集成逻辑门电路打下基础。

A.1　半导体器件的开关特性

构成逻辑门电路的核心器件是半导体器件，即二极管、晶体管和场效应晶体管，而且，它们在逻辑门电路中经常工作在开关状态。下面首先了解半导体器件工作在开关状态下的特性。

A.1.1　二极管的开关特性

一个理想的开关，其静态特性是：当它断开时，电阻应为无穷大，流过开关的电流为零，当它闭合时，开关电阻为零，开关两端的压降为零；其动态特性是：开关状态的转换在瞬间完成。由于二极管具有加正向电压时导通、加反向电压时截止的单向导电性，因此，在数字电路中它可作为受外加电压控制的开关。

图 A-1 所示为二极管的伏安特性曲线。

由图 A-1 可得出二极管的静态开关特性如下：

当输入为正向电压且此电压大于二极管导通电压时，二极管处于导通状态，由于此时二极管两端呈现很小的导通电阻，其两端的正向导通压降也很小，因此二极管可等效于一个闭合的开关。

当输入为反向电压时，二极管处于截止状态，由于流过二极管的反向电流很小，二极管两端呈现很大的电阻，因此二极管可等效于一个断开的开关。

由于二极管正向导通时，正向导通压降和正向导

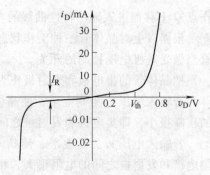

图 A-1　二极管的伏安特性曲线

通电阻不为零，截止时，反向电流不为零，反向电阻不为无穷大，因此二极管的静态特性并不是理想的。

当外加电压由正向电压跳变为反向电压或由反向电压跳变为正向电压时，由于二极管具有结电容效应，二极管两端的电压不能突变，因而会使二极管由导通变为截止或由截止变为导通需要一定的时间。其中，二极管由截止转向导通所需时间称为正向恢复时间，二极管由导通转向截止所需时间称为反向恢复时间，二者之和称为开关时间，开关时间的长短决定了二极管的最高工作速度。在低速开关电路中，二极管的开关时间是可以忽略的，而在高速开关电路中，开关时间必须考虑进去。显然，二极管的动态特性也是不理想的。

综合对二极管动态特性和静态特性的分析可知，二极管的开关特性不是理想的。

A. 1. 2　晶体管的开关特性

图 A-2 所示为晶体管开关电路及输出特性曲线。

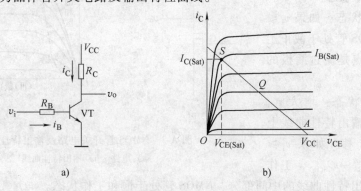

图 A-2　晶体管开关电路及输出特性曲线
a）电路　b）输出特性曲线

由图 A-2 可知，改变输入电压 v_i，就可以使 i_B 发生变化，从而改变输出特性曲线上工作点 Q 的位置，使晶体管处于三种工作状态，即放大工作状态、饱和工作状态和截止工作状态。

放大工作状态：增大 v_i，使 $v_i \geqslant v_{BE(on)}$，发射结正偏，集电结反偏，工作点 Q 落入输出特性曲线的中间部分，晶体管处于放大工作状态，其特点为：$v_{BE} = v_{BE(on)}$，$i_C = \beta i_B$。

截止工作状态：若 $v_i \leqslant v_{BE(on)}$，发射结和集电结都反偏，晶体管处于截止工作状态。

饱和工作状态：当继续增大 v_i，使发射结和集电结都正偏时，随着 i_B 和 i_C 的增加，工

作点 Q 上移而进入输出特性曲线的弯曲部分,如 S 点,晶体管处于饱和工作状态。

根据以上对晶体管三种工作状态的分析可见,利用晶体管的饱和与截止状态,可把晶体管当做受基极电压控制的开关。

把晶体管的集电极和发射极作为开关的两端,晶体管的静态特性如下:

若输入电压 v_i 为高电平,使晶体管工作在饱和工作状态,则此时集电极和发射极两端的压降很小,即集电极和发射极之间的电阻很小,相当于开关闭合;

若输入电压 v_i 为低电平,使晶体管工作于截止工作状态,则流过集电极的电流 i_C 很小,集电极和发射极之间的电阻很大,相当于开关断开。

因为晶体管在由饱和变为截止或由截止变为饱和的过程中,也会出现短暂的放大状态,而不能瞬间完成开关动作。

通过以上分析可知,晶体管的开关特性不是理想的。

A.1.3 场效应晶体管的开关特性

场效应晶体管(MOS管)是一种集成度高、功耗低、工艺简单的半导体器件。根据结构不同,MOS管可分为P沟道MOS管(简称PMOS管)和N沟道MOS管(简称NMOS管);根据特性不同可分为增强型和耗尽型两种。由于在MOS管集成逻辑门电路中,较多地采用增强型MOS管,下面主要讨论增强型MOS管的开关特性。

图 A-3 所示为 NMOS 管开关电路及输出特性曲线。

NMOS 管有三种工作状态,即非饱和工作状态、饱和工作状态和截止工作状态。

截止工作状态:如果 $v_i \leqslant v_{GS(th)}$,则 NMOS 管处于截止工作状态,其特点是流过漏极的电流近似为零。

饱和工作状态:增大 v_i,使 NMOS 管在输出特性曲线上的工作点 Q 上移。如果 $v_i \geqslant v_{GS(th)}$ 且 $v_{DS} \geqslant v_{GS} - v_{GS(th)}$,工作点 Q 将落入输出特性曲线的中间部分,NMOS 管处于饱和工作状态。

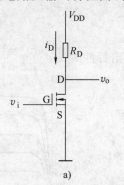

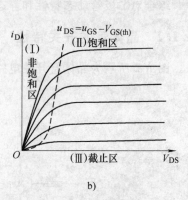

图 A-3 NMOS 管开关电路及输出特性曲线
a) 电路 b) 输出特性曲线

非饱和工作状态:增大 v_i,使 $v_{DS} \leqslant v_{GS} - v_{GS(th)}$,工作点 Q 上移而进入输出特性曲线的弯曲部分,NMOS 管处于非饱和工作状态,此时漏极和源极之间的电阻很小,漏极和源极之间的压降近似为零。

可见,利用 MOS 管的非饱和工作状态和截止工作状态,可以把 MOS 管的漏极和源极之间作为一个受栅极电压控制的开关使用。下面以 N 沟道增强型 MOS 管为例进一步说明:

若输入 v_i 为高电平,NMOS 管处于非饱和工作状态,则漏极和源极之间的压降很小,漏极和源极之间的电阻很小,相当于开关闭合;若输入 v_i 为低电平,NMOS 管处于截止工作状态,那么流过漏极的电流很小,漏极和源极之间的电阻很大,相当于开关断开。

通过以上分析可知,MOS 管的开关特性不是理想的。

A.2　分立元器件门电路

在数字系统中，数字信号仅由 0 和 1 组成，输入和输出信号只有高电平和低电平两种状态。本书采用正逻辑来表信号的状态，即高电平用逻辑 1 表示，低电平用逻辑 0 表示。

A.2.1　二极管与门

图 A-4 所示为二极管与门电路及其逻辑符号，A、B 为输入信号，F 为输出信号。

当输入 A、B 中有低电平时，输出 F 为低电平；只有当输入 A、B 全为高电平时，输出 F 为高电平。与逻辑的逻辑表达式为

$$F = AB$$

A.2.2　二极管或门

图 A-5 所示为二极管或门电路及其逻辑符号，A、B 为输入信号，F 为输出信号。

当输入 A、B 中有高电平时，输出 F 为高电平；只有当输入 A、B 全为低电平时，输出 F 为低电平。或逻辑的逻辑表达式为

$$F = A + B$$

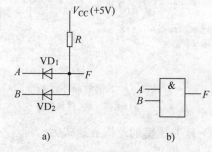

图 A-4　二极管与门电路及其逻辑符号
a）电路　b）逻辑符号

A.2.3　晶体管非门

图 A-6 所示为晶体管非门电路及其逻辑符号，A 为输入信号，F 为输出信号。

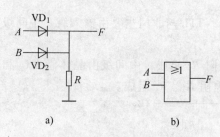

图 A-5　二极管或门电路及其逻辑符号
a）电路　b）逻辑符号

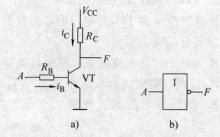

图 A-6　晶体管非门电路及其逻辑符号
a）电路　b）逻辑符号

非逻辑的逻辑表达式为

$$F = \overline{A}$$

A.2.4　二极管晶体管与非门

图 A-7 所示为二极管晶体管与非门电路及其逻辑符号，A、B 为输入信号，F 为输出信号。

与非逻辑的逻辑表达式为

$$F = \overline{AB}$$

A.2.5　二极管晶体管或非门

图 A-8 所示为二极管晶体管或非门电路及其逻辑符号，A、B 为输入信号，F 为输出信号。

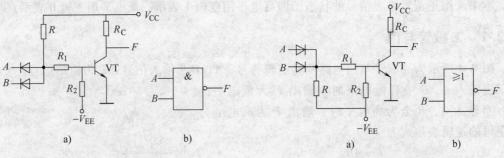

图 A-7　二极管晶体管与非门
a）电路　b）逻辑符号

图 A-8　二极管晶体管或非门
a）电路　b）逻辑符号

或非逻辑的逻辑表达式为

$$F = \overline{A + B}$$

A.3　TTL 集成门电路

TTL 集成门电路是一种单片集成电路。由于其输入端和输出端电路的结构形式都采用了晶体管，所以一般称为晶体管—晶体管逻辑门电路，简称 TTL 集成门电路。

A.3.1　TTL 与非门

1. TTL 与非门的电路组成

图 A-9 所示为 TTL 与非门的电路及其逻辑符号。TTL 与非门主要由输入级、中间级和输出级三部分组成。

图 A-9 中，输入级由多发射极晶体管 VT_1 和电阻 R_1 组成；中间级由晶体管 VT_2 和电阻 R_2、R_3 组成；输出级由晶体管 VT_3、VT_4、VT_5 和电阻 R_4、R_5 组成。

2. TTL 与非门的工作原理

TTL 与非门电路具有 A、B、C 三个输入端和 F 一个输出端。假设输入信号 V_{iH} = 3.6V 为高电平，V_{iL} = 0.3V 为低电平，晶体管发射结正向偏压为 V_{BE} = 0.7V。

当 A、B、C 任一输入端加低电平 V_{iL} = 0.3V 时，相应的发射结导通，VT_1 工作在深度

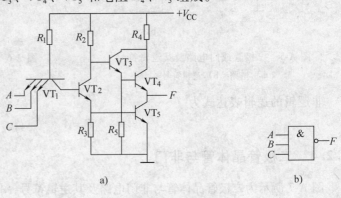

图 A-9　TTL 与非门
a）电路　b）逻辑符号

饱和状态，其饱和压降 $V_{CES1} = 0.1V$，基极电压 $V_{B1} = 1V$，集电极电压 $V_{C1} = 0.4V$，使 VT_2 和 VT_5 都截止。由于 VT_2 截止，VT_3 的基极电流 I_{B3} 又很小，故 R_2 上的压降很小，$V_{B3} \approx V_{CC}$，使 VT_3 和 VT_4 都导通。因此，$V_o \approx 3.6V$，输出为高电平。

当所有输入端加高电平 $V_{iH} = 3.6V$ 时，电源 V_{CC} 经 R_1 和 VT_1 的集电极给 VT_2 的基极供电，促使 VT_2、VT_5 都饱和导通。此时 VT_1 处于倒置工作状态，由于 VT_3 的发射极经 R_4 接地，故 VT_3 微导通，VT_4 截止。

综上所述，TTL 与非门只要有一个输入端输入低电平，输出即为高电平；只有当所有输入端均输入高电平时，输出才为低电平，实现了与非逻辑功能。

3. TTL 与非门的电压传输特性

TTL 与非门电路的输出电压 v_o 随输入电压 v_i 变化的特性曲线称为电压传输特性。图 A-10 所示为 TTL 与非门电压传输特性曲线 $v_o = f(v_i)$。

图 A-10 所示特性曲线共分为三个区域：

1）*AEB* 段：当输入电平 v_i 从 0V 逐渐增大时，输出电平 v_o 保持为高电平，此时对应于 VT_5 为截止状态，因而称 TTL 与非门处于截止或关闭状态。

2）*BE'C* 段：当输入 v_i 增加到一定数值时，v_o 由高电平下降到低电平，此区域称为转折区。

3）*CD* 段：以后 v_i 再增加，输出电平 v_o 将保持低电平，此时对应于 VT_5 为饱和状态，因而称 TTL 与非门处于导通或开启状态。

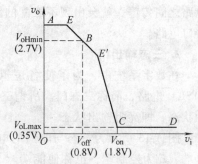

图 A-10 TTL 与非门电压传输特性曲线

A.3.2 其他 TTL 集成门电路

TTL 集成门电路除与非门外，常用的还有或非门、与或非门、异或门、集电极开路门和三态门。它们的逻辑功能虽然不同，但都是在与非门的基础上发展出来的。

1. 集电极开路输出门

假如把两个门电路的输出端直接并联，那么当一个门的输出是高电平，而另一个门的输出是低电平时，必有一个很大的电流流过两个门的输出级。由于这个电流很大，不仅会使导通门输出的低电平严重抬高，破坏电路的逻辑功能，而且有时甚至还会把截止门的晶体管烧毁。所以，TTL 门电路是不允许将多个输出端直接并联使用的。为了使门电路的输出端能够直接并联使用，可以把 TTL 与非门电路的推拉式输出级改为晶体管集电极开路输出，称为集电极开路输出门，简称 OC 门，其电路和逻辑符号如图 A-11 所示。

由图 A-11 可知，OC 门与普通 TTL 门电路的不同之处在于 VT_3 的集电极是开路的。这里要注意的是 OC 门在使用时需要在开路的集电极上外接上拉电阻 R_P 和电源 E_P，如图 A-12 所示。其工作原理为：当输入端为低电平时，VT_1 深度饱和，VT_2、VT_3 均截

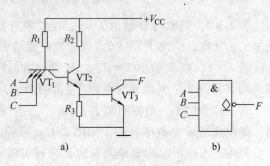

图 A-11 OC 门

a) 电路 b) 逻辑符号

止，输出端为高电平。当输入端全为高电平时，VT_2、VT_5 均饱和导通，输出为低电平。所以，该电路具有与非门逻辑功能。

OC 门的应用如下：

1）实现"线与"逻辑：用导线将两个或两个以上 OC 门的输出连接在一起，其总的输出为各个 OC 门输出的逻辑"与"。这种用导线连接而实现的逻辑"与"关系就称为"线与"。

2）实现逻辑电平的转换，作为

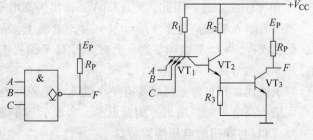

图 A-12 OC 门输出需外接电阻 R_P 及电源 E_P

接口电路使用：在数字系统中，会应用到不同逻辑电平的电路，如果信号在不同的逻辑电平电路之间传输，就会出现不匹配的情况，因此必须加上接口电路，OC 门就可以用来做这种接口电路。

2. 三态输出门

在数字系统中，为了使各逻辑部件在总线上能够分时传送信号，必须有三态输出门（TSL）电路，简称三态门。所谓三态门，就是不仅有高电平和低电平两种状态，还有第三种状态，即高阻输出状态。

图 A-13 所示为三态与非门的电路和逻辑符号，图中，A、B、C 为三个输入端，F 为输出端，$\overline{E}$ 为控制端，也称使能端。

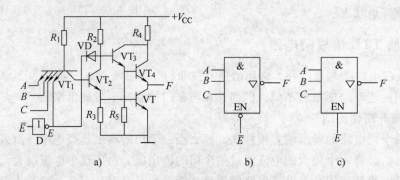

图 A-13 三态与非门的电路和逻辑符号

a）电路 b）使能端低电平有效逻辑符号 c）使能端高电平有效逻辑符号

若 $\overline{E}=0$，则非门 D 输出 $E=1$，使二极管截止，其结构相当于普通 TTL 与非门，三态门处于工作状态，输出 $F=\overline{ABC}$。这时称使能端 E 低电平有效；如图 A-13b 所示。

若 $\overline{E}=1$，则 D 输出 $E=0$，二极管导通，VT_3 导通，VT_4 截止，VT_2、VT_5 截止。所以从输出端 F 看进去，对地和对电源 V_{CC} 都相当于开路，输出呈现高阻状态。

若去掉非门 D，则使能端 $E=1$ 时，三态门工作，$F=\overline{ABC}$；当 $E=0$ 时，输出呈高阻状态，即使能端 E 高电平有效，如图 A-13c 所示。

利用三态门可以构成单向总线，它可实现分时有序地使 n 个信号相互传输而不至相互干扰。三态门不需要外接负载电阻，其输出级具有推拉式输出，输出电阻低，因而比 OC 门的开关速度要快。但要注意：任何时刻只允许一个使能端有效，否则也会产生普通 TTL 门输出端并接使用的后果。利用三态门可以实现数据的双向传输。

A.4　CMOS 集成门电路

以单极型 MOS 管为基本器件的集成逻辑门电路，简称 MOS 集成门电路。按照 MOS 管类型的不同，MOS 集成门电路可以分为 P 沟道型 PMOS，N 沟道型 NMOS 和互补型 CMOS 三种集成门电路。CMOS 集成门电路是在 PMOS、NMOS 的基础上发展起来的，具有更低的功耗、更快的速度和更高的抗干扰能力。

A.4.1　CMOS 反相器

图 A-14 所示为 CMOS 反相器电路。图中，CMOS 反相器由一对互补 NMOS 管和 PMOS 管构成，在 CMOS 反相器电路中，工作管 VF_N 为增强型 NMOS 管，负载管 VF_P 为增强型 PMOS 管，两管的栅极相连作为反相器的输入端，漏极相连作为反相器的输出端，且满足

$$V_{DD} \geqslant V_{VFN} + | V_{VFP} |$$

式中，V_{VFN} 为 VF_N 的开启电压；V_{VFP} 为 VF_P 的开启电压。

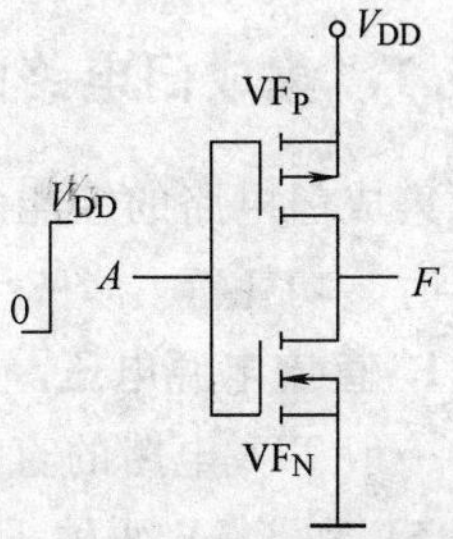

当输入 A 为低电平时，VF_N 截止，VF_P 导通。输出端与电源接通，与地断开，输出端 F 为高电平（$\approx V_{DD}$）。

当输入 A 为高电平时，VF_N 导通，VF_P 截止。输出端与电源断开，与地接通，输出端 F 为低电平（0V）。

图 A-14　CMOS 反相器电路

由此可见，该电路实现了非逻辑功能，故称为反相器，即 $F = \overline{A}$。

A.4.2　CMOS 与非门

图 A-15 所示为 CMOS 与非门电路。两个增强型 NMOS 工作管 VF_{N1} 和 VF_{N2} 串联，两个增强型 PMOS 负载管 VF_{P1}、VF_{P2} 并联；VF_{N1} 和 VF_{P1} 为一对互补管，它们的栅极相连作为输入端 A，VF_{N2} 和 VF_{P2} 作为一对互补管，它们的栅极相连作为输入端 B。

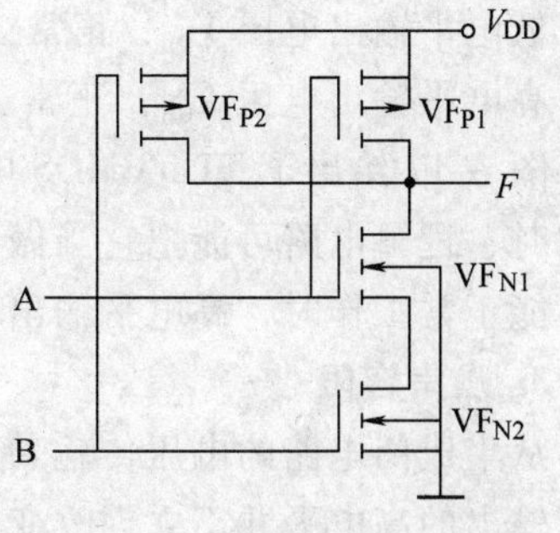

当输入信号 A、B 中有一个为低电平时，与该端相连的 NMOS 管截止，与该端相连的 PMOS 管导通，结果输出 F 与电源相通，与地断开，输出 F 为高电平。

当输入信号 A、B 两个全为高电平时，VF_{N1}、VF_{N2} 均导通，VF_{P1}、VF_{P2} 均截止，输出与电源断开，与地接通，输出 F 为低电平。

图 A-15　CMOS 与非门电路

该电路实现了与非逻辑功能，即 $F = \overline{AB}$。

A.4.3　CMOS 或非门

图 A-16 所示为 CMOS 或非门电路。

两个增强型 NMOS 工作管 VF_{N1} 和 VF_{N2} 并联，两个增强型 PMOS 负载管 VF_{P1}、VF_{P2} 串联，VF_{N1} 和 VF_{P1} 为一对互补管，它们的栅极相连作为输入端 A，VF_{N2} 和 VF_{P2} 作为一对互补管，它

们的栅极相连作为输入端 B。

当输入信号 A、B 中有一个为高电平时，与该端相连的 NMOS 管导通，与该端相连的 PMOS 管截止，输出 F 与电源断开，与地接通，输出 F 为低电平。

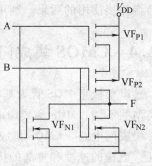

当两个输入信号 A、B 全为低电平时，VF_{N1}、VF_{N2} 均截止，VF_{P1}、VF_{P2} 均导通，输出与电源接通，与地断开，输出 F 为高电平。

该电路实现了或非逻辑功能，即 $F = \overline{A + B}$。

图 A-16　CMOS 或非门电路

A.5　集成门电路的性能参数和使用

A.5.1　集成门电路的性能参数

集成门电路的性能参数主要包括：直流电源电压、输入/输出逻辑电平、扇出系数、传输延时、功耗等。

1. 直流电源电压

一般 TTL 电路的直流电源电压为 5V，最低 4.5V，最高 5.5V。CMOS 电路的直流电源电压有 5V 和 3.3V 两种。CMOS 电路的一个优点是电源电压的变化范围比 TTL 电路大，如 5V 的 CMOS 电路，当其电源电压在 2~6V 范围内时能正常工作，3.3V 的 CMOS 电路，当其电源电压在 2~3.6V 范围内时能正常工作。

2. 输入/输出逻辑电平

集成门电路有如下四个不同的输入/输出逻辑电平参数：

低电平输入电压 V_{IL}：能被输入端确认低电平的电压范围；

高电平输入电压 V_{IH}：能被输入端确认高电平的电压范围；

低电平输出电压 V_{OL}：正常工作时低电平输出的电压范围；

高电平输出电压 V_{OH}：正常工作时高电平输出的电压范围。

图 A-17 给出了 TTL/CMOS 电路的输入、输出逻辑电平。当输入电平在 $V_{IL(max)}$ 和 $V_{IH(min)}$ 之间时，逻辑电路可能把它当做 0，也可能把它当做 1，而当逻辑电路因所接负载过多等原因不能正常工作时，高电平输出可能低于 $V_{OH(min)}$，低电平输出可能高于 $V_{OL(max)}$。

3. 噪声容限

从集成门电路的电压传输特性曲线上可以看到，当输入信号偏离正常的低电平而升高时，输出的高电平并不立刻改变；同样，当输入信号偏离正常的高电平而降低时，输出的低电平也不会立刻改变。因此，输入的高低电平信号各允许一个波动范围。在保证输出高、低电平变化的大小不超过允许限度的条件下，输入电平的允许波动范围称为噪声容限。

对于 74 系列 TTL 门电路，输出高电平的最小值 $U_{OH(min)} = 2.7V$，输出低电平的最大值 $U_{OL(max)} = 0.35V$，输入开门电平 $U_{on} = 1.8V$，输入关门电平 $U_{off} = 0.8V$。故可知，输入为高电平的噪声容限 $U_{NH} = 0.9V$，输入为低电平的噪声容限为 $U_{NL} = 0.45V$。

噪声容限的大小反映了门电路的抗干扰能力，噪声容限越大，门电路的抗干扰能力越强。

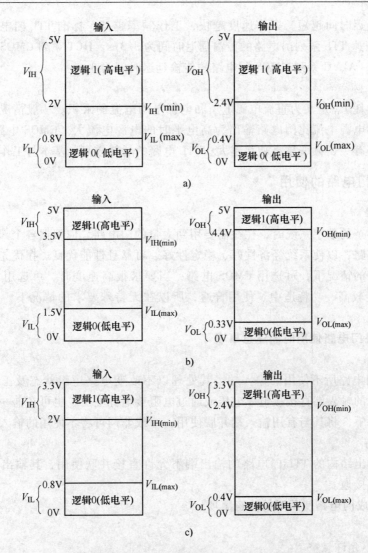

图 A-17　TTL/CMOS 电路的输入、输出逻辑电平

a) 标准 TTL 电路的输入/输出逻辑电平　b) 5VCMOS 电路的输

入/输出逻辑电平　c) 3.3VCMOS 电路的输入/输出逻辑电平

4. 扇入系数 N_i 和扇出系数 N_o

一个门电路允许的输入端数目，称为该门电路的扇入系数 N_i，而扇出系数 N_o 指在正常工作范围内，一个门电路的输出端能够连接同一系列门电路输入端的最大数目。扇出系数越大，门电路的带负载能力就越强。一般说来，CMOS 电路的扇出系数比较高。N_o 计算公式为

$$N_o = \frac{I_{OH}}{I_{IH}} = \frac{I_{OL}}{I_{IH}}$$

I_{OH} 为高电平输出电流；I_{IH} 为高电平输入电流；I_{OL} 为低电平输出电流；I_{IL} 为低电平输入电流。

5. 传输延迟时间 t_p

传输延迟时间 t_p 指输入变化引起输出变化所需的时间，它是衡量门电路工作速度的重

要指标。传输延迟时间越短，工作速度越快，工作频率越高。标准 TTL 门电路的传输延迟时间为 11ns；高速 TTL 系列门电路的传输延迟时间为 3.3ns。HCT 系列 CMOS 门电路的传输延迟时间为 7ns；ALVC 系列 CMOS 门电路的传输延迟时间为 3ns。

6. 功耗 P_D

门电路的功耗 P_D 定义为直流电源电压和电源平均电流的乘积。一般情况下，门电路输出为低电平时的电源电流比门电路输出为高电平时的电源电流大。CMOS 电路的功耗较低，而且与工作频率有关，频率越高功耗越大；TTL 电路的功耗较高，基本与工作频率无关。

A.5.2 集成门电路的使用

1. 类型选择

设计一个复杂的数字系统时，往往需要用到大量的门电路。应根据各个部分的性能要求选择合适的门电路，以使系统经济性好、稳定性好、可靠且性能优良。在优先考虑功耗，且对速度要求不高的情况下，可选用 CMOS 电路；当要求很高速度时，可选用 ECL 电路；由于 TTL 电路速度较高、功耗适中、使用普遍，所以在无特殊要求的情况下，可选用 TTL 电路。

2. TTL 集成门电路使用时的注意事项

（1）输入端

对于 TTL 门电路所不使用的输入端，其处理以不改变电路逻辑状态及工作稳定性为原则。可将不使用的输入端直接接电源电压或通过电阻接电源电压，也可在前一级门电路驱动能力允许的条件下，将其与有用输入端并联使用；对或非门可将不使用的输入端接地。

（2）输出端

具有推拉输出结构的 TTL 门电路的输出端不允许直接并联使用，其输出端也不允许直接接电源和直接接地。

3. MOS 集成门电路使用时的注意事项

（1）输入端

1）输入端不允许悬空。

2）对于与门和与非门电路所不使用的输入端应接正电源或高电平；对于或门和或非门电路所不使用的输入端应接地或低电平。

3）在工作速度低的情况下，门电路不使用的输入端可与使用的输入端并联使用，但在工作速度高的情况下不能这样，因为这样会增加输入电容，造成电路的工作速度下降。

（2）输出端

1）输出端不允许直接与电源或地相连。

2）当 CMOS 门电路输出端接大容量负载电容时，需在输出端和负载电容之间接一个限流电阻，以保证流过管子的电流不超过允许值。

4. TTL 门电路和 CMOS 门电路的连接

TTL 门电路和 CMOS 门电路是两种不同类型的电路，它们的参数并不完全相同。因此，在一个数字系统中，如果同时使用 TTL 门电路和 CMOS 门电路，为了保证系统能够正常工作，必须考虑两者之间的连接问题，以满足下列条件：

驱动门 $V_{OH(min)}$ > 负载门；驱动门 $V_{OL(max)}$ < 负载门 $V_{IL(max)}$；驱动门 I_{OH} > 负载门 I_{IH}；驱动

门 I_{OL} > 负载门 I_{IL}。

如果不满足上面的条件，必须增加接口电路。常用的方法有增加上拉电阻、采用专用接口电路、驱动门并接等。

附录 B　常用数字集成电路的逻辑符号、命名方法及索引

B.1　常用数字集成电路逻辑符号

表 B-1　常用数字集成电路的逻辑符号

符号　说明　名称	国标符号	曾用符号	国外流行符号
与门	&		
或门	≥1	+	
非门	1		
与非门	&		
或非门	≥1	+	
与或非门	& ≥1	+	
异或门	=1	⊕	
同或门	=	⊙	

（续）

符号　说明　名称	国标符号	曾用符号	国外流行符号
集电极开路与非门	&　◇		
三态输出与非门	&　▽		
传输门	TG	TG	
半加器	Σ　CO	HA	HA
全加器	Σ　CI　CO	FA	FA
基本 RS 触发器	S　R	S　Q　R　$\overline{Q}$	S　Q　R　$\overline{Q}$
同步 RS 触发器	1S　C1　1R	S　Q　CP　R　$\overline{Q}$	S　Q　CK　R　$\overline{Q}$
上升沿触发 D 触发器	S　1D　C1　R	D　Q　CP　$\overline{Q}$	D　S_D　Q　CK　R_D　$\overline{Q}$
下降沿触发 JK 触发器	S　1J　C1　1K　R	J　Q　CP　K　$\overline{Q}$	J　S_D　Q　CK　K　R_D　$\overline{Q}$

（续）

名称 ＼ 符号 说明	国标符号	曾用符号	国外流行符号
脉冲触发 JK 触发器	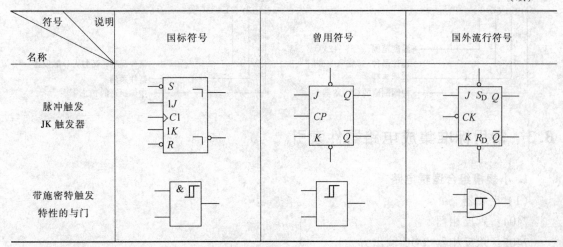		
带施密特触发 特性的与门			

B.2　数字集成电路的型号命名方法

1. TTL 器件型号组成的符号及意义

第一部分 型号前缀		第二部分 工作温度范围		第三部分 器件系列		第四部分 器件品种		第五部分 封装形式	
符号	意义	符号	意义	符号	意义	符号	意义	符号	意义
CT SN	中国制造的 TTL 类 美国 TXAS 公司	54 74	−55～125℃ 0～70℃	H S LS AS ALS FAS	标准 高速 肖特基 低功耗肖特基 先进肖特基 先进低功耗肖特基 快捷先进肖特基	阿拉伯数字	器件功能	W B F D P J	陶瓷扁平 塑封扁平 全密封扁平 陶瓷双列扁平 塑封双列扁平 黑陶瓷双列扁平

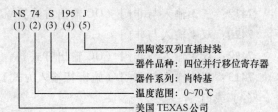

2. ECL、CMOS 器件型号组成符号、意义

第一部分 器件前缀		第二部分 器件系列	第三部分 器件品种		第四部分 工作温度范围	
CC CD TC CE	中国制造的 CMOS 器件 美国无线电公司产品 日本东芝公司产品 中国制造的 ECL 器件	40 45 145 系列符号	阿拉伯数字	器件功能	C E R M	0～70℃ −40～85℃ −55～85℃ −55～125℃

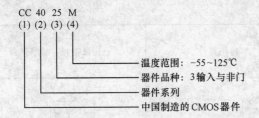

B. 3　常用标准集成电路器件索引

1. 小规模组合逻辑电路

（1）反相器

7404：六反相器

7405：六反相器（OC 输出方式）

7406：六反相缓冲器/驱动器（OC 输出方式）

7414：六反相器（施密特输入方式）

（2）与门

7408：四 2 输入与门

7409：四 2 输入与门（OC 输出方式）

7411：三 3 输入与门

7415：三 3 输入与门（OC 输出方式）

7421：双 4 输入与门

（3）与非门

7400：四 2 输入与非门

7401：四 2 输入与非门（OC 输出方式）

74132：四 2 输入与非门（施密特输入方式）

7410：三 3 输入与非门

7412：三 3 输入与非门（OC 输出方式）

7420：双 4 输入与非门

7422：双 4 输入与非门（OC 输出方式）

7413：双 4 输入与非门（施密特输入方式）

（4）或门

7432：四 2 输入或门

（5）或非门

7402：四 2 输入或非门

7427：三 3 输入或非门

7425：双 4 输入或非门（有选通端）

（6）异或门

7486：四 2 输入异或门

74135：四异或/异或非门

74136：四 2 输入异或门（OC 输出方式）

2. 中规模组合逻辑电路

（1）编码器

74147：10 线—3 线优先编码器（BCD 码输出）

74148：可级联的 8 线—3 线优先编码器

74348：可级联的 8 线—3 线优先编码器

（2）译码器/数据分配器

7442：4 线—10 线译码器（BCD 码输出）

7447（7448）：4 线/七段译码/驱动器（BCD 码输入，OC 输出方式，带上拉电阻）

74139：双 2 线—4 线译码器/数据分配器

74138：3 线—8 线译码器/数据分配器

74154：4 线—16 线译码器/数据分配器

（3）数据选择器

74150：16 选 1 数据选择器（有选通输入端，反码输出）

74151：8 选 1 数据选择器（有选通输入端，互补输出）

74153：双 4 选 1 数据选择器（有选通输入端）

（4）算术运算器

74283：4 位全加器

7483：4 位全加器

7485：4 位数值比较器

3. 小规模时序逻辑电路

（1）D 触发器

7474：有预置和清零端的双 D 触发器

74174：有清零端的六 D 触发器

74175：有清零端的四 D 触发器

74374：八 D 触发器

（2）JK 触发器

7478：有预置、公共清零端和公共时钟端的双 JK 主从触发器

74102：有预置端和清零端，上升沿触发的单 JK 边沿触发器

74112：有预置端和清零端，下降沿触发的双 JK 边沿触发器

74113：有预置端的双 JK 边沿触发器

4. 中规模时序逻辑电路

（1）移位寄存器

7495：4 位并入/并出移位寄存器

74194：4 位并入/并出双向移位寄存器

74195：4 位并入/并出移位寄存器

（2）计数器

74290/74196：二—五—十进制异步计数器

74160/74162：可预置的 4 位十进制同步计数器（异步清零，同步清零）

74161/74163：可预置的 4 位二进制同步计数器（异步清零，同步清零）

74169/74191：可预置的 4 位二进制同步可逆计数器（异步置数，同步置数）

74192：双时钟同步十进制可逆计数器（异步清零，异步置数）

74193：双时钟同步二进制可逆计数器（异步清零，异步置数）

74197/74293：二一八一十六进制异步计数器

74393：双 4 位二进制异步计数器

（3）单稳态触发器

74121：单稳态触发器（施密特输入方式）

74122/74123：带清零端可重复触发的单稳态触发器

附录 C　VHDL 硬件描述语言基础

数字电路传统的设计步骤是从逻辑代数的简化，写出最简逻辑表达式，直到绘出逻辑电路图。若设计的数字系统比较复杂，以上每一步都是繁琐的工作，设计者对所做设计是否正确不易了解，与其他人员互相交流也不方便。为了便于利用计算机进行数字系统辅助设计，众多软件公司研制开发了具有自己特色的电路硬件描述语言（Hardware Description Language，HDL），这些硬件描述语言有很大的差异，一旦选用某种语言作为输入工具，就被束缚在这个设计环境之中，不能在众多的软件工具中选择一个最佳组合作为自己的最优设计环境。因此需要开发一部强大的、标准化的硬件描述语言，作为可相互交流的设计环境。

美国国防部在 20 世纪 80 年代初提出了 VHSIC（Very High Speed Integrated Circuit）计划，其目标之一是为下一代集成电路的生产、实现阶段性的工艺极限以及完成 10 万门级以上的设计而研制一种新的描述方法。1981 年提出了一种新的 HDL，称之为 VHSIC Hardware Description Language，简称为 VHDL。美国国防部要求承担其项目的各公司都必须使用 VHDL 来描述设计。VHDL 在 1987 年成为 IEEE（Institute of Electrical and Electronic Engineers）Std 1076—1987 标准，1993 年更新为 IEEE Std 1076—1993 标准，2000 年更新为 IEEE Std 1076—2000 标准，2002 年更新为 IEEE Std 1076—2002 标准。

VHDL 的主要优点如下：

1）覆盖面广，描述能力强，是一个多层次的硬件描述语言。即设计的原始描述可以是非常简练的描述，经过层层细化求精，最终成为可直接付诸生产的电路级或板图参数描述，整个过程都可以在 VHDL 的环境下进行。

2）VHDL 有良好的可读性。VHDL 可以被计算机接受，也容易被读者理解，用 VHDL 书写的源文件，既是程序又是文档，既是技术人员之间交换信息的文件，又可作为合同签约者之间的文件。

3）VHDL 本身的生命周期长。因为 VHDL 的硬件描述与工艺技术无关，不会因工艺变化而使描述过时，与工艺技术有关的参数可通过 VHDL 提供的属性加以修正，工艺改变时，只需修改相应程序中的属性参数即可。

4）支持大规模设计的分解和已有设计的再利用。一个大规模设计不可能一个人独立完成，它将由多人、多项目组共同完成，VHDL 为设计的分解和设计的再利用提供了有力的支持。

5）VHDL 已成为 IEEE 承认的一个工业标准，事实上已成为通用硬件描述语言。

作为一种电子系统现代设计方法，可用 VHDL 描述和设计数字电子系统，用计算机作为设计和模拟的工具，用高密度可编程逻辑器件作为系统的硬件实现。

C.1　VHDL 的程序结构

一个完整的 VHDL 程序包括实体（Entity）、结构体（Architecture）、程序包（Package）、库（Library）和配置（Configuration）五个部分。其中，实体用于描述设计单元的外部接口信号；结构体用于描述设计单元内部的结构和行为；程序包用来存放各个设计模块共享的数据类型、常数和子程序等；库用于存放已编译的实体、结构体、程序包和配置。配置语句是在一个实体对应有多个结构体时，按照设计者的要求选择其中一个结构体与实体进行配置，以支持正确的编译。

1. 实体

实体在 VHDL 程序设计中描述一个元件或一个模块与设计系统其余部分（其余元件、模块）之间的连接关系，在层次化系统设计中，实体是整个模块或整个系统的输入/输出；在一个器件级的设计中，实体是一个芯片的输入/输出。实体的名称是编程者任意取的，但必须与 VHDL 程序的文件名相同。实体的基本格式如下：

ENTITY 实体名 IS

PORT（端口名 {，端口名}：端口模式　数据类型；

　　　端口名 {，端口名}：端口模式　数据类型）；

END 实体名；

1）端口名是赋予每个外部引脚的名字，端口名通常用几个英文字母或一个英文字母加数字表示。

2）端口模式说明端口信号通过该端口的方向，主要有以下四种：

IN：输入端口，信号进入电路单元。

OUT：输出端口，信号从电路单元输出。

INOUT：双向端口，信号既可以进入电路单元，也可以从电路单元输出。

BUFFER：实体的输出端口，但可以被实体本身再输入。

3）数据类型定义端口数据的类型。常用的端口数据的类型有位型（BIT）、位向量型（BIT_VECTOR）、标准逻辑位型（STD_LOGIC）及标准逻辑位向量型（STD_LOGIC_VECTOR）等几种。

2. 结构体

结构体是设计单元的重要组成部分，用于描述设计单元内部的结构和行为，并建立输入和输出之间的关系。结构体的语法结构如下：

ARCHITECTURE 结构体名　OF　实体名　IS

［结构体说明语句］

BEGIN

［功能描述语句］

END　结构体名；

其中，结构体名由设计者自由命名，是结构体的唯一名称。结构体的命名可以采用结构体行为、结构体的数据流、结构体的组织结构、结构体的数学表达方式、结构体的功能等。OF后面的实体名表明该结构体属于哪个设计实体，有些设计实体中可能含有多个结构体。"结构体说明语句"用来说明结构体内部的"功能描述语句"中需要用到的内部的信号、常数、数据类型、函数，如果没有这些内部的对象需要说明，则可以省略。"功能描述语句"以并行语句形式完成对设计单元的功能描述，它是整个 VHDL 描述中工作量最大的一部分。所谓并行语句，实际上是一种执行顺序与它们的书写顺序无关的语句形式，也就是在实际电路中可以同时实现并行语句所要求的功能。VHDL 主要有五种类型的并行描述语句：块描述语句、进程语句、信号赋值语句、子程序调用语句、元件例化语句。

结构体的描述有三种方法：行为描述法、数据流描述法和结构化描述法。

1）行为描述法：所谓结构体的行为描述，即描述该设计单元的功能。行为描述法主要使用函数、过程和进程语句，以算法形式描述数据的变换和传递。实体的行为描述是一种抽象描述，而不是某一个元件，设计工程师注意的是正确的实体行为、准确的函数模型和精确的输出结果。

2）数据流描述法：数据流描述法描述了数据流程的运动路径、运动方向和运动结果。数据流描述的句法与行为描述的句法是不一样的。

3）结构化描述法：结构体的结构化描述法描述该设计单元的硬件结构，即硬件的构成。结构化描述通常用于层次化设计。

3. 库

库和程序包用来描述和保存元件、类型说明、函数、子程序等，以便在其他设计中可随时引用它们。

库是用来存储和放置可编译的设计单元的地方，通过其目录可查询、调用。设计库中的设计单元（实体说明、结构体、配置说明、程序包说明和程序包体）可以用作其他 VHDL 描述的资源。许多标准、通用的元件可设计完成后放入库中。

VHDL 设计中可以存在多个不同的库，这些库大致可以归为五种：IEEE 库、STD 库、ASIC 库、WORK 库和用户自定义库。

IEEE 库：包含了"STD_LOGIC_1164"、"STD_LOGIC_ARITH"和"STD_LOGIC_UN-SIGNED"等包集合，这些包集合定义了一些工程设计中常用的数据类型的定义。

STD 库：VHDL 的标准库，库中有标准的"STANDARD"包集合，集合中定义了多种常用的数据类型。

ASIC 库：各公司为了使用 VHDL 语言进行门级仿真而提供的 ASIC 逻辑门库。

WORK 库：类似于项目管理文件夹，项目中设计的所有单元都存放于这个库中。

用户自定义库：用户自行开发的库，设计者可以把自己经常使用的非标准（一般是自己开发的）程序包集合和实体等，汇集在一起，定义成一个库，作为对 VHDL 标准库的补充。

上述五类库中，除了 STD 库和 WORK 库之外，其他的均为资源库。STD 库和 WORK 库对所有设计都是隐含可见的，因此使用它们时无需说明。但使用资源库时则要预先在 VHDL库、程序包说明区对其进行说明。

库的说明语句格式如下：

LIBRARY 库名；

例如：

LIBRARY ieee；——使 IEEE 库成为可见

USE 子句使库中的元件、程序包、类型说明、函数和子程序对本设计成为"可见"。

USE 子句的语法形式如下：

USE 库名．逻辑体名；

例如：

USE ieee. std_logic_1164. ALL；

——使库中的程序包 STD_LOGIC_1164 中的所有元件成为可见，允许调用

4. 程序包

程序包是一种使包体中的元件、函数、类型、说明等对其他设计单元是"可见"、可调用的设计单元。程序包由两部分组成：程序包说明和程序包体。程序包说明为程序包定义接口，声明包中的类型、元件、函数和子程序，其方式与实体定义模块接口非常相似。程序包体规定程序的实际功能、存放说明中的函数和子程序，其方式与模块中结构体语句方法相同。

程序包说明部分和程序包体单元的一般格式如下：

PACKAGE 程序包名 IS　——说明单元

END ［PACKAGE］［程序包名］；——程序包体名总是与对应的程序包说明的名字相同

PACKAGE BODY 程序包名 IS——说明单元

END ［PACKAGE BODY］［程序包名］；

程序包说明单元是主设计单元，它可以独立地编译并插入设计库中。程序包体是次级设计单元，它可以在其对应的主设计单元之后，独立地编译并插入设计库中。程序包说明含有下列说明的一部分：USE 子句，属性详细说明，子程序说明，类型、子类型说明，常量、延时常量说明，信号说明，建立一个全局信号，文件说明，别名说明，元件说明，属性说明，用户定义的属性和连接规范。程序包体中含有以下部分：子程序说明，子程序体，类型子类型说明，常量说明，文件说明，别名说明，USE 子句。

程序包说明与程序包体的关键词不同，两个设计单元内容也不同，但其他语句很相似。子程序体必须和子程序说明在参数个数、参数类型、返回类型上应严格一致，否则会给出一个错误信息。

5. 配置

按照 VHDL 的语法规定，一个实体可以有多个结构体描述，用以实现设计者不同的设计思想和设计风格。但在具体进行仿真和综合时，只能是一个实体对应一个确定的结构体，配置语句就是用来选择这个确定的结构体的。而且，在仿真时，可以利用配置语句选择不同的结构体，进行性能对比实验，以得到性能最佳的结构体。

配置语句格式如下：

CONFIGURATION 配置名 OF 实体名 IS

　　FOR 被选结构体名

　　END FOR；

　　END 配置名；

C.2　VHDL 的语言元素

1. 标识符与保留字

标识符是 VHDL 语言中符号书写的一般规则，用来表示常量、变量、信号、子程序、结构体和实体等的名称。VHDL 语言中标识符组成的规则如下：

1）标识符由 26 个英文字母和 10 个数字（0~9）及下划线（_）组成。

2）标识符必须以英文字母开头，最长可以有 32 个字符。

3）标识符中不能有两个连续的下划线，标识符的最后一个字符不能是下划线。

4）标识符中的英文字母不区分大小写。

例如，CP、DATA1、RD_1 等都是合法的标识符。

保留字是具有特殊意义的标识符号，只能作为固定用途，用户不能用保留字作为标识符。例如，LIBRARY、USE、ENTITY、IS、OF、BEGIN、END、XOR、AND 等都是保留字。

2. 注释符

为了便于理解和阅读，程序中可以加上注释。注释符用双连字符"——"表示，注释语句以注释符开头，到行尾结束。注释可以加在语句结束符";"之后，也可以写在空行处。

3. 数据对象

与其他高级语言一样，VHDL 中把用来承载数据的容器称为数据对象，VHDL 的数据对象主要有常量、变量和信号三类。

（1）常量

在 VHDL 中，常量是一种不变的量，它只能在对它定义时进行赋值，并在整个程序中保持该值不变。常量的功能一方面可以在电路中代表电源、地线等，另一方面可提高程序的可读性，也便于修改程序。常量定义的格式如下：

CONSTANT 常量名：数据类型：=表达式；

（2）变量

变量是临时数据的容器，它没有物理意义，并且只能在进程和子程序中定义，也只能在进程和子程序中使用。变量一旦赋值立即生效。变量定义的描述格式如下：

VARIABLE 变量名：数据类型 [：=表达式]；

（3）信号

信号是 VHDL 的一种重要数据对象，它定义了电路中的连线和元件的端口。其中，端口和内部信号定义的差别，是在端口定义中多了一个端口模式的定义。信号是一个全局量，可以用来进行各个模块之间的通信。信号定义的格式如下：

SIGNAL 信号名：数据类型 [：=表达式]；

4. 数据类型

VHDL 是一种强类型语言，每一个数据对象都必须具有确定的数据类型定义，并且只有在相同数据类型的数据对象之间，才能进行数据交换。VHDL 预定义了大量的数据类型，下面介绍几种最常用的数据类型。

（1）整数数据类型（INTEGER）

整数类型的数有正整数、负整数和零，在 VHDL 中其取值范围为 – 2147483547 ~ 2147483646。

（2）实数数据类型（REAL）

VHDL 的实数与数学中的实数或浮点数相似，只是范围被限定为 – 1.0E38 ~ 1.0E38，并且在书写时一定要有小数。

（3）位数据类型（BIT）

在数字系统中，信号经常用位数据类型表示，位数据类型属于枚举类型，其值是用带单引号的 '1' 和 '0' 表示。

（4）位矢量数据类型（BIT_ VECTOR）

位矢量是用双引号括起来的一组位数据，如 "010101"，通常用来表示数据总线。

（5）布尔量数据类型（BOOLEAN）

布尔量数据类型也属于枚举类型，其值只有 "TRUE" 和 "FALSE" 两种状态，通常用来表示关系运算和关系运算结果。

（6）字符数据类型（CHARACTER）

VHDL 的字符数据类型表示 ASCII 码的 128 个字符，书写时要求用单引号括起来，并且要区分大小写，如 'A'、'a' 等。

（7）字符串数据类型（STRING）

字符串是双引号括起来的一串字符，如 "asdf"。字符串一般用于程序的提示、结果的说明等场合。

（8）STD_LOGIC 数据类型

与位数据类型相似，STD_LOGIC 数据类型也属于枚举类型，但它的取值有下面九种：

'U'：初始值；

'X'：不定；

'0'：0；

'1'：1；

'Z'：高阻；

'W'：弱信号不定；

'L'：弱信号 0；

'H'：弱信号 1；

'–'：不可能情况。

（9）STD_LOGIC_VECTOR 数据类型

STD_LOGIC_VECTOR 数据类型表示的是用双引号括起来的一组 STD_LOGIC 数据，通常用来表示数据总线。

由于 STD_LOGIC 的九种取值更能反映电路的实际情况，所以在 VHDL 描述中一般用 STD_LOGIC 和 STD_LOGIC_VECTOR 取代 BIT 和 BIT_VECTOR 等数据类型。

因为 STD_LOGIC 和 STD_LOGIC_VECTOR 两种数据类型是在 IEEE 库的 STD_LOGIC_ 1164 程序包中说明的，所以在使用这两种数据类型时，必须在 VHDL 的库、程序包说明语区加入下列库、程序包说明语句：

LIBRARY IEEE；

USE IEEE. std_logic_1164. ALL;

5. 运算符

VHDL 定义了五种运算符，即逻辑运算符、关系运算符、算术运算符、移位运算符和并置运算符。不同的运算符要使用相应数据类型的操作数，否则会在编译、综合时不予通过。运算符及其优先顺序见表 C-1。

表 C-1　运算符及其优先顺序

优先级顺序	运算符类型	运算符	运算符功能	操作数类型
最高	逻辑运算符	NOT	取非	BIT、BOOLEAN、STD_LOGIC
	算术运算符	ABS	取绝对值	整数
		* *	乘方	
		REM	取余	
		MOD	求模	
		/	除法	整数、实数（包括浮点数）
		*	乘	
		−	负（减）	整数
		+	正（加）	
	并置运算符	&	并置	一维数组
	移位运算符	ROR	逻辑循环右移	BIT 或 BOOLEAN 型一维数组
		ROL	逻辑循环左移	
		SRA	算术右移	
		SRL	逻辑右移	
		SLA	算术左移	
		SLL	逻辑左移	
	关系运算符	> =	大于等于	枚举和整数及对应的一维数组
		< =	小于等于（赋值）	
		>	大于	
		<	小于	
		≠	不等于	任何类型
		=	等于	
最低	逻辑运算符	XOR	异或	BIT、BOOLEAN、STD_LOGIC
		NOR	或非	
		NAND	与非	
		OR	或	
		AND	与	

C.3　VHDL 的基本语句

为了完成数字电路的设计，VHDL 为设计者提供了丰富的语句形式。它们一般被分成并行和顺序两种类型。并行语句是 VHDL 所特有的，它直接反映了数字电路中各个功能模块并行执行的特点，对这类语句进行分析时，要注意其执行顺序与书写次序无关。与并行语句相反，顺序语句的执行顺序与书写次序相关，因为分析和描述方法与高级软件语言相同，所以设计者在 VHDL 编程中采用顺序描述语句较多。但要注意，这类语句的使用场合是有限制的。

C.3.1　顺序语句

VHDL 规定顺序描述语句只能在进程语句和子程序中使用。顺序描述语句类似于一般的程序语言，按书写顺序一条一条向下进行。下面分别介绍各种顺序描述语句。

1. 顺序信号赋值语句

顺序信号赋值语句的语法格式如下：

目的信号量 < = 信号量表达式；

其中，" < = "是信号赋值符号。

2. 顺序变量赋值语句

顺序变量赋值语句的语法格式如下：

目的变量：= 表达式；

其中"：= "是变量赋值符号。

3. IF 语句

IF 语句（条件控制语句）根据指定的条件确定语句执行顺序。条件表达式中的条件有两个选择，即"真"（TRUE）和"假"（FALSE），只能使用逻辑运算符和关系运算符。IF 语句常用于数据选择器、比较器、编码器、译码器、状态机的设计，共有三种类型。

（1）用于单选控制的 IF 语句

这种类型的 IF 语句一般书写格式如下：

IF　条件表达式　THEN

　　　顺序语句

END　IF;

当程序执行到该 IF 语句时，就要判断 IF 语句所指定的条件是否成立。如果条件成立，IF 语句所包含的顺序处理语句将被执行；如果条件不成立，程序跳过 IF 语句包含的顺序处理语句，执行 IF 语句的后续语句。

（2）用于二选一控制的 IF 语句

这种类型的 IF 语句一般语法格式如下：

IF　条件表达式　THEN

　　　顺序语句 A

ELSE

　　顺序语句 B

END　IF;

当 IF 指定的条件满足时，执行顺序语句 A；当条件不成立时，执行顺序语句 B。

（3）用于多选择控制的 IF 语句

这种类型的 IF 语句一般语法格式如下：

IF　条件表达式 1　THEN

　　　顺序语句 1

```
ELSIF    条件表达式 2    THEN
              顺序语句 2
                 ⋮
ELSIF    条件表达式 n    THEN
              顺序语句 n
ELSE
              顺序语句 n + 1
END    IF;
```

当条件 1 成立时，执行顺序语句 1；当条件 2 成立时，执行顺序语句 2；当条件 n 成立时，执行顺序语句 n；当所有条件都不成立时，执行顺序语句 n + 1。

4. CASE 语句

CASE 语句是一种多项选择分支语句，它主要用在条件分支多于三个以上的情形。例如，编码器、译码器和数据选择器的行为描述等，就经常采用这种语句。

CASE 语句的语法格式如下：

```
CASE    表达式    IS
    WHEN    选择值 1  =  >  顺序语句 1；
    WHEN    选择值 2  =  >  顺序语句 2；
    …
    WHEN OTHERS  =  >  顺序语句 n；
END CASE；
```

其中，"选择值"为 CASE "表达式"值域内的可能取值。"选择值"的取值应"选择唯一，覆盖全集"。也就是说选择值之间不能有重复的取值，其集合要覆盖表达式值域内的全部取值，否则就要加上"WHEN OTHERS = > 顺序语句 n；"语句，才能保证 CASE 语句语法的正确性。

"选择值"的具体表示形式有下面四种：

```
WHEN    值 = >顺序语句；
WHEN    值│值│值│…│值 = >顺序语句；
WHEN    值 TO 值 = >顺序语句；
WHEN    OTHERS = >顺序语句；
```

编程者可以根据设计需要分别采用或者综合采用上述表示形式。

5. LOOP 语句

VHDL 的顺序描述语句中，除了具有 IF 语句外，还提供了 LOOP 语句（循环控制语句）。LOOP 语句有下面三种格式和两个辅助语句；

（1）单个 LOOP 语句

单个 LOOP 语句的语法格式如下：

```
[LOOP 标号:] LOOP
    顺序语句；
END LOOP [LOOP 标号]；
```

这样的循环语句无限循环，不会停止。

（2）FOR-LOOP 语句

FOR 循环变量形成的 LOOP 语句的语法格式如下：

［LOOP 标号:］FOR 循环变量 IN 循环范围 LOOP

　　顺序语句；

END LOOP［LOOP 标号］；

其中，循环变量的值在每次循环中都会发生变化，循环次数由循环范围的取值确定。

（3）WHILE-LOOP 语句

WHILE 条件下的 LOOP 语句的语法格式如下：

［LOOP 标号:］WHILE 条件 LOOP

　　顺序语句；

END LOOP［LOOP 标号］；

（4）NEXT 语句

NEXT 语句主要用于 LOOP 语句的内部循环控制，语法格式如下：

NEXT［LOOP 标号:］［WHEN 条件］；

其中，［LOOP 标号:］表明了一次循环的起始位置，若无［LOOP 标号:］，则从 LOOP 语句的起始位置进入下一个循环。［WHEN 条件］是 NEXT 语句的执行条件，若无［WHEN 条件］，则 NEXT 语句立即无条件跳出循环。

（5）EXIT 语句

EXIT 语句用于 LOOP 语句的循环控制，用于结束 LOOP 语句，语法格式如下：

EXIT［LOOP 标号:］［WHEN 条件］；

其中，EXIT 语句含有［LOOP 标号:］，表明跳到标号处继续执行。EXIT 语句含有［WHEN 条件］时，如果条件为"真"，跳出 LOOP 语句；如果条件为"假"，则继续 LOOP 循环。EXIT 语句不含标号和条件时，表明无条件结束 LOOP 语句的执行。

6. RETURN 语句

RETURN 语句是一段子程序结束后，返回主程序的控制语句，语法格式如下：

RETURN［表达式］；

RETURN 语句用于函数和过程体内，用来结束最内层函数或过程体的执行。用于过程体中的 RETURN 语句是无条件的，一定不能有条件表达式。用于函数中的 RETURN 语句必须有条件表达式，它是函数结束的必要条件，函数结束必须用 RETURN 语句。

7. NULL 语句

NULL 语句是一个空语句，类似汇编的 NOP 语句（空操作），语法格式如下：

NULL；

C. 3. 2　并行语句

并行语句类型是 VHDL 所特有的一种语句形式，在对这类语句进行分析时，要注意其执行顺序与它们在程序中排列的先后顺序无关，也就是说当条件满足时，多个并行语句的功能可以同时被执行。并行语句反映了数字电路中的各个功能模板能够同时完成系统要求功能这一特点。

VHDL 常用的并行描述语句有：块描述语句（BLOCK）、进程语句（PROCESS）、并行信号赋值语句、并行过程调用语句等。

1. 块描述语句

块描述语句的功能是将一大段并行语句代码划分为多个块。它类似于在传统电路设计时，将一个大规模的电路原理图分割成多张子原理图的表示方法。电路原理图的分割关系和 VHDL 程序中用块分割结构体的关系是一一对应的。

块描述语句的语法格式如下：

块标号：BLOCK［（块保护表达式）］

      ［说明语句］；

      BEGIN

      ［并行语句］；

      END BLOCK 标号名；

块保护表达式是可选项，它是一个布尔表达式。块保护表达式的作用是：只有当其为真时，该块中的语句才被启动执行，否则就不被执行。块描述语句中的所有语句都是并行语句。

2. 进程语句

进程语句是结构体中常用的一种模块描述语句。一个结构体可以包含多个进程，各进程之间是同时执行的，所以进程语句本身属于并行语句。但一个进程主要是由一组顺序语句组成的。进程语句的重要特点在于，它不仅可以描述组合逻辑电路，还可以描述时序逻辑电路。

进程语句的语法格式如下：

［进程名：］PROCESS（敏感信号表）

        ［进程说明语句］；

      BEGIN

        ［顺序语句］；

      END PROCESS ［进程名］；

注意：敏感信号表是进程语句所特有的，只有当表中所列的某个信号发生变化时，才能启动该进程的执行。执行完后，进入等待状态，直到下一次某一敏感信号变化的到来。

3. 并行信号赋值语句

根据功能，并行信号赋值语句可分为简单并行信号赋值语句、条件信号赋值语句和选择信号赋值语句三种。

（1）简单并行信号赋值语句

简单并行信号赋值语句与顺序信号赋值语句有完全相同的语句格式，所不同的是并行信号赋值语句是在进程语句外使用。

（2）条件信号赋值语句

条件信号赋值语句指在不同的条件下，对信号进行不同的赋值。它是 IF 语句的简写形式。

条件信号赋值语句的语法格式如下：

目的信号量 ＜ ＝表达式 1　　WHEN 条件 1　　ELSE

           表达式 2　　WHEN 条件 2　　ELSE

　　　　　　　　⋮

　　　　　　　表达式 n;

　　在执行该语句时, 先判定赋值条件 1 是否为真, 若为真, 将表达式 1 赋值给赋值目标; 否则判定赋值条件 2 是否为真, 若为真, 将表达式 2 赋值给赋值目标。依次类推, 只有当所列赋值条件都为假时, 将表达式 n 赋值给赋值目标。

　　(3) 选择信号赋值语句

　　选择信号赋值语句的语法格式如下:

WITH　　选择信号　SELECT

目的信号量 < = 表达式 1　WHEN 条件 1,

　　　　　　　表达式 2　WHEN 条件 2,

　　　　　　　⋮

　　　　　　　表达式 n　WHEN OTHERS;

4. 并行过程调用语句

　　并行过程调用语句的语法格式与顺序语句的过程调用语句的语法格式基本相同, 所不同的是该语句出现的位置——并行过程调用语句出现在所有并行语句的语句结构中。

　　过程调用语句可以并行执行, 但要注意下列问题:

　　1) 并行过程调用语句是一个完整的语句, 在它之前可以加标号。

　　2) 并行过程调用语句应带有 IN、OUT 或 INOUT 的参数, 它们应该列在过程名后的括号内。

　　3) 并行过程调用语句可以有多个返回值。

　　以上是关于 VHDL 语法的简要介绍, 其目的是使读者在学习这些语法规范后, 能用 VHDL 描述典型数字电路。关于 VHDL 语法的更完整和详细的内容, 可参阅有关参考书。

附录 D　　Quartus Ⅱ 开发软件简介

　　Quartus Ⅱ 软件是 Altera 公司推出的 CPLD/FPGA 集成开发环境, 它覆盖了 CPLD/FPGA 开发的整个流程, 界面友好, 功能强大, 集成化程度高, 易学、易用, 是 MAX + PLUS Ⅱ 的更新换代产品。与 MAX + PLUS Ⅱ 相比, Quartus Ⅱ 软件增加了网络编辑功能, 提升了调试能力, 解决了潜在的设计延迟, 同时为其他 EDA 工具提供了方便的接口。

D. 1　Quartus Ⅱ 软件的设计流程

　　Quartus Ⅱ 软件的设计流程如图 D-1 所示, 它包括设计输入、综合、布局布线、时序分析、仿真、编程与配置等步骤。

1. 设计输入

　　设计输入是设计者将所设计的电路或系统以开发软件要求的某种形式表示出来, 并送入计算机的过程。设计输入文件可以是文本形式的文件 (如 VHDL、Verilog HDL、AHDL 等)、存储数据文件 (如 HEX、MIF 等)、原理图设计输入文件和第三方 EDA 工具产生的文件 (如 EDIF、HDL、VQM 等)。同时, 还可以混合使用以上几种设计输入文件进行设计。

2. 综合

综合是将 HDL 语言、原理图等设计输入翻译成由与门、或门、非门、RAM 和触发器等基本逻辑单元组成的逻辑链接（网络表），并根据目标与要求（约束条件）进行优化，输出 edf 或 vqm 等标准格式的网络表文件，供布局布线器实现。除了用 Quartus Ⅱ 软件的"Analysis&Synthesis"命令进行综合外，也可以使用第三方综合工具生成与 Quartus Ⅱ 软件配合使用的 edf 网络表文件或 vqm 文件。

3. 布局布线

布局布线输入文件是综合后的网络表文件，Quartus Ⅱ 软件中，布局布线包含分析布局布线结果、优化布局布线、增量布局布线和反向标注分配等。

4. 时序分析

允许用户分析设计中所有逻辑的时序性能，并协助引导布局布线以满足设计中的时序分析要求。默认情况下，时序分析作为全编译的一部分自动运行，它观察和报告时序信息，如建立时间、保持时间、时钟至输出延时、最大时钟频率，以及设计的其他时序特性，可以使用时序分析生成的信息分析、调试和验证设计的时序性能。

5. 仿真

仿真分为功能仿真和时序仿真。功能仿真用来验证电路功能是否符合设计要求；时序仿真包含了延时信息，它能较好地反映芯片的工作情况。可以使用 Quartus Ⅱ 集成的仿真工具进行仿真，也可以使用第三方工具对设计进行仿真，如 ModelSim 仿真工具等。

6. 编程与配置

使用 Quartus Ⅱ 软件成功编译设计工程之后，就可以对 Altera 器件进行编程或配置了。Quartus Ⅱ 编译器的 Assembler 模块可生成编程文件。Quartus Ⅱ 软件的编程器 Programmer 可以用该编程文件与 Altera 编程硬件一起对器件进行编程或配置。Quartus Ⅱ 软件编译器的 Assembler 模块自动将适配过程的器件、逻辑单元和引脚分配信息转换成器件的编程图像，并将这些图像以目标器件的编程对象文件（.pof）或 SRAM 对象文件（.sof）的形式保存为编程文件。Quartus Ⅱ 软件的编程器使用该文件对器件进行编程或配置。

图 D-1　Quartus Ⅱ 软件的设计流程

D.2　Quartus Ⅱ 软件的使用简介

Quartus Ⅱ 8.0 软件的默认启动界面如图 D-2 所示，由标题栏、菜单栏、工具栏、资源管理窗口、编译状态显示窗口、信息显示窗口和工程工作区等组成。在设计的不同阶段，窗口会发生相应的变化，使用主菜单 View | Utility Windows 可以查看不同的窗口。受篇幅所限，窗口中的菜单功能和使用方法可以参考软件帮助文档，此处不再赘述。

1. 使用向导建立新工程，并输入设计文件

启动 Quartus Ⅱ 软件后，从 File 菜单下选择 New Project Wizzard 启动创建工程向导，按照提示输入设计项目的路径、项目名称以及顶层模块的名称，如图 D-3 所示。

选择工程所包含的文件，也可以不选，直接单击"Next"按钮进入下一步，如图 D-4 所示。

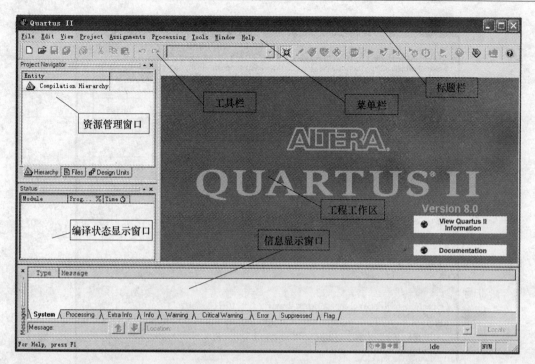

图 D-2 Quartus Ⅱ 软件的默认启动界面

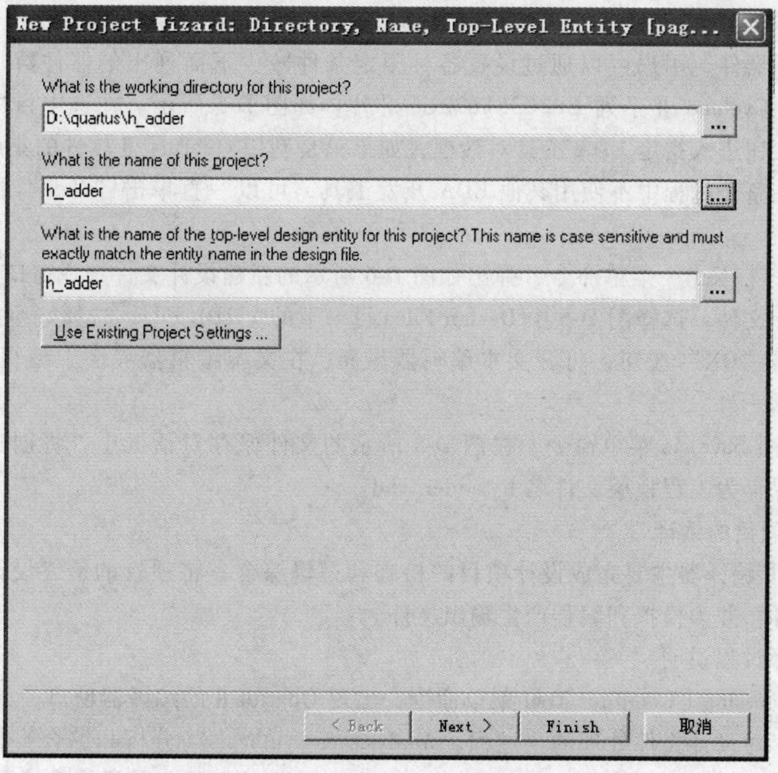

图 D-3 New Project Wizzard 对话框

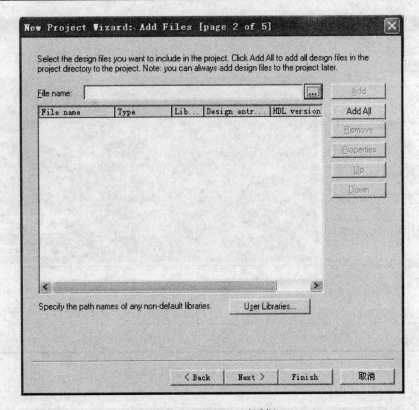

图 D-4　Add Files 对话框

选择目标器件，用户可以通过设置各种限定条件减少下面列出的器件数目，这里选择 Altera 公司的 Cyclone Ⅱ 系列 EP2C35F672C6 芯片，如图 D-5 所示。在选中目标器件之后单击 "Next" 按钮进入指定 EDA 工具对话框，如果只是利用 Quartus Ⅱ 软件的集成环境进行项目开发，而在整个过程中不使用其他 EDA 开发工具，可以一直单击 "Next" 按钮，完成新工程的建立。

选择 File ｜ New…菜单命令，弹出如图 D-6 所示的新建设计文件选择窗口。创建 VHDL 描述语言设计文件，选择图 D-6 中 Design Files 目录下的 VHDL File，选择好所需要的设计输入方式后单击 "OK" 按钮，打开文本编辑器界面，在文本编辑器界面中编写 VHDL 程序，如图 D-7 所示。

选择 File ｜ Save As 菜单命令，在图 D-8 所示的文件保存对话框中，将创建的 VHDL 设计文件名称保存为工程顶层文件名 h_adder. vhd。

2. 设计项目的编译

Quartus Ⅱ 编译器主要完成设计项目的检查和逻辑综合，将项目的最终设计结果生成器件的下载文件，并为模拟和编程产生输出文件。

（1）编译过程说明

选择 Processing ｜ Compiler Tool 菜单命令，出现 Quartus Ⅱ 的编译器窗口，如图 D-9 所示。该窗口包含了对设计文件处理的全过程。Analysis & Synthesis（分析和综合）模块创建工程项目数据库，对设计文件进行逻辑综合，完成设计逻辑到器件资源的技术映射。Analysis & Synthesis 窗口中从左至右的按钮功能依次为开始 Analysis & Synthesis、Analysis & Synthesis 设

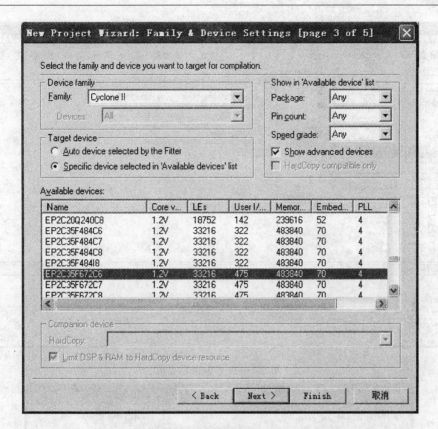

图 D-5　器件设置对话框

图 D-6　新建设计文件选择窗口

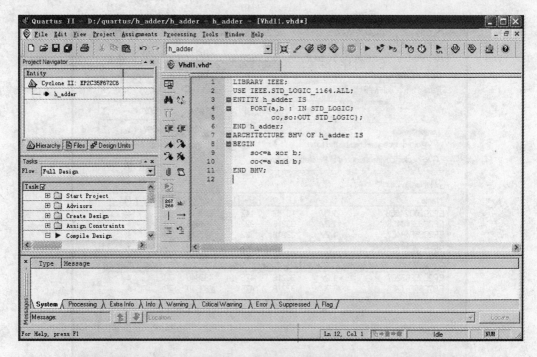

图 D-7　文本编辑器界面

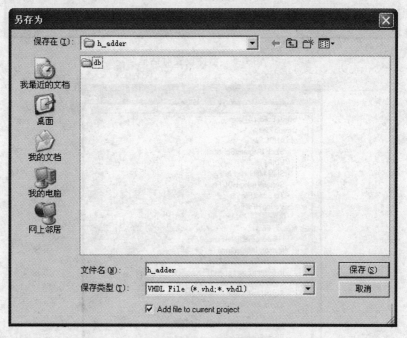

图 D-8　文件保存对话框

置、综合报告和显示顶层文件。Fitter（适配）模块完成布局布线工作。Fitter 窗口中从左至右的按钮功能依次为开始 Fitter、Fitter 设置、Fitter 报告和时序逼近。Assembler 模块产生多种形式的器件编程映象文件，包括 ". pof"、". sof" 等，可以通过 Quartus Ⅱ软件和编程电缆（ByteBlaster 或 MasterBlaster 等）将 ". pof" 或 ". sof" 文件写入到 CPLD 或 FPGA 器件中。Assembler 窗口中从左至右的按钮功能依次为开始 Assembler、器件和引脚选项、Assembler 报告和器件编程。Classic Timing Analyzer 模块用于计算设计在给定的器件上的延时，将延时注释到网表文件中，并完成设计的时序分析和所有逻辑的性能分析。Classic Timing Analyzer 窗口中从左至右的按钮功能依次为开始时序分析、时序设置、时序分析报告和时序分析摘要。

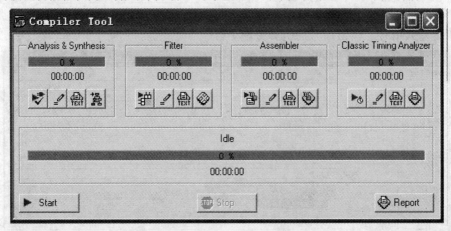

图 D-9　Quartus II 的编译器窗口

（2）编译器选项设置

对编译器选项进行设置，可以控制编译过程。在 Quartus II 编译器设置选项中，可以指定目标器件，对 Analysis & Synthesis 选项和 Fitter 选项等进行设置。

所有设置选项均可在该对话框中找到，选择 Assignments | Settings... 菜单命令或单击图标 ✎，进入 Settings 对话框，如图 D-10 所示。

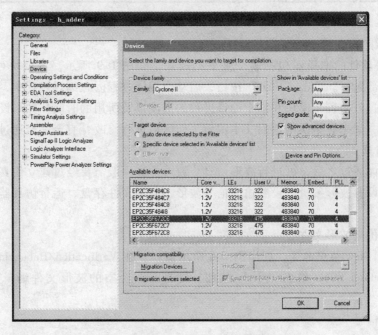

图 D-10　Quartus II 的 Settings 对话框

（3）引脚分配

在选定目标器件，完成设计项目的分析和综合，得到工程数据库文件后，需要对设计中的输入变量、输出变量指定具体器件的引脚号码，指定引脚号码称为引脚分配或引脚锁定。

选择 Assignments｜Assignment Editor 菜单命令，在 Assignment Editor 窗口中选择 Pin 选项卡，出现图 D-11 所示的引脚分配界面。双击 To 单元，将弹出包含所有引脚的下拉框，从中选择一个引脚名。双击 Location 单元，从下拉框中可以指定目标器件的引脚号。用类似的方法完成所有输入信号、输出信号的引脚分配。

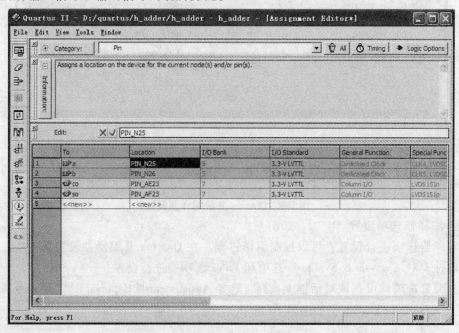

图 D-11　Assignment Editor 引脚分配界面

（4）运行编译

Quartus Ⅱ 软件的编译器包括多个独立的模块，如图 D-9 所示。各模块可以单独运行，也可以一次全部运行。单击 "Start" 按钮，启动全编译过程。在编译过程中，编译状态窗口将显示全编译过程中各个模块和整个编译进程的进度以及所用的时间。如果设计正确则完全通过各种编译，如果有错误则返回文本编辑工作区域进行修改，直至完全通过编译为止。

3. 波形仿真

当程序编译通过之后，可进行波形仿真。波形仿真一般需要经过建立仿真波形文件、输入信号节点、设置波形参量、设置输入信号波形、波形文件存盘、运行仿真器和分析波形等过程。

（1）建立仿真波形文件

选择 File｜New 菜单命令，弹出图 D-6 所示窗口。在 Verification/Debugging Files 项中选择 Vector Waveform File，单击 "OK" 按钮，则打开一个空的波形文件编辑器窗口，如图 D-12 所示。

（2）输入信号节点

在波形文件编辑方式下，选择 Edit｜Insert｜Insert Node or Bus…菜单命令，或在波形文件编辑器窗口中单击鼠标右键，在弹出的菜单中选择 Insert Node or Bus 命令，即可弹出如图 D-13 所示的插入节点或总线对话框。

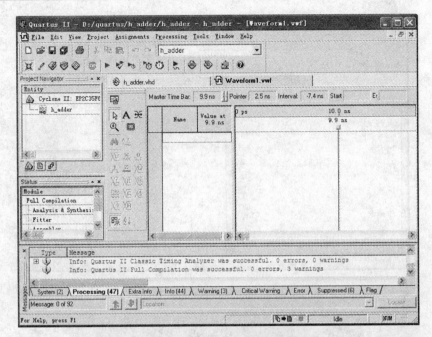

图 D-12　波形文件编辑器窗口

在图 D-13 所示对话框中单击 " Node Finder..." 按钮，弹出如图 D-14 所示的寻找节点对话框。在对话框的 Filter 下拉列表中选择 Pins：all，单击 "List" 按钮，将在 Nodes Found 窗口中列出项目中使用的全部信号节点。若在仿真中需要观察全部信号的波形，则单击窗口中间的 >> 按钮；若在仿真中只需观察部分信号的波形，则首先用鼠标单击信号名，然后单击窗口中间的 ＞ 按钮，选中的信号则进

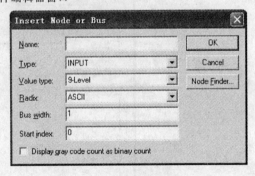

图 D-13　插入节点或总线对话框

入到右边的 Selected Nodes 窗口中；如果要删除已选中的信号，则可以单击窗口中间的 ＜ 或 << 按钮。节点信号选择完毕后，单击 "OK" 按钮即可。

（3）设置波形参量

Quartus Ⅱ 默认的仿真时间域是 1μs。如果需要更长的时间观察仿真结果，需设置仿真时间。选择 Edit | End Time... 菜单命令，弹出图 D-15 所示的设置仿真时间域对话框，在 Time 栏中输入合适的仿真时间即可。

（4）设置输入信号波形

在波形文件编辑器窗口内，左排按钮用于设置输入信号，使用时先用光标在输入波形上确定一个需要改变的区域，然后单击左排相应按钮即可。根据需要对各输入信号的波形进行设置，如图 D-16 所示。

（5）波形文件存盘

选择 File | Save... 菜单命令，或在工具栏中单击 🖫 图标，弹出 Save As 对话框，然后输入文件名，单击 Save 按钮即可。

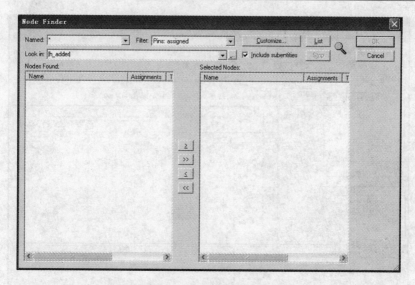

图 D-14　寻找节点对话框

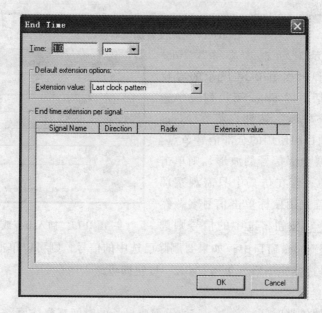

图 D-15　设置仿真时间域对话框

（6）运行仿真器

选择 Processing｜Simulator Tool 菜单命令，弹出如图 D-17 所示的仿真工具窗口。在 Simulation mode 下拉列表中可以选择时序仿真或功能仿真。一般情况下先进行功能仿真，功能仿真正确后再进行时序仿真，并且功能仿真之前需要单击"Generate Functional Simulation Netlist"按钮生成功能仿真网表文件。选择完成后，单击"Start"按钮开始仿真。仿真完成后单击"Report"按钮打开如图 D-18 所示的仿真波形窗口。

（7）分析波形

分析波形主要是分析输入和输出的逻辑和时序关系。从图 D-18 中的波形可以看出，so 为 a、b 两个输入信号的和，co 为进位信号。

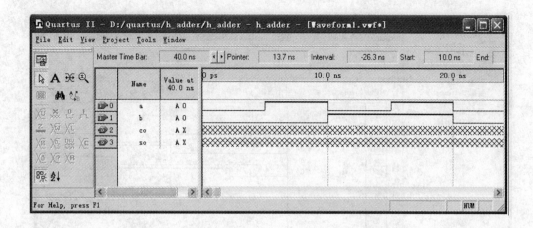

图 D-16　设置了输入信号的波形文件编辑器窗口

4. 器件编程与配置

在设计项目编译成功后，就可以对 Altera 的器件进行下载编程。编程时，需要使用 Altera 公司提供的编程电缆，其电缆包括 MasterBlaster、ByteBlasterMV、ByteBlaster Ⅱ、USB-Blaster 和 EthernetBlaster。MasterBlaster 电缆可以使用串口也可以用于 USB 口进行编程，ByteBlasterMV 和 ByteBlaster Ⅱ 电缆使用并行口编程，而 USB-Blaster 使用 USB 口，EthernetBlaster 使用 Ethernet 口。而且 ByteBlaster Ⅱ、USB-Blaster 和 EthernetBlaster 三种电缆除可以对 CPLD、FPGA 器件进行编程外，还提供对 FPGA 串行配置器件进行编程的功能。

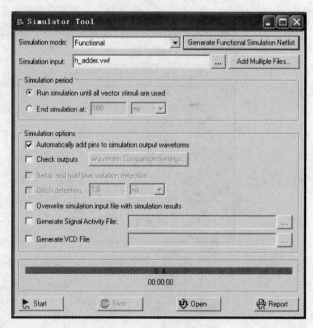

图 D-17　仿真工具窗口

Quartus Ⅱ 软件支持四种编程模式，分别为被动串行模式、JTAG 模式、主动串行模式和套接字内编程模式。被动串行模式和 JTAG 模式一次可以对单个或多个器件进行编程；主动串行模式用于对单个串行配置器件（EPCS1 或 EPCS4）进行编程；套接字内编程模式用于在 Altera 编程单元中对单个 CPLD 器件进行编程和测试。

选择 Tools｜Programmer 菜单命令，或双击 Task 任务窗口 Compile Design 项中 Program Device（Open Programmer），弹出如图 D-19 所示的编程配置界面。单击 "Hardware Setup" 按钮，在 Currently selected hardware 下拉列表中可选择 USB-Blaster［USB-0］后关闭对话框，在 Mode 下拉列表中选择 JTAG，单击 "Add File..." 按钮添加需要配置的 sof 文件，单击 "Start" 按钮即可通过下载电缆将 sof 文件固化到目标芯片中。

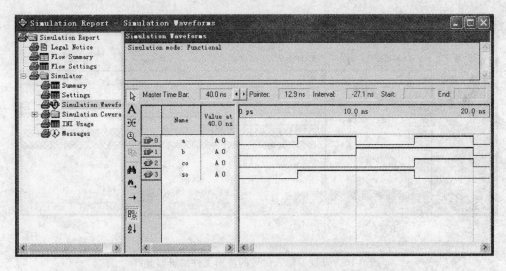

图 D-18　半加器功能仿真波形窗口

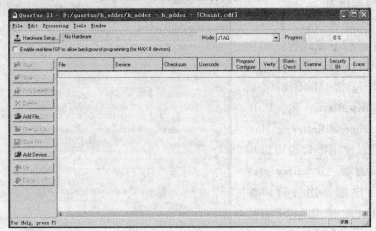

图 D-19　编程配置窗口

参 考 文 献

[1] 康华光. 电子技术基础 数字部分 [M]. 5 版. 北京：高等教育出版社，2006.

[2] 阎石. 数字电子技术基础 [M]. 5 版. 北京：高等教育出版社，2006.

[3] 黄瑞祥. 数字电子技术基础 [M]. 杭州：浙江大学出版社，2008.

[4] 侯建军. 数字电子技术基础 [M]. 2 版. 北京：高等教育出版社，2008.

[5] 刘宝琴. 数字电路与系统 [M]. 北京：清华大学出版社，1993.

[6] 王银. 数字电路逻辑设计 [M]. 北京：高等教育出版社，2003.

[7] 全国电气文件编制和图形符号标准化技术委员会. 电气简图用图形符号标准汇编 [M]. 北京：中国电力出版社、中国标准出版社，2001.

[8] 蔡维铮. 基础电子技术 [M]. 北京：高等教育出版社，2004.

[9] 蔡维铮. 集成电子技术 [M]. 北京：高等教育出版社，2004.

[10] 江书艳. 数字逻辑设计及应用 [M]. 北京：清华大学出版社，2007.

[11] 贾立新. 数字电路 [M]. 北京：电子工业出版社，2007.

[12] 蔡良伟. 数字电路与逻辑设计 [M]. 西安：西安电子科技大学出版社，2003.

[13] 李月乔. 数字电子技术基础 [M]. 北京：中国电力出版社，2008.

[14] 白彦霞. 数字电子技术基础 [M]. 北京：北京邮电大学出版社，2009.

[15] 王毓银. 数字电路逻辑设计 [M]. 2 版. 北京：高等教育出版社，2004.

[16] 靳孝峰. 数字电子技术 [M]. 北京：北京航空航天大学出版社，2007.

[17] 林红. 电子技术 [M]. 北京：清华大学出版社，2008.

[18] 高吉祥. 数字电子技术 [M]. 2 版. 北京：电子工业出版社，2008.

[19] 张克农. 数字电子技术基础 [M]. 北京：高等教育出版社，2003.

[20] 余孟尝. 数字电子技术基础简明教程 [M]. 3 版. 北京：高等教育出版社，2006.

[21] 范爱平. 数字电子技术基础 [M]. 北京：清华大学出版社，2008.

[22] 王冠. 面向 CPLD/FPGA 的 Verilog 设计 [M]. 北京：机械工业出版社，2007.

[23] 周润景. 基于 Quartus II 的 FPGA/CPLD 数字系统设计实例 [M]. 北京：电子工业出版社，2007.

[24] 杨军. 基于 Quartus II 的计算机组成与体系结构综合实验教程 [M]. 北京：科学出版社，2011.

[25] 陈忠平. 基于 Quartus II 的 FPGA/CPLD 设计与实践 [M]. 北京：电子工业出版社，2010.